园林文化与管理丛书

景观天下

《景观》文摘珍藏本

景长顺　著

中国林业出版社

《景观》杂志

题　　字	沈　鹏
主　　管	北京市公园管理中心
主　　办	北京市公园绿地协会
协　　办	颐和园公园管理处　天坛公园管理处　北京动物园公园管理处 柳荫公园管理处　　北海公园管理处　紫竹院公园管理处

高级顾问	高占祥　谢凝高　俞孔坚　张启翔　郑易生
法律顾问	杨　磊

名誉主编	郑西平　郑秉军
主　　编	张　勇
副主编	刘　英　王忠海　强　健　廉国钊　杨　月　高大伟　李炜民 孙旭光　阙　跃
编　　委	王鹏训　杨晓东　赵世伟　梁成才　高兴春　沙海江　张小龙 吴　燕　王金兰　吴兆铮　陈志强　刘耀忠　曹宇明　田锦秞 王迪生　荣学强　高连发　孔庆远　刘　卉　申荣文　孙仲秀 董玉峰　沈树祥　石　越　李树才　李长春　曹洪利　刘明利 郑永喜　郝卫兵

执行主编	景长顺
执行副主编	尹俊杰
编辑部主任	姚天新
高级编辑	陶　鹰
编　　辑	崔雅芳
编　　务	王芳　杨杰

《景观》编辑部电话（010）8841 2859　北京市公园绿地协会电话（010）6873 1008

园林文化与管理丛书

景观天下

《景观》文摘珍藏本

序

　　景长顺同志编写的《景观天下》一书，请我写序，我当然十分高兴。作者是北京市公园绿地协会秘书长，因工作关系认识他也有很长时间了，他是一名长期与园林文化和管理打交道的人，是一位热爱园林、研究园林、歌颂园林的人，对园林有着极其深厚的感情。他不仅是公园各种活动的活跃组织者，而且是一个思维活跃敏捷、善于学习和总结的文人才子。虽然年已七十，却丝毫没有停止学习的步伐，善于思考、勤于耕耘，经常为写一篇文章，夜不能寐，几年来已写了几十万字，出了许多本书，如其编撰的《公园工作手册》在公园界被广泛采用。他还是一位勇于创新的人，他的睿智、机敏使得他对公园文化和管理等方面总能提出新的观点和思路，在公园文化和管理的研究和实践方面，总有新点子、新举措、新发展。这本书的编写，就是以上印象的写照。

　　建设和弘扬繁荣的园林文化，是在我国经济社会进入新的历史阶段，顺应建设世界城市的大趋势和生态建设的客观要求下提出的。园林是人们模拟自然环境，利用树木花草、山、水、石和建筑物，按一定的艺术构思而建成的人工生态环境，是融建筑、雕塑、绘画、文学、书法、金石等艺术为一体的综合艺术品，具有游览观赏、读书养性、休憩娱乐、陶冶情操的功能，达到了美的境界，被称为中国"国粹"。世界园林界一致认为，中国园林是"世界园林之母"，我想究其原因，是中国园林师法自然、融于自然、顺应自然、表现自然，体现了"天人合一"即人与自然和谐相处的民族文化，体现了生境、画境、意境三种艺术境界，这也是中国园林具有其艺术生命力的根本原因。文化是园林的灵魂，有意识地在生态园林建设中进行文化建设，不仅可以提升城市园林的品味和档次，同时还可以引导人们关注园林文化的建设，讴歌园林文化的成绩，增强社会和民众对弘扬园林文化的意识，让大家都来关心和支持中国的园林文化建设，对我们建设繁荣的园林文化体系具有十分重要的意义。

园林管理是园林发展的需要，也是近年来各级政府和园林界都十分重视的问题。国务院最近下发的《关于加强城市基础设施建设的意见》，住房与城乡建设部先后下发的《关于进一步加强公园建设管理的意见》和《关于促进城市园林绿化事业健康发展的指导意见》，对加强园林建设、管理提出了新的更高要求。一方面园林的发展决定了园林管理的重要性，园林从规划、建设、维护乃至人、财、物的方方面面都渗透着管理要素，是不能回避也不能否认的；另一方面随着社会的进步、经济的发展以及人们对园林在精神层面和物质层面上的要求越来越高，园林管理的新课题、新问题不断涌现，需要吸引更多的园林管理者、热爱园林的人们关注当前园林管理的状况，在理论和实践上加以重视和研究，从而摸索出新的管理思路和办法，支持公园建设，为管好园林、建好园林做出贡献。

此书是作者对园林文化和管理方面的思考和经验总结，篇篇文章倾注了作者的大量心血。他在收集大量资料的同时，逐步形成了一系列的观点和理念，因此对园林文化和管理有其独特的理解和宽广的视野。再过几天就是《景观》杂志出刊十周年的日子，这本书应运而为，是纪念这个日子的一份礼物，也是我们园林人对园林文化和园林管理认识升华的诠释。

这是一本以园林文化和园林管理为主题的书籍，希望我们园林界的人们和热爱园林、关心园林发展的人们继续探索和推动园林文化和管理的深入发展，为繁荣中国的园林文化、为建设优美、和谐、绿色、文明的园林做出应有贡献。

中国公园协会会长 郭坤生

2013年12月

前　言

　　《景观》杂志，自2004年创刊至今已10周年了，是个值得纪念的日子。10年，对一个人来说，只是从出生到了小学四年级的年龄，对于一本杂志，对于一本由外行人操刀的杂志，可以说是万里长征走完了第一步。

　　我，作为该杂志的执行主编，很想为10周年的纪念说点什么或做点什么，于是就有了《景观天下》这本书的出版，权作献给《景观》读者的一份礼物。

　　我从04年开始就参与了《景观》杂志的创刊和编辑工作，这成为了我人生的转折期。从退休开始，经过10年光景，现在我已成为"70后"了！俗话说，近水楼台先得月，我这本书收录的几十篇文章中，有2/3是曾经刊载在《景观》杂志上的，把这些文字收录起来既可以称作回顾，也可以叫做展示，将我对《景观》的爱，对公园事业的感情，当然也包括对公园建设管理的一些理念展示出来，供有兴趣的朋友玩味和评判，些许或对公园的建设者和管理者有所启迪，对蓬勃发展的公园事业有所裨益。

　　本书分为4个部分，包括"公园城市梦""为园而歌""公园随笔"和"诗话风景"。"公园城市梦"部分收录的文章，主要是关于公园理念方面的论著，提出了我的一些观点，比如公园城市时代的观点，境界文化信息的观点，文化是园林的灵魂的观点，精细化管理的观点等。"公园城市"是我对北京及中国公园发展趋势的一种判断，不能说前无古人，但确实是不合主流。现在（2011年）风景园林成为国家一级学科，各地都在创建园林城市，你的公园城市有何意义呢？我以为，公园是园林发展的更高形态，首先它姓"公"，是具有园林环境的空间，有较完善的设施，宜居、宜游、宜乐，是老百姓的第三度生活空间。园林是公园的载体。过去的园林，包括皇家园林、私家园林、坛庙园林等都是为少数人服务的。现在有许多人把园林同绿化和绿地等同起来，主要考量的是绿量和生态的效应。在园林城市的标准中，"园林建设"一项与组织管理、规划设计、景观保护、绿化建设、生态建设、市政建设等量齐观，不知园林为何物。《中国人居环境评价指标体系》（试行）中，分为一、二、三级指标，一级指标包括A居住环境、B生态环境、C社会和谐、D公共安全、E经济发展、F资源节约等项。在生态环境中有城市生态、城市绿化、环境质量三项二级指标。其中"城市生态"中有生态环境保护，城市生物多样性；"城市绿化"中有城市绿化覆盖率、城市绿地率、城市人均公园绿地面积、城市公园绿地服务半径、城市林荫路推广率等。没有园林一词，"公园绿地"被提及两次。在北京11个市属公园的志书中，《颐和园志》把"园林"作为第二章，不知道其他如地貌、建筑、文物、活动、管理是不是园林？《天坛志》与之相似；《北海景山公园志》第四篇为"园林绿化与基础设施"，第五篇为"园林管理与活动"；《北京植物园志》《玉渊潭公园志》《香山公园志》目录中没有"园林"一词，不知道他们算不算园林？我倒以为，这是不写园林的园林，是名副其实的公园志。《北京动物园志》目录中，只有绿化一章，也无园林一词，因为原先（20世纪90年代）他们不承认动物园属于公园范畴，直到20世纪末才肯加入公园协会。《中山公园志》第二章"园林建筑"、第三章"园林植物"，将建筑纳为园林；《陶然亭公园志》第一章为"园林景观"，第五章为"绿化美化"，第六章为"公园管理"。在这里，"园林""绿化""公园"都成了并列的关系，而其他如文物、人物排斥在"园林"和"公园"之外；《紫竹院公园志》第三章为园林，包括景区、桥和亭3节，其他如山水、植物、古迹、设施、文化活动、管理都不是"园林"了。在《中国大百科全书》"建筑·园林·城市规划"一书中园林的篇目中包括园林艺术、园林工程、园林植物、园林建筑等条目，而将公园纳入城市绿化部分，与城市园林绿地系统、街道绿化、居住区绿化、校园绿化等并列。我之所以举这些例子，是想说明园林这个词实际上从上到下都没有一个清晰的概念。只有公园，它不仅在城市绿地系统中占有核心的地位（2013年5月住建部《关于加强公园建设管理的意见》中的重要观点），而且占到了绿地率的近50%的比例。其次"公园"一词世界通用，有英国公园法、美国公园法、日本公园法等，尚不知道外国有无园林法。在国内大多省市都出台了公园条例，也很少有叫园林条例的。我们常说与国际接轨，在这方面，用公园一词代替园林或绿化，是最好的与世界接轨。我深有自知之明，深知人卑言微，这样的论断在行业内外起不了什么大的作用，但我可以拿《世界公园大会宣言》的话告诉你："21世纪的城市，应当坐落在公园中。"我相信经过我们不懈的努力，在社会上达成共识，在理论和实践上进行探索，一个公园城市时代一定会到来。文化是公园（园林）的灵魂，这一观点越来越被业内外人士所接受，今年，我应邀到郑州、上海等地讲课，面对城市园林行业的领导者和管理者，我讲的题目是"园林灵魂探秘"。在上海这个生态园林的发祥地，开始我有些忐忑不安，我拜访了老前辈程绪柯先生，92岁高龄的她依然精神矍铄，思路敏捷。她说，上海的公园要提升品质，要民族的更要世界的。民族的东西就是历史文化，一座公园丢弃了历史文化，就会缺少灵魂，文化是永远的灵魂。她的一番话打消了我的顾虑。

"为园而歌"部分，是我对部分公园的赏析和赞美，阐述某些观点和想法，是通过我的眼耳鼻舌身感悟美丽的景观，抒发激越的情怀；"公园随笔"部分，是有关公园的一些杂文。我的写作叫做"捕风捉影""见景生情""梦笔生花""借题发挥"，表达有关园林文化与管理的理念和见解。"诗话风景"部分则是我在国内外"逛"公园的见闻和感悟，用诗或散文的形式记录下来。

"园林文化与管理"是丛书的名字，也是《景观》杂志办刊的定位。北京的园林，主要是公园，具有深厚的文化底蕴和丰富的管理经验，也是《景观》取之不尽的源泉。如果说这10年《景观》赢得了许多眼球，那么与我们选择的这个方向正确是分不开的。选择这个方向不仅是这个行业的优势，同时也是当前甚至一个相当长时期的行业需求。园林生态的作用在当下是十分重要的，但是文化这个灵魂永远不能动摇。然而，近年来这个根基似乎有些动摇，乱像横生，文化"淡化""泛化""庸俗化"的现象时有出现，什么演艺文化、体育文化、餐饮文化，甚至连猫文化都要进公园。在这种情况下，《景观》起到了正本清源的作用，弘扬优秀文化，传播正能量。说到公园管理，既是北京公园行业的优势，也是理论上的短板。人们经常讲三分建、七分管，然而在行业内外很少有园林管理方面的理论研究和建树，因此使得这个"有起点无终点"的课题与规划设计、建设施工同等重要的园林管理成为冷门。北京林业大学等院校没有这门课程，所以在北京高等教育自学考试科目中"园林管理"找不到教材，找不到这方面的考试老师，最后让我担当这一任务，选择的是已经过时的教科书。《景观》杂志瞄准文化和管理这个方向，进行实践总结交流和理论探讨是十分必要的。我的这本书算是对这种探讨的一种尝试吧。本书用园林文化与管理这个主题，是期望作为第一本，开一个头，达到抛砖引玉的效果，今后用这个书名不断出版续集，成为丛书，成为连续剧，把园林文化和管理这篇大文章做好。

《景观》杂志10年，从呱呱落地的婴儿到背着书包上学堂的学生，走过了内行人所体会不到的艰辛。曾经出现过错字百出、文不达意、设计不佳等问题，甚至险些出现"政治"性问题，把当政领袖人物的照片和信息放到末页，都上了印刷机了，不得不撤下来重新调整；出现过将重要领导的名字写错的问题。我作为这个执行主编经常惊出一身汗来。可以说，现在些许好了。好就好在我们建立了一套良好的机制，即以北京市公园管理中心主要领导担任主编的编委会，每期开会把关；好就好在有北京市各区县园林主管部门和会员单位的大力支持，《景观》为城8区和9个公园风景区、园林博物馆做过专刊（或专栏），他们给予协会、给予《景观》人力、物力、财力等多方面的支持；好就好在我们有一个摄影大师姚天新担任编辑部主任，图文并茂是我们《景观》的重要特色，这与他的深厚造诣是分不开的；好就好在我们这棵梧桐树，半路飞来了一只金凤凰，她就是高级编辑陶鹰，一个偶然的机会相识，担任了我们的特约编辑，使《景观》的质量上了一个档次；好就好在我们有一批铁杆的读者和作者，像金鉴、贾福林、袁长平等等；好就好在我们有一批大家支持着我们，像著名京味作家刘一达、文联秘书长王升山等。

《景观》杂志姓"景"，很多人都误认为我是"始作俑者"，说景观这名准是你起的。听到这话，我既高兴又不得不解释一番。2003年在酝酿办杂志时，不知道该叫什么名字好，于是我拿了一个方案，大概有20多个名字备选，先是由时任园林局副局长的刘英和"接我班"的公园处处长王鹏训先议出一个名字，然后再请"大猫"拍板。是鹏训首先提出来用"景观"这个名字的，当然也暗合我意。鹏训当时有没有迎合我的意思不得而知，我想不会，因为当时我已是退休之身了！（开个玩笑！）最后就这样《景观》成了我的当家子。说是也好，说是歪打正着也好，我认为"景观"这名字真好！但愿它成为"名标"。

什么是景观？景观学有景观学的说法，《辞海》有《辞海》的说法，每个人都有每个人的看法，不一而足。景观的核心理解应当是"人与自然相互作用的方式和结果的记录"。在亚洲有韩国发起的成立的"亚洲文化景观联合会"，亚太地区众多名家集结了一部《文化景观管理》大作。欧洲有《欧洲景观公约》，国际风景园林师联合会推行《全球景观公约》和《佛罗伦萨景观宣言》。他们的核心思想认为，对未来人们的生活质量和人类社会可持续发展影响最大、最具启迪意义的是文化景观。文化的景观在城市、在乡村、在自然地域，无处不在。《景观》杂志不是纯学术的刊物，也不是科学技术类的刊物，也不是文学类的刊物。我们无须探寻它的确凿定义。《景观》第一期的封面我们引用了俞孔坚先生的一段诗意文字："景观是画，展示自然与社会精彩的瞬间；景观是书，是关于人类社会和自然系统的书；景观是故事，讲述了人与人，人与自然的爱和恨，战争与和平的历史与经验；景观是诗，用精美而简洁的语言，表述了人类最深层的感情。"这段话大有深意，几乎成了《景观》杂志的一盏灯，照亮了我们10年的景观之路。在我们的《景观》杂志的突出位置标明，《景观》的面世是为了弘扬优秀的园林文化，以探索公园管理为宗旨，集思想性、知识性、故事性、资料性为一体，"立足行业，面向社会，立足北京，面向全国"。我们采用了独具特色的栏目设置，即用北京独特的公园名称或著名的景区景点名题为栏目，如回音壁、五色土、玉带桥、远瀛观、友贤山馆、别有洞天等，其名字本身就有深刻的内涵，就是景观。

《景观》是一个平台，办刊10年来，我们刊载了1000多篇文章，2000多幅照片，采访了业内外相关名人大家40多位，既有部长，也有专家；既有院士，也有普通干部职工，如高占祥、汪光涛、孟兆祯、陈俊愉、罗哲文等等。《景观》连续8年纪录北京精品公园评选结果，连续10年评选出北京园林行业100件大事，记录了北京园林发展的历程。丰富的内容，活泼的形式，深刻的内涵，激扬的文字，吸引了业内外众多的作者和读者。至2013年，《景观》成为正式出版物向社会发行，取得了可引以为自豪的成绩。

10年过去，弹指一挥间，说起《景观》似乎有点滔滔不绝了——自我陶醉吧！最后我想用我们的《景观》杂志已故顾问、全国著名文物古建专家罗哲文大师为首期《景观》杂志的题词的一首藏头诗作为结束语，也寄寓我们对罗老的怀念之情。

"北国高天漫彩霞，京华形胜万家夸。景传燕冀千秋史，观览林园四季花！"

著者

2013年11月21日于闲步斋

目　录

公园随想录　　167

园林文化与管理丛书

公园城市梦

迎接公园城市时代

2009年，当人们走进坐落在中山公园西南偶的"北京公园"60年成就展览时，常常被北展厅迎门一串红色灯笼所吸引，上面醒目地写着10个字：迎接公园城市时代到来。这是这个展览的点睛之笔，也是北京在建设世界城市的进程中发人深省的一个重要课题。

回顾历史，可以发现，自从公园出现，人们就在思考一个问题，即如何在城市无限扩张的情况下，使人们在高楼大厦的环境下保持一种"自然的感觉"。

早在19世纪中叶，欧姆斯特德原则的出现和美国纽约中央公园的建造，就孕育了"公园城市"的理念。在欧姆斯特德看来，城市规模的发展，必然导致高层建筑的扩张，最终，城市将会演变成一座大规模的人造墙体。为了在城市规模扩大以后，还能有足够的面积使市民在公园中欣赏自然式的风景，欧姆斯特德设计的纽约市中央公园面积高达843万平方米，南北跨越第5大道到第8大道，东西跨越59街到106街。巨大的公园规模，保证了纽约把可能出现的城市水泥森林远隔在公园之外。

1920年，建筑大师勒·科布西耶（Le Corbusier）认为，理想中的未来城市应该是："坐落于绿色之中的城市，有秩序疏松的楼座，辅以大量的高速道，建在公园之中。"

1958年，毛泽东以诗人的理想主义大胆地提出"大地园林化"的号召。从某种角度上讲，这一口号是毛泽东对未来"公园时代"的一种朦胧想象。

1985年，《世界公园大会宣言》指出："都市在大自然中。21世纪的城市内容，应把更多的公园汇集在一起，创造新的公园化城市……21世纪的公园必须动员社区参与，即动员公众和专业人员共同参与才能实现。"

1933年，《雅典宪章》规定，城市的居住、工作、游憩、交通等四大功能应该协调和平衡。新建居住区要预留出空地建造公园、运动场和儿童游戏场；人口稠密区，清除旧建筑后的地段应作为游憩用地。

1977年，《马丘比丘宪章》规定："现代建筑不是着眼孤立的建筑，而是追求建成后环境的连续性，即建筑、城市、公园化的统一。"

综上所述，公园化城市（简称公园城市，下同）是公园高度发展的形态，是公园形成网络和规模效应，将城市融入在公园体系之中的发展模式。这是城市的一种全新发展模式，是社会发展的必然趋势，它不仅是人类建设宜居城市的追求，更是衡量一个城市发展水平的标志。公园城市这个目标不仅考虑到园林的自然属性，而且也考虑到公园的人文意义和社会属性，是公园发展的最终目标。正如英国哲学家培根所说：文明的起点，开始于城堡的兴起，但高级的文明，必然伴随着优美的园林。公园城市一般应当具有如下特点：

（一）**成为社会的共同价值观。**随着社会的进步，人们的生活质量不断提高，对幸福和幸福指数的理解也相应发生改变，人们的生活诉求从解决温饱向全面提高生活质量发展。政府决策机关和市民的理念基本成熟，文化建园的理念深入人心。公园的发展和建设得到全社会的普遍关注，不仅是政府关注的重点，也成为社会团体和公众共同关注的焦点。人们逐渐清晰地认识到，公园在提高人们生活质量中发挥的作用，在选择居住环境时，更加重视周边是否有公园和绿化配套。不仅如此，越来越多的集体和个人也参与到公园的建设中，企业参与公园建设、明星认养公共绿地，这些行为反映出了"公园城市时代"的显著特征。

（二）**公园的规模和数量是基础。**拥有一定规模和数量的公园，是城市进入公园城市时代的特点，也是衡量该区域是否进入公园时代的标志。在城市的发展规划中，首先要确立公园的布局和数量，留足和拓展公园发展的空间，特别是注重城市中心区公园的规划和建设，通过旧城区的改造和产业结构的调整，凡是能够建设公园的地方，都应当建造适合城市发展的大、中、小规模不等的各类公园；对一些具有园林性质的寺庙、故居、王府等逐步改造提升为公园；在新建居住和小区建设一批有相当规模的社区公园；现有的绿地、林地、隔离带等逐步实施提升工程，改造成为公园。《北京市公园条例》第十条规定："本市应当积极保护、利用历史名园，发展建设大、中型公园，并注重建设小型公园。"在城市公园的规划与建设中要考虑大、中、小型公园合理分布，使其形成互相联系的公园网络，充分发挥各自的功能。

（三）公园成为人们的第三度生活空间。公园是创造的结晶，是规划者、建造者、管理者共同创造的艺术品，是祖国大好河山的缩影，是爱国教育的良好场所，它所创造的和谐生活空间，奉献给人们的健康系数和幸福指数是其他事物所无法比拟的。由于公园景观优美、空气新鲜、文化氛围浓厚，人们在公园中休憩娱乐、健体强身、参观游览成为生活的重要组成部分，人们花在公园中活动的时间越来越多，使公园形成人流、气流、景观流的汇聚。公园不仅是人们健身休闲的场所，更是社会交际的重要空间，人们在公园里交流信息，增进感情，增强了人们的社会归属感，拓展了精神生活的空间。特别是随着人们休闲时间的增多和老龄化社会的到来，公园在创建和谐社会的进程中，发挥着重要的作用。据统计，北京市公园一年大约接待2.5亿游客，2007年仅北京市部分重要公园售出的公园年票就达150多万张，可见公园已经成为人们除居住、工作之外的又一个重要空间。

（四）公园成为地域中心。公园不仅是人们休闲健身的场所，一些名园和重要公园更发展成为地域中心，具有相当的辐射力和影响力，其良好的生态环境引来了客商投资，带动了周边房地产业的快速发展，拉动房地产增值，同时，提供了更多的就业岗位，带动了就业率提升等一系列变化，对于促进城乡发展、加快城乡一体化、带动经济繁荣起到了积极作用。公园的作用和综合影响力日益凸显，如北京东城区提出"天坛文化圈"的新理念，围绕天坛这座聚宝盆做发展经济和提升文化的文章；北京地坛庙会、龙潭湖庙会、大观园庙会、莲花池庙会、八大处公园的茶文化节、香山红叶节、北京植物园桃花节、朝阳公园风情节等也都极大地聚集了人气，成为知名的文化活动品牌，创造了良好的经济效益和社会效益，带动了周边相关产业的发展，促进了区域经济的发展。

（五）公园是城市尊严的象征。公园是城市形象的重要标志，代表了城市的历史和文化，是展示城市发展、城市性格的窗口，是国际交往的舞台。作为城市尊严的象征，北京公园拥有较高的知名度和美誉度，彰显着城市气质和文化底蕴，从而成为举办重大国际、国内活动的场所。天坛、颐和园、北海等是北京公园的代表，尤其是天坛已经成为北京的符号，成为北京市民精神世界的象征。第29届北京奥运会会徽从天坛祈年殿走向世界，残奥会火炬在祈年殿点燃以及奥运会马拉松赛跑穿越天坛，展现了北京作为文明古都的深厚底蕴；奥林匹克公园的建设，向世人展示了中国的新形象，为全球所瞩目，成为北京的一张新的靓丽名片。

（六）**健全完善的管理机构是公园城市的基本条件**。没有健全的公园管理机构，就无法统筹公园发展建设和管理的全局。在欧美国家，公园由专门设立的部门——公园局进行管理，自成系统并有公园法。我国政府高度重视公园事业的发展，早在建国之初，就成立了专门机构负责公园管理。比如1949年2月，北平市人民政府公用局设公园管理科；1950年5月，北京市人民政府公园管理委员会成立，（北京市人民政府公园管理委员会直属人民政府，是北京市最早的独立公园管理机构）统一全市公园的管理工作；1953年6月，北京市人民政府将公园管理委员会与建设局园林事务所合并，成立北京市人民政府园林处。1955年2月，经北京市人民委员会第一次会议批准，北京市园林局正式成立。2006年，作为北京调整园林绿化管理体制改革的重要内容，北京市公园管理中心正式成立。

在市委、市政府的领导下，北京市公园管理中心负责全市重要公园的建设和管理，积极在建设"国家首都、国际城市、文化名城、宜居城市"中发挥作用。北京市公园管理中心自成立以来，根据市委、市政府的要求，凭借资源优势、人才优势、科技优势、管理优势、理论优势等五大优势，在公园的宏观管理和微观方面进行了深入的探索，摸索出一套合乎北京公园发展的管理模式，在北京乃至全国公园行业中发挥了不可替代的典范作用。

随着公园事业的不断发展，公园行业面临市场化的挑战，暴露出一些公园管理中的问题，因此，应当进一步发挥公园管理中心的优势，扩大职能，转变角色，确保公园的一切活动所产生的影响被控制在环境可承受和国家政策所允许的范围内。因此其行政的性质应当被强调，为公园城市的发展理顺组织关系。

◎景山公园晨曲

　　在经济发展水平较低的情况下，解决人民温饱问题是社会发展的主要议题，城市公园的规划、建设力度亦受制于经济发展水平，公园管理处于维持的状态。从世界发达国家建设公园城市的发展道路来看，公园城市时代在人均GDP达到10000美元之后才能成为可能。随着改革开放的深入，我国经济进入快车道，经济规模不断扩大，为我国部分城市进入公园城市时代提供了坚实的物质基础。在这种形势下，一些城市先后提出了建设"公园城市"的目标，深圳成为建设公园城市的先行者。2008年，深圳市人均GDP12932美元，先后建成公园575座，全市公园绿地达到13870万平方米，城市与公园完美地融合在一起。作为国际大都市的北京，2009年，人均GDP达10000美元。目前已有1000多个公园，形成了城市坐落于公园体系之中的基本格局，为"公园城市"的建设和发展奠定了良好的基础，同时也为世界城市的建设提供了良好的条件。

进入21世纪，中国的综合国力日渐强盛，国际地位日益提升。在经济、社会高速发展的大背景下，公众对公园的关注度不断提高，北京的城市建设和发展促进了公园的发展，政府主导建公园、各行各业造公园、人居环境盼公园、建筑空间仿公园，"公园热情"在京城各处涌动。北京公园事业迎来了飞速发展的时期，历史名园在保护中得以发展，建立了以历史名园为核心的公园体系，各类公园包括现代城市公园、文化主题公园、区域公园、社区公园、小游园、道路滨河公园、风景名胜区等如雨后春笋层出不穷，标志着一个公园城市时代正向人们走来。

2010年北京市提出了建设"世界城市"的发展目标，北京公园在传承和发展优秀文化，在创造宜居的和谐环境，在建设世界城市的过程中势必显现出独特的功能和价值。公园城市时代理应是北京建设世界城市的重要标志之一。人们期待着，按照《绿色北京行动计划》的要求，建设公园城市，为老百姓创造更加宜居的生活环境，为北京建设具有中国特色的世界城市创造条件。

世界城市需要城市公园化，让我们迎接公园城市时代的到来！

城市公园热谈

由中国公园协会、北京园林学会和北京市公园风景名胜区协会共同主办、北京市公园风景名胜区协会承办的"中国城市公园的管理与发展研讨会"，于2004年6月7日～11日在北京举行。这次研讨会由来自北京、上海、重庆、天津、贵州、四川、广东、广西、福建等全国19个省、市、自治区的近百人参加了研讨会，会议共收到论文22篇。与会者通过提交论文、大会发言、参观考察、信息交流等活动，探讨了在新的历史时期公园建设发展的新途径，取得了丰硕的成果，归纳起来有以下8个方面：

一、城市公园的改革初显风姿

城市公园的改革是与会者非常关注的题目，大家从不同角度探讨了这一问题。中国公园协会会长柳尚华在专题报告中指出：公园改革的模式，应逐步实现行政管理与养护作业、工程建设的分离，并应充分考虑社会保障的相应措施，应结合具体情况稳步推进。从会议论文中我们可以看出，在改革方面各地都做了许多有益的探索，从中可以总结出几种模式。比如北京的海淀模式是"发动社会，全员参与，市场运作，有序竞争"，发动社会认建认养绿地、树木，参与公园管理、公园规划，建设管理争取市场化运作方式，取得了显著成果；比如北京的宣武模式则是实施"公园管理人"的方式，以经济合同的形式将新建公园的管理权以竞标的方式向社会公开招标，委托管理；比如北京中山公园的模式，即将公园的部分管理工作社会化，降低了成本，提高了科学管理水平；比如太原迎泽公园模式，以"机制企业化、业主市场化、经营多样化、管理行业化"为思路，对公园管理体制和运营机制进行了大胆的革新，形成了决策层、管理层和作业层三个层面，作业层为实体公司，逐步走出公园，融入市场。

二、城市公园的管理与发展应逐步走向科学化

城市公园的管理与发展是这次研讨会的主题，与会者从不同的角度和视点交流了这方面的看法，提出了许多值得思考的问题。

北京园林学会理事长张树林的专题报告，在回顾中西方园林发展历史的基础上，提出了公园的管理和发展必须正确处理继承和创新、共性和个性、植物景观和硬质景观、建设与管理等四个方面的关系。提出：创新不是"生搬"，而是要在掌握其精髓基础上的发展，要能全面了解领会有关园林行业的新技术和新成果，恰当地运用到新园林的创作之中，使其既有历史文脉的传承，又有时代的特征；公园的建设和设计要深入研究分析，在达到共性标准的前提下，创造自己的风格和特色，没有特色就没有生命力；在公园建设中应在植物造景上多下工夫，硬质景观的应用必须适当得体。她指出：公园管理是长期的工作，其艰巨程度超过建设，从技术业务层面上讲，管理是建设的延续，又是规划设计的再创造。

太原市盆景艺术发展中心刘天明同志的《论公园管理》，从主人翁精神、管理出效益、三位一体3个方面探讨了公园管理的问题。他指出公园管理应当实现3个转变：即政府和园林机关应当由直接管理为主转向间接管理为主，由微观管理为主转向宏观管理为主，由封闭管理转向开放管理；建立政府、园林机关和公园基层组成的各具功能、相互支持配合的三位一体的公园管理新体制。

北京市东城区园林局的文章在分析当前公园建设中存在的问题时指出：在城市环境改造中，出现了"绿多园少"、缺少景观效果、城市中心区建设发展公园受土地限制等难题，改造难度越来越大。今后应当按照"精致园林、生态园林"，强调景观精美、功能齐全、服务人性、管理多样的方向发展。

北京密云县园林绿化服务中心，结合5年内建设23座公园的实践谈了他们创建精品公园的体会。北京的颐和园、天坛、红领巾公园、龙潭公园、石景山游乐园、太原儿童公园、太原市街心公园等都从不同侧面谈了他们在公园管理

和发展中的经验和思考。

三、城市公园的免费开放是一个目标

近几年，关于公园免费开放的问题，是社会上炒得很凶的一个热点，也是这次研讨会大家关注的焦点。在22篇论文中有5篇涉及此问题。大致提出了这样几个观点：

1.公园免票是一种趋势，但从目前我国城市公园发展的实际情况看，从整体上说，城市公园全部免费开放尚缺乏条件。

2.公园免费开放应认真考虑以下几个问题：公园类型、公园的投资体制、政府财政资金的支持能力等，历史名园、动物园、植物园等专类园一般不应免费开放，社区公园、居住区公园等可根据实际情况而定，不可一刀切。

3.不要盲目地搞免票开放。"做秀"，往往会引起"公地灾难""增加纳税人负担"和"安全隐患"，由于可能带来的维护资金不足造成的公园质量下降，公民在享受免票待遇的同时，却可能失去参观的乐趣，或者说参观质量的下降。

4.应当把城市公园的这个蛋糕做大，降低收票公园的比例，满足市民不

◎园博园北京园

同层次的游览需要。据北京市园林局马莘的论文介绍：北京市现有公园绿地534处，其中售票仅为66处，占总数的12.4%。

四、理论的活跃推动了城市公园的发展

会上，介绍的近几年北京市园林理论可以作为很好的注脚。首先是文化建园理论的提出，为公园的发展指明了前进的方向。文化建园就是在弘扬祖国优秀文化和展现时代风范的结合上，赋予园林城市和管理以浓厚的精神文化色彩，创造出新时代中国特色的园林文化。近几年在这条方针的指引下，公园建设者、管理者的文化意识显著增强，学会了用文化的眼睛去观察，用文化的头脑去思想，用文化的胃肠去消化，用文化的双手去创造。深挖其历史文化内涵，通过景观建设、文化活动、展出展览等形式，加快了公园发展的步伐。

第二是城市大园林理论顺应城市发展的需要，顺应现代人的需要，它强调以整个城市为其发展的空间，具有形态和功能的多样性，对于指导城市园林向其深度广度发展具有一定意义。

第三是生态园林的理论对公园的发展产生了积极的影响。近些年在公园建设中，在强调传统实用价值、美学价值的同时，也强调其生态环境价值，以改善城市居民的生存环境，遵循"改善生态、美化市容、合理布局、方便居民"的方针，建了一批公园；在植物配置上，坚持乔、灌、草、花相结合的复合结构；在草坪建造中，提倡人工草地和自然草地相结合的原则；在植保方面，则大力推广使用生物防治技术，以减少污染。

第四是"三个效益"的大讨论推动了公园的发展。"三个效益"的提法始于80年代初，经过80年代末、90年代初的几次大讨论，端正了公园建设、管理者的思想，认识到环境效益是前提，社会效益是目的，经济效益是基础。

五、城市公园的经营与效益的探索

研讨会聘请北京国智景元旅游顾问有限公司总经理林峥博士，从城市公园的经营模式上探讨了公园的经营问题。他认为，城市公园扮演的是城市中的郊

◎陶然亭

野的角色，是人们休闲需求中的一种，他的消费应该是层次、结构多样化的，因而商业经营也应是多样化的。可借鉴基金会的运作模式。

城市公园必须摆正环境效益、社会效益和经济效益之间的关系，通过改革建立精简、开放、灵活、高效的管理体制，以最小的消耗获得最大的效益。北京市园林局党校副校长高文录通过对中山公园改革调查说明，改革创造了一种新的经营运作方式，向减员增效，向社会管理和引进社会资金要效益，降低了成本，增加了收入，增强了单位发展的后劲。颐和园在注重环境效益和社会效益的前提下，积极整合资源，发挥文化品牌优势，不断增加新的经济增长点，谋求多方面的发展。

六、完善城市公园功能，建设防灾避险场所

研讨会上介绍了北京市元大都城垣遗址公园建设城市应急避难场所的试点情况，引起各地的广泛兴趣。

元大都城垣遗址公园借鉴国际上的经验，从当地实际情况出发，在有关

专家的指导下，园内设了7处避难场所，并配套了相关标识，制定了相应的标准，建设了11项功能设施，制定了应急预案，为城市居民防灾避险提供了物质的保证。

七、展示了北京市公园发展的水平

这次研讨会，注重把理论研讨和实际考察结合起来，利用北京市公园发展的状况作为平台，接受大家的检验，达到了交流经验的目的。会议安排了两天考察时间，提供4条参观考察路线，有历史名园、国家风景名胜区的"传统线"，也有展示近几年新建公园的"现代线"，涉及市属公园和城八区的16个公园（风景名胜区），同时利用一个晚上请代表考察了北京宣武区大观园的红楼文化项目。通过参观考察，各地代表给予了很高的评价，认为北京真不愧为首都，公园事业发展快、水平高，有的代表团表示回去后要专门组织人员来北京学习。

八、丰富的园林信息为研讨会添彩

这次研讨会，我们在会议研讨中间，有目的、有准备地为大家提供一些园林信息，包括园林设计、园林机械、园林图书等共10家企事业单位，他们不仅在会议上进行园林信息发布，而且带来了实物产品展示，既活跃了会议气氛，又在有关企业和会议代表之间架起了一座沟通的桥梁，受到双方的欢迎。

市长给"星"颁金奖

金秋八月之夜，北京的天气特别好，微风轻拂，天高云淡，苍穹广阔，星光灿烂。仰望长空，人们惊奇地发现，在空蒙的夜空中，天上突然多了几颗明亮的新星——这就是北京市评选出的10名首届"景观之星"。

2006年8月18日晚，在北京动物园海洋馆举办的《北京公园（动物园）百年纪念活动暨"百年园梦，唱响2008"》大型电视晚会上，时任北京市副市长的牛有成同志为首届"景观之星"颁发了荣誉证书和金质奖章。

改革开放，经济腾飞，社会进步，事业发展，是一个造"星"的时代，影星、歌星、球星、舞星、笑星等等，不一而足。然而，"景观之星"却是人们第一次听说。

◎市领导为第一届"景观之星"颁奖

随着城市的发展和人民生活水平的提高，人们对环境的需求越来越强烈，人们越来越关注公园的建设和发展。人们普遍意识到：多一座公园，就多一片蓝天，就多一份好心情。在这种情势下，许多有识之士，开始把目光和心愿投向公园绿地的建设和发展，谱写了一曲曲动人的篇章。

"景观之星"顾名思义，是为城市、为人类创造美丽景观的杰出人物。"景观之星"是由北京市公园管理中心、北京市公园绿地协会和北京市风景名胜区协会联合发起，通过《景观》杂志和协会网站，由社会广泛参与评选出来的热爱、关心、支持首都公园绿地建设，并做出了突出贡献的社会人士。

北京市首届"景观之星"来自社会各界，他们是：

乔羽　著名词作家，2005年参加北海公园举办的纪念《让我们荡起双桨》50周年活动，让人们重唱这首感动了几代人，也让全国乃至全世界记住了北海、记住了北京园林的歌曲；

曹俭　北京晶丽达影像图片技术集团总经理，热心公益事业，出资60万元人民币，资助北京园林摄影大赛和展览；

刘艳霞　北京阳光鑫地置业有限公司总经理，投资2000万元，认建海淀区"阳光星期八"公园；

李春明　北京优龙集团总裁，民营企业家，投资3.9亿元人民币兴建起33万平方米的"中华文化园"；

檀馨　北京创新景观园林设计公司董事长兼总经理，近几年，她领导设计的菖蒲河、皇城根遗址等6个公园获奖，为北京增添了新的景观；

蒋晓华　华凯投资集团有限公司总经理，2003年集团出资600万元人民币认建认养了3万平方米的华凯绿地（即"华凯花园"），支持丰台区园林局整治和改造莲花池公园举办第十九届全国荷展；

温新民　广州奇星药业有限公司董事长，斥资近400万元，为天坛更新仿古座灯、导游牌等设施；

浅见洋一　动物园唯一一名日籍义工，自1988年始，持续18年为饲养大熊猫捐款捐物；

英达　著名影视导演、明星及主持人，为动物园形象大使，无私为北京动物园代言，宣传热爱动物、热爱环境的理念；

张国立 著名影视明星，北京市个人绿地认养的第一人，从1999年起，连续六年认养了复兴门绿地，累计出资24万元。

"景观之星"共同的精神追求是"尽一份情，献一份爱，关注公园，奉献社会"。在晚会上，随着北京市公园管理中心副主任、北京市公园绿地协会副会长刘英，宣布北京市首届"景观之星"的事迹，10名景观之星披戴着写有"景观之星"的鲜红绶带，依次走上北京海洋馆剧场专门为这次晚会搭建的红色舞台。接着，副市长牛有成在北京市公园管理中心主任郑秉军陪同下一一为他们颁发了荣誉证书和金质奖章，礼仪小姐一一为他们献上了鲜花，全场立刻爆发出了热烈掌声。

金质奖章是主办单位用50克纯金特意设计制作的，镶嵌在荣誉证书之中。其正面徽记为十颗星围绕着的祥云和祈年殿，寓意"景观之星"为首都创造和谐，背面绘有"818"和公园百年的logo及主办单位名称。

"黄金有价情无价"，颗颗金质奖章不仅是主办单位和北京市公园、园林绿化行业职工的一片心意，而且，代表了北京千百万人民的感激之情，感谢"景观之星"为首都、为人民做出的突出贡献。

部长锵锵说园林

国家建设部本来就担负着纷繁复杂的城乡建设管理任务，要采访汪光焘部长可真非易事。前两次预约的采访，都因汪部长有重要会议而告吹；第三次相约终于成功。他利用工作间隙，抽出仅有的半个小时的时间，接受了我们的采访。畅谈了他对园林建设管理等相关问题的理念和主张，现整理成文与大家分享。

和谐是园林的主题

2001年，国务院召开全国园林绿化工作会以来，我国的园林绿化事业有了长足的发展。国家建设部先后出台了创建生态园林城市，创建园林县城，创建国家重点公园，建设城市湿地公园，加强公园管理等一系列政策和举措，促进了园林绿化事业的发展，到2005年底，全国已有公园6000余座，人均公共绿地6.49平方米。与此同时，园林理论也出现了百家争鸣的局面，比如，生态园林的理论、大园林的理论、文化建园的理论等，其中园林与景观之争如火如荼，这从一个侧面说明了园林的兴旺。

当谈到这个问题时，汪部长说：园林和景观在英文里是一个词，我主张在中国还是提园林更为合适。从中国传统理解景观一词比较浅显，是讲人的感受。中国园林博大精深，我们要继承中国园林艺术，弘扬中国文化传统，弘扬中华民族精神。

汪部长说，现如今大家都把园林看成是一种形式，这是不全面的。研究中国园林不要光看形式，还要看内涵。中国园林的最大内涵是什么？就是和谐，人和自然和谐，这是中国园林的基本特点。中国园林的造园艺术，讲的是精神生活，思维理念是构建和谐，在建筑物和树、花、草、石、水之间，讲对大自然的模仿，在小空间里追求自然和生活，在大空间里适应自然环境的生活，始终是人和自然的和谐。

他说，所有时期的中国园林，包括山林里一些好的庙宇选址，它一定讲要与自然的和谐，有了和谐才有景观。中国是几千年的文明古国，一直研究天体自然，我觉得人和自然和谐延伸到园林上，这就是中国园林最深的内涵。讲的不只是景观，更是和谐。我们造园一定要讲和谐。

针对目前园林建设的一些弊端，汪部长说，现在建造的一些园林，也许短时间来看是成功的，可是长时间来看是不成功，经过长时间沉淀之后，人们的赞美才是成功的。中国园林上千年来经久不衰，是因为它的和谐。和谐意味着可持久的，是经得住历史的考验的。中国园林艺术的底蕴很深，包括南园、北园。北方是皇家园林，如颐和园；南方没有皇家气派，它只能建私家花园。现在我觉得要提倡的就是弘扬民族精神，这是园林的主题。造园艺术有很深奥的艺术内涵，造园是民族的艺术文化，民族文化。

风景名胜资源保护极为重要

我国的风景名胜区是园林的重要组成部分，得到国家的高度重视，出台了《风景名胜区条例》，国家建设部设置了专门的管理机构。到目前为止，全国已有国家重点风景名胜区187个，省市级风景名胜区448个，总面积占我国国土面积的1%。但是，随着旅游的开展，出现了盲目开发的现象，甚至出现城市化、人工化、商业化的严重倾向。

当我提出风景名胜区的发展和保护之间有矛盾时，汪部长说：没有矛盾。发展和保护的矛盾是短期和长期的关系。风景名胜区是一个专有名词，是人文资源和自然资源核心集中的地方。自然资源集中的地方，长期历史进程中人们的长期利用，积累了成功的利用的足迹，既是人文资源。风景名胜资源是自然资源与人文资源的和谐长期共存的结果。几千万年甚至是上亿年的发展造就了自然环境、生态环境，造成了人类可持续发展的生存环境，所以要十分重视保护。

他说，所谓的自然遗产，首先想到的应该是几千万年、几亿年的沉淀积累。中国的文化，各种思想的交流，都是寻找结合和适应的机会，在适应中去发展，包括人文资源和自然资源结合的风景名胜资源。在适应中去发展，保护是为了永续利用。

◎长城雪景

汪部长说，为什么现在说保护自然资源要比保护人文资源更重要，就是因为自然遗产是无法重复的，而人文遗产随着历史的阶段不断前进，如黄鹤楼是第几次翻建？都可以变。而自然资源变不了，变的结果只能是破坏。所以自然遗产的保护比人文遗产更重要。如果某个阶段开发过头了，那么永续利用就没有了，就没有了价值。

他强调指出：认识事物就是一个认识规律性的问题，认识规律，寻找规律。在发展中认识规律，科学发展指的是认识规律的发展。风景名胜区的发展和保护没有矛盾，是统一体的两个方面，二者相辅相成，本身就意味着是科学发展。"科学规划、统一管理、严格保护、永续利用"的基本原则，高度概括了风景名胜区工作的各重要环节，阐明了风景名胜区规划、管理、保护和利用之间的辨证关系，同时也是风景名胜区各项工作遵循的行为准则。在工作中要始终做到资源保护优先、开发服从保护的要求，在当前城市化进程加快、旅游经济迅速发展的时代背景下，必须克服只顾短期和局部利益、忽视长远和全局利益的错误倾向，防止风景名胜区开发利用过程中急功近利、过度开发的错误行为，认真解决景区过度城市化、人工化、商业化的严重倾向，统筹兼顾资源。

数字公园

    数字化这个词，现在几乎已成为一种时尚语言。什么数字城市、数字北京、数字奥运、数字交通、数字经济、数字地球等等。从某种程度上说，数字化就意味着信息化、科学化与现代化。这是一种社会的进步和发展。数字地球的概念最早由美国副总统戈尔于1998年提出，其实质是以地球为对象，以地理坐标为依据，具有多分辨率、海量和多种数据的融合，具有空间化、数字化、网络化、智能化和可视化特征的虚拟地球，是由计算机、数据库和通信应用网络进行管理的应用系统。2007年北京市精品公园复查工作，我们借用这样一个概念，将复查的项目量化，或曰数字化，取得了良好的效果，值得回味一番。

    精品公园的评选是从2002年在全市公园中开展起来的。精品公园的"精品"二字，取其品质精华之意，制定评定标准，在全市公园中优中选优，好中选好，树立典型和样板，以促进公园的建设和管理不断上档次上水平。评选之初，我们从规划设计、建设施工、管理服务、安全秩序等诸多方面，提出高标准的规划设计、高质量的建设施工、高水平的管理理念。多注重定性的指标。当然也有个别的量化指标，比如游人满意率和安全事故率指标。经过连续五届的评选，标准虽不断有所改进，但大的框架还是以定性为导向的。

    2007年的精品公园的复查是五年来的第一次，是在前五年基础上的一个总结，也可以说具有里程碑的意义。如果仍然热"剩饭"，炒"回锅肉"，总觉得吃起来没什么味道。我们处在一个创新的时代。任何事情都不能墨守成规、一成不变。于是我们按照科学发展观的要求，在精品公园复查的标准中，将原来的标准拆卸开来，重新组装，融入和谐的理念和量化的标准。为精品公

◎北京植物园水系

园提出了"六和"的主题目标。即人与自然的和谐、人与动物的和谐、人与景观的和谐、人与人的和谐、人与社会的和谐、人与文化的和谐等。

在量化标准的规定中，一是将定性指标数量化，共30项定性内容，每项内容都用赋分的方式给予定量测定。给出一个基础分，按不同的要求可以上下浮动20%。第二是规定了15项定量指标。分别是绿地率、绿化覆盖率、生物物种总量增长率、收入增长率、设施完好率、牌示完好率、厕所达标率、空气质量指标、观赏水指标、铺装地可呼吸率、游人增长率、游人满意率、游人需求满意率、游人投诉率、安全事故率。比如绿地率，这是有明文规定的，按最低限度不能低于65%，低于这个标准就应扣适当的分。这有利于管理者思考正确的发展方向，起到一个导向作用。又比如，为贯彻落实《北京市迎奥运窗口行业员工读本》中"公园风景区行业服务规范"的要求，将其中的部分内容列入定量指标，根据难易程度，做出增分或减分的规定，以促进各项工作的落实。其中一个是厕所"三有四无一同"，即厕所应当"有洗手、冲厕水、夜间照明有灯、厕内有手纸；无蝇蛆、地面无积水、无恶味、无乱写乱画；与公园同步开放"。考虑到这一条中有手纸一条最难，我们在扣加分上加大力度，即少一项减3分。非常可喜的是，许多公园通过精品公园复查活动，千方百计地解决了这一个老大难问题。定性和定量这两组指标，在这次复查中，分别由公园上级主管部门和公园自身操作，主要目的是发挥导向作用，逐步引导公园管理者学会用"数字化"来管理公园。

在精品公园复查中，进行了游人满意率调查。为了取得较为科学可靠的数据，采取集中运作的方法，聘请了8位在校大学生，用了大约10天的时间，对全市46个公园的5017名游客进行了问卷调查，共收回4917份问卷，获得了一大批有用的数据。调查显示：全市游人满意率为83.93%，基本满意为14.47%，不满意率为1.60%。游客为精品公园的景观设施、园容卫生、绿化生态、服务质量、安全秩序等方面分别打分，总平均分为88.45，分项调查的结果为：景观设施87.32、园容卫生88.84、绿化生态90.34、服务质量86.92、安全秩序88.85，其中游人对于公园的绿化生态比较满意，但对于公园的服务质量的满意程度相对较低。

本次调查增加了公园给游人带来的愉悦程度等级选项，分一到五级，五级为最高级，主要为了了解游人对公园为游人带来的愉悦程度，调查数据表明：一级为88票，占总数的1.79%；二级为252票，占总数的5.13%；三级为1201票，占总数24.44%；四级为2092票，占总数的42.57%；五级为1281票，占总数的26.07%。调查结果表明，几乎有半数左右的人认为公园能给自己带来四级以上的愉悦程度。

本次游客调查问卷，还调查了游人结构情况：

按性别分组。从总体上来看，在被调查的游人中，男性有2430人，占游人比重的49.47%，女性有2482人，占游人比重的50.53%。在46家公园中，世界花卉大观园的游人性别比重相差最大，分别为：男性比重为28.00%，女性比重占游人比重的72.00%。夏都公园游人比重为：男性：64.58%，女性：35.42%。其他公园男女比例相对平衡。

游人职业分组统计。在被调查的游人中，不同职业游人数量及所占比重分别为：工人1114人，占总数的22.69%；农民410人，占总数的8.35%；军人237人，占总数的4.83%；学生1196人，占总数的24.36%；干部831人，占总数的16.92%；职员967人，占总数的19.69%；老板155人，占总数的3.16%。其中，在游人职业中，学生占有最大的比重。

按年龄统计。25岁以下的游人有1419人，25～45岁的游人有1575人，45～60岁的游人有1089人，60岁以上的游人有824人，分别占被调查游人总数的28.92%、32.10%、22.19%、16.79%，以25～45岁游人居多。具体说来，国际雕塑公园、万寿公园、北滨河公园、玉蜓公园、东四奥林匹克公园、日坛公园等公园以60岁以上的老年人居多，这些公园多分布在居民区或社区之间，服务对象多为附近居民，大部分年龄在60岁以上，来公园的需求主要是求健、求美等。而北京植物园、颐和园、滨河世纪广场、菖蒲河公园、世界公园、陶然亭公园等公园多以25岁以下的游人居多，表明这些公园的知识性、教育性、趣味性、娱乐性更强，为年轻人所喜爱。

按距离统计。游人中1～5千米的居民较多，有1199人，占被调查总数的24.51%；其次是500米～1千米的游人，有1146人，占被调查总数的23.43%；外省游客也占游人的很大比重为20.11%，共有984人，500米以内、5千米以上游人相对而言较少。具体而言，颐和园、大观园、香山公园、菖蒲河公园、世界公园、天坛公园等公园的外省游客占很高的比重，这跟这些公园的知名度及地理位置等有关。

按游人需求分组。游人中有2180人以求乐为目的，占总数的44.34%，次之是以求美、求健为目的，分别有1802人和1795人，占总数的36.65%、36.51%，其次是以求知、求奇为目的的游人，分别有723人、437人，分别占

◎奥林匹克公园

总数的14.70%和8.89%，最后为以交往为目的的游客，共341人，占总数的6.94%(说明：游人需求最后统计总票数为7278票，比例为148.03%，因为此项为多选，固总比例超出100%)。

在精品公园复查中，对全市35个公园的景观水质的13项指标进行了测定：由北京市公园绿地协会向32家有景观用水的精品公园收集水样，统一送至北京市水环境检测中心，依照景观娱乐用水水质标准GB12941-91，对精品公园景观娱乐用水进行检测（水环境检测中心室温5.0~40.0℃，湿度20%~80%），北京市绿地协会对检测过程全程实施监督。颐和园、香山公园、万寿公园3家单位提供了当月由所在区县环保部门出示的检测报告。检测结果显示，精品公园水质检测共13项，其中挥发酚和总铁2项指标合格率为100%；高锰酸盐指数、生化需氧量2项指标均超标严重，其余9项也有超标现象。35家单位在13项检测中，仅有2项指标全部合格，在全部检测项目中合格率仅有13.38%。

在精品公园复查中，北京市公园绿地协会购买了4台室外噪音测量仪器，分别在29家精品公园内的中心区、安静区和任意点3个地点进行检测，求出3个地点的平均值做为该公园的噪音结果。检测结果：平均分贝值均在50~70分贝之间，基本接近此次检测标准（50分贝）。噪音超标率达100%。被检测的29家精品公园安静区的噪音分贝普遍较低，最高值为63分贝，其中11家单位噪音低于等于50分贝，合格率为39%；中心区的噪音分贝普遍较高，最高值91.7分贝，仅有1家单位为50分贝；任意点噪音分贝相对低于中心区噪音分贝，最高值为73.3分贝，有3家单位噪音低于小于50分贝。由于有的精品公园所处地理位置紧靠交通干道，有的精品公园中心区有游乐及喷泉等噪音相对较高的设施，在不同时间段和设施开放时，噪音超标现象相对严重。

本次精品公园复查，还采取市民可通过网络和报纸投票的方式参与精品公园的评选活动，大约有52万人参与其中。

本次精品公园复查的重要特点就是量化或数字化。本次精品公园复查统计数字在数十万个之多，使各级管理者做到了"心中有数"。复查合格的精品公园，不是说出来的，而是用数字"数"出来的，应当说是较为科学的、公正的、合理的。

北京历史名园

——改革开放30年的辉煌

在北京这片沃土之上，如明珠翡翠般撒落着天坛、颐和园、香山、北海、景山、陶然亭、中山、紫竹院、玉渊潭、北京植物园、北京动物园、圆明园、八大处、地坛、日坛、月坛、宋庆龄故居、恭王府花园、什刹海、莲花池和劳动人民文化宫等历史名园，堪称经典之作。她们带着古老的信息，站立在新世纪的阳光下，诠释着历史，演绎着文化，成为北京独特的城市标识和不可或缺的文化遗产。

天坛的祈年殿、颐和园的佛香阁、北海的白塔，她们或被元代的劲风吹拂过，或被明代的月色辉映过，或被清代的夕阳抚摸过；她们走过民国的雨幕，共同沐浴在新中国的阳光下。她们与历史同行，没有比这些历史名园更能客观地映射时代的盛衰兴废、社会的沧桑巨变的了。她们从一个独特的角度，折射出中华民族不断追求文明进步的曲折历程和北京的巨大变化。

80年代是"拨乱反正"的年代。十年动乱给公园的生态、景观都带来了巨大损害，因而，80年代的公园建设管理带有明显的"修复创伤"和"抢救文化"的色彩：天坛搬掉了本不应在圣坛出现的"土山"，颐和园清理了240年没有挖掘过的湖淤；为了修补历史空白，适应改革开放带来的旅游发展需要，除了复建了颐和园苏州街外，还建设了北京植物园专类园、玉渊潭的樱花园、陶然亭的华夏名亭园、中山公园的蕙芳园等一批新项目，同时推出了香山的红叶节、植物园的桃花节、玉渊潭的樱花节、地坛和龙潭公园庙会、莲花池公园庙会等一批文化精品，为改革开放中的北京增添了令人目不暇接的亮点。

90年代是公园建设的大发展期。这个时期，建设了园林文物精华展陈的殿堂——文昌院，建设了亚洲最大的海洋馆，建设了现代化的世界最大的北京植物园单体大温室、亚运熊猫馆、动植物科普馆等新的园林景观；同时，熊猫、朱鹮等珍稀动物的科学繁育成功，古树名木的科学保护以及节水节能项目的实施等，反映了公园规划建设乃至管理上理性的回归和园林艺术性的提升。与此同时，颐和园和天坛申报世界文化遗产成功，成为全人类的共同保护的财富，在公园发展史上，成为一个新的里程碑。

进入新世纪，以北京市公园管理中心成立为标志，北京市历史名园资源的整合有了新的平台，行业的建设管理，借着奥运的东风，进入了一个新的发展时期。以人文奥运、科技奥运、绿色奥运为理念，坚持以游客为中心，以服务为宗旨，实施"三步走、八大战略"的发展规划，策划了遗产保护、景观美化、服务提升、文化展示、安全保障、奥运宣传等六大工程，锐意进取，扎实工作，为奥运、为构建北京宜居城市、创建社会主义和谐社会和建设首善之区做出新的贡献。特别是"金碧辉煌迎奥运"工程，颐和园耕织图的复建，天坛的神乐署涅磐重生，地坛、月坛的维修整治，植物园的水系建设，天坛内花木公司搬迁再造等重大工程；"一园一品"文化展示以及为奥运开展重要活动和奥运优质服务的实现，彰显了园林的风采和奥运的辉煌。历史名园当之无愧地

◎ "比翼双飞"（陶然亭一景）

成为公园的典范，公园行业的龙头，成为展示中华文明的窗口，展示首都形象的精品，展示北京变化的舞台。

人文经典

"啊，真是太美了！它像北京这顶皇冠上的一颗明珠，璀璨夺目，熠熠生辉！"这是1998年联合国教科文组织世界文化遗产委员会考察专家罗兰·席尔瓦先生在参观考察颐和园时发出的一声赞叹。

是啊，北京的历史名园，哪一座不是一颗闪闪发光的明珠呢？天坛的神韵，一声音迴，友谊传遍四海，万顷松涛，芳菲飘过五洋；北海的妩媚，琼岛春荫激荡起我们心中的双桨；景山的壮美，让无数迁客骚人挽断柔肠；香山的红叶，醉倒千万游客；北京植物园的桃花，飘洒着沁人的芳香；中山公园的五色土，凝聚着海内外华人的情结；陶然亭的诗话里，总能闻到夺魄的佳酿；有百年历史的北京第一个公园——北京动物园是五千只动物的欢乐世界，扶老携幼可与鸟儿对话，宾客同游可与苍天共享！在玉渊潭可以遥想钓鱼台的人鱼嬉戏，在福荫紫竹院里可以找寻昔日行宫里的曼妙霓裳……

历史留给我们无数珍藏奇宝，改革开放我们续写着新的篇章：颐和园文昌院4万余件珍宝向游人展示，天坛祈年展恢复了历史的原状，北海太宁宫再现了当年的光辉，苏州街宫市在迎亚运会的凯歌声中重张，耕织图遭八国联军焚毁137年后重建，神乐署重新响起了中和韶乐的乐章。今天人们可到黄叶村听听红楼梦的故事，可到陶然亭窑台上或香山的香雾窟里品品茶香……

古今交融，诠释着北京，展示着古都的风貌，为持续发展注入活力，让城市更加生机勃发！

和谐之花

公园是什么？

不同的人有不同的回答：

有的说，公园是客厅，每天接待着众多的中外宾客；

有的说，公园是窗口，弘扬着中华优秀的文化；

有的说，公园是舞台，展示着古都北京翻天覆地的变化；

有的说，公园是大氧吧，让我们在这里尽情吞纳。

但，不妨让我们听听在紫竹院公园一位老人的话："我们离退了休，离开了单位，很失落，很孤独，到公园来交朋友、聊天，使我们重新获得了归属感。因此我们开玩笑说，要'三近一远'：购物要近，医院要近，公园也要近，至于火葬场吗，可以远点。"这位老人的一番话，也许把公园的功能和作用说到了家。

公园里绿荫泼洒，阳光鲜花，清新整洁，风景如画。有多少老人在这里颐养天年，有多少儿童在这里嬉戏玩耍；有多少游客在这里怡情益智，有多少文人墨客在这里吟诗作画；有多少领袖在这里与民同乐，有多少外宾元首在这里感受中国灿烂文化。携来情侣同游，可与鸟儿对话，伴着歌声起舞，迎来朝雾晚霞。

北京市历史名园，借奥运东风，营造绿色环境，提升服务水平，展示优秀文化。创造人与动物的和谐，人与自然的和谐，人与景观的和谐，人与文化的和谐，人与人的和谐，人与社会的和谐，将绿色精品奉献给了万千游客和百姓人家。

公园是什么？公园是幸福指数，公园是和谐社会之花！

科技光华

2008年4月，颐和园内珍藏的一幅"大清国慈禧皇太后"油画像，经荷兰顶级油画修复专家，历时8个月的精心修复，重新展示在世人面前。标志着这幅具有独特艺术价值和重要历史价值的艺术作品得以"益寿延年"，这是颐和园进行文物保护的一个范例。多年来，历史名园运用传统工艺和最新科技对文物古建进行维护修葺，取得了辉煌的成绩。

公园是博物馆，是一部百科全书，它涉及园林、绿化、文物、动植物、文化艺术等多个领域、多种学科。30年来我们把建设管理中的难点、热点作为科技工作的重点，突出解决了一批问题，取得了堪称辉煌的成果。比如园林绿地无农药污染防治病虫害技术、树种引种筛选繁殖栽培及应用等30余项获国家、市、部级科技奖。这些科研科技项目或填补了某个领域的空白，或改善了城市的生态，或推动了园林的发展，或解决百姓生活的无奈等。比如抑制杨柳扬絮的科研成果，运用"抑花一号"，采取为杨柳树"打吊针"的办法，将药液注入树干内，可控制90%以上杨花柳絮的产生，解决了"杨絮年年三月暮""不管人愁天下舞"的问题。

在高度重视科研的同时，我们也十分重视科普工作，在市委市政府的正确领导和支持下，建起了北京植物园的大温室，建起北京动物园海洋馆，建起了北京动物园和北京植物园科普馆等，开展了丰富多彩的科普活动和展览，实践和推动着生态保护、动植物保护以及科学发展观的落实。

绿色精品

在绿荫拥翠的座座历史名园中，有数万株古树名木，占全市古树总数的34.51%。他们有的上百岁，有的上千岁，像长寿老人一样见证着古都北京的变迁和发展，讲述着一个个动人心弦的故事，同时也寄托着海内外华人心中对故乡的情怀。听说有一位当年从大陆去到台湾的同胞，专门托朋友替他去看看中山公园的辽柏还在不在？后来听说，这棵辽柏长的还很健壮，老人欣慰地含着泪笑了。

2008年8月8日，美国前国务卿基辛格博士，第十三次到天坛公园参观游览，当他看到久违的"老朋友"——天坛古柏时，感到非常亲切，在树林中休息凝神，感慨地说："我太爱这里的树了，这是历史的见证，是不可复制的历史。"并不止一次的自言自语："I love this place!"（我太喜欢这里了！）并在留言中写道："A country with such a great past will leave a very great future!"（一个有着伟大过去的国家，也将永远拥有一个辉煌的未来。）是啊，中国是一个拥有伟大过去的国家，现在我们正沿着改革开放的道路向未来进发。北京市公园实践"注重生态，营造景观，传承文化，打造精品"的公园行业道德，呵护绿色，创造精华：对古树名木实行VIP式的保护，对公园绿化环境实行生态优化，四季常青，三季有花，将雨水留住，让鸟儿和昆虫在城市安家。节庆活动是城市的名片，我们倾心注入绿色文化，让绿色精品不断升华。

北京市公园管理中心实施文化建园工程，将绿色精品奉献给了万千游客和百姓人家！春去北植"占断春光是桃花"，秋来"香山红叶胜似晚霞"；香山的红叶，醉倒多少游客，北植的桃花，将沁人的芳香泼洒。景山的国色天香，北海的傲雪秋光。中山公园的兰花展览，八大处的九九重阳。春风乍暖时，当去玉渊潭赏樱，四季风光里，该到万竿竹林中听那清脆的乐章。

奥运风采

难忘2008！

2008年8月8日～8月24日，第29届奥运会，经过7年2581天的精心准备在北京胜利举办！每当想起奥运圣火，每当回忆那热烈的场面，我们激荡的心依然！

北京市公园行业是北京市13个重要窗口行业之一，肩负着为奥运服务的重担。我们抓住历史机遇，坚持科学发展观，以人为本，以服务为根本宗旨，按照：服务——热情周到高标准，环境——巩固成果出亮点，安全——万无一失无事故，队伍——提高素质上台阶的整体思路，以优美环境、优良秩序、优秀文化、优质服务为目标，精心策划，精心组织，圆满完成了奥运会和残奥会的服务保障任务。为奥运添了彩，为北京争了光。

开展"金碧辉煌迎奥运工程"，对以祈年殿、佛香阁和北海白塔为代表的文物古建进行了修缮和景观提升，使之焕然一新。

为奥运，我们调整改造了公园绿地，建起了游客中心，修建了残疾人通道，优化了导览系统，修建和改建了一批厕所并配备了手纸和洗手液等等，使公园的各项服务及景观设施达到了历史最好水平。

我们不仅完成了正常的游览接待任务，而且圆满完成了涉奥外事接待任务，服务奥运会残奥会和"快乐残奥"，接待服务奥委会官员和各国贵宾。天坛、地坛、颐和园、朝阳公园、景山公园、玉渊潭公园、朝阳公园等，先后完成了圣火传递、沙滩排球、马拉松比赛、焰火燃放以及残奥会圣火采集等重大活动。

◎"圣殿"——上海世博园北京馆景饰

也许，我们做的工作是有限的，但是，奥运会给予我们观念上的进步和精神上的财富是无穷的。我们增强了首都意识、大局意识、责任意识和服务意识，实践了科学发展观；我们艰苦奋斗，顽强拼搏，把小事当大事，把大事当盛事，精益求精，一丝不苟，办出特色，办出水平。这是我们的奥运精神，是我们的无价之宝，是我们宝贵的奥运遗产！

有机会参与奥运会和残奥会是非常幸运的，是非常光荣的！

附录1 北京历史名园改革开放30年30件大事

1.1978年3月1日，经党中央同意，北海公园重新恢复对外开放。这座有着800多年历史、保存最完整的皇家园林，于1925年开放，1971年因重要工程闭园。

2.1978年9月北京动物园2只经过人工受精繁殖实验成功的大熊猫幼仔诞生。获国家科技进步三等奖。

3.1979年2月26日，玉渊潭公园划归市园林局统一领导，3月5日玉渊潭管理处成立。

4.宋庆龄故居（原清代醇亲王花园）于1982年5月29日宋庆龄逝世一周年之际正式开放。这里保留和恢复了从1963～1981年宋庆龄在此工作、生活起居的部分原状。

◎宋庆龄故居一景

5.1984年4月22日，北京植物园建成国内第一座曹雪芹纪念馆。

6.1984年5月2日地坛公园售票开放。1985举办首届地坛春节文化庙会。

7.1986年9月，紫竹院公园筠石苑竣工，面积6.7万平方米，标志着紫竹院公园以竹为景，以竹取胜的华北第一竹苑建成。

8.1988年1月13日，圆明园遗址被国务院公布为第三批全国重点文物保护单位，同年6月29日向社会正式开放。

9.1988年重阳节，八大处首届九九重阳游山会开幕。

10.1989年9月陶然亭公园华夏名亭园建成，该工程历时4年，占地面积10万平方米，仿建中国各地多处历史名亭，形成名亭荟萃、各自独立的集锦式亭园。

11.1989年10月31日～11月5日，首届香山金秋游园会举办，共接待游客60余万人。

12.1989年玉渊潭公园举办首届樱花观赏会。至2008年，已连续举办19届。

13.1990年1月20日，天坛公园"搬土山工程"正式开工，共投入人力4万人，出动车辆20万辆，将占地6万平方米、高32米、土方达77万立方米的土山搬走，工程于3月13日结束。

14.1990年4月27日，天坛公园祈年殿殿堂恢复清代历史原貌，并对外售票开放。

15.1990年底，颐和园苏州街复建竣工，该工程历时5年，总建筑面积2870平方米，同年9月25日，苏州街宫市正式开幕。

16.1991年3月10日，颐和园昆明湖清淤工程竣工。清淤工程历时4个月，投资400万元人民币，清淤65.25立方米，是240年来首次全面清淤。

17.1994年10月1日～4日，庆祝建国45周年，北京市与7个省市在颐和园、天坛、北海、中山、陶然亭、朝阳公园、中华民族园、劳动人民文化宫8大公园共同举行盛大游园活动。

18.1998年12月2日，经联合国教科文组织第22次世界遗产全委会通过投票表决批准，颐和园、天坛列入《世界文化遗产名录》。

19.1999年3月27日世界内陆最大的海洋馆在北京动物园建成，工程投资近1亿美元，规模之大为国内首创。

20.1999年10月1日～5日，庆祝中华人民共和国成立50周年大型游园活动，在中山、北海、景山、天坛、颐和园、玉渊潭、劳动人民文化宫、中华民族园、大观园、世界公园10大公园举行。

21.1999年北京植物园展览温室建成，工程总投资2.6亿元，占地5.5万平方米，共收集植物4100种6万余株，2000年3月正式对外开放。

22. 2000年8月，颐和园文昌院建成，总投资6000万元，收藏4万件珍贵历史文物，2000年9月正式对外开放。

23. 2000年12月20日莲花池公园开始全部对外开放。

24. 2003年7月1日，北京市撤销北海景山公园管理处，分别成立北海公园管理处和景山公园管理处。

25. 2004年10月1日，庆祝中华人民共和国成立55周年大型游园活动在天坛、北海、北京市劳动人民文化宫、中华民族园等公园举办。胡锦涛总书记等党和国家领导人到中山公园参加游园活动。

26. 2004年9月20日，天坛公园神乐署修缮竣工，该工程于2003年11月开工，修缮古建筑面积4850平方米，总投资5000万元。修缮竣工后，开展大型中和韶乐展演活动。中和韶乐被列为非物质文化遗产。

27. 2006年7月1日，紫竹院公园、日坛公园等12座公园正式免票对社会开放。

28. 2007年4月26日北京月坛公园完成了总投资1.7亿元人民币历时3年的修复改造，重新对外开放。

29. 2008年8月6日，北京奥运会圣火在天坛公园传递。中国奥委会副主席李富荣在祈年殿前点燃圣火盆。8月7日圣火在地坛公园传递。

30. 2008年8月28日，北京残奥会圣火取火仪式暨火炬接力启动仪式在天坛公园举行。9月5日，北京残奥会火炬接力在颐和园传递并举行火炬接力结束仪式。

附录2 奥运期间（2001～2008年）北京市属历史名园的主要成绩统计数字

1. 主要文物古建修缮：22项，14.4万平方米，占开放总数79.5%

2. 古树名木养护：13814万株，占全市古树名木总数的34.51%

3. 改造景区景点：162处，292.4万平方米

4. 收集雨水工程：19处，9.8万平方米

5. 节水喷灌工程：120处，294.4万平方米

6. 治理黄土裸露：82.7万平方米

7. 透气铺装道路广场：30余万平方米

8. 修建无障碍通道：236处，154.4千米，无障碍出入口153处

9. 新植补植树木：2万余株

10.新植补植草坪、地被：80余万平方米

11.奥运花坛：60个，500万盆鲜花

12.改造新建厕所：135座

13.提供手纸/洗手液：约22000吨/约33公斤

14.建游客中心：13座

15.改建双语牌示：5597块

16.新增安全设施：2109个

17.新增园椅、果皮箱：7934个

18.接待游人：4.4亿余人次

19.接待外宾：1286万余人次

20.免费接待游人：2845万余人次（老人、军人等）

21.接待元首、首脑：90余人次

22.奥运期间接待涉奥人士：31364人次

23.残奥会接待涉残奥人士：13373人次

24.大型活动：95项

25.文化活动：305项

26.展览展出：91项

27.科技成果奖：146 项，其中获市级奖11项

28.文化旅游商品开发：698种

29.出版历史文化图书画册：58种

30.公园年票发售：643万张

附录3 北京现有历史名园一览

1.天坛公园 始建于明永乐十八年（1420年），又经明嘉靖、清乾隆等朝增建、改建，是明、清两代皇帝"祭天""祈谷"的场所。天坛占地273万平方米，1913年辟为公园对外开放。1961年天坛被列为全国重点文物保护单位。1998年被列入《世界文化遗产名录》。

天坛集明、清建筑技艺之大成，是中国古建珍品，是世界上最大的祭天建筑群。改革开放以来，天坛公园利用文化优势，向越来越多的中外游客展示着他那神秘美丽的风采，外国政要访华期间都把参观天坛列入日程，一些世界

级重大活动陆续在天坛举行，2008年北京奥运圣火在天坛传递，残奥会圣火取火仪式暨火炬接力启动仪式在天坛祈年殿前举行。

2.**颐和园** 始建于清乾隆十五年（公元1750年），原名"清漪园"，1860年被英法联军烧毁，1886年清政府重修，并于两年后改名"颐和园"。1900年，八国联军侵入北京，颐和园再遭洗劫，1902年清政府又予重修。颐和园占地290.13万平方米，1924年辟为公园对外开放。1961年颐和园被列为全国重点文物保护单位。1998年被列入《世界文化遗产名录》。

颐和园集传统造园艺术之大成，借景周围的山水环境，饱含中国皇家园林的恢弘富丽气势，又充满自然之趣，体现了"虽由人作，宛自天开"的最高造园境界。近年来，相续修复和复原了苏州街、文昌院、耕织图等景观，使这座秀丽的皇家园林更加完美。

3.**北海公园** 始建于辽代，随后又经金、元、明、清朝代不断扩建修缮，尤其是清乾隆时期对北海进行大规模的改建、扩建，奠定了此后的规模和格局。北海占地68.2万平方米，1925年辟为公园对外开放。1961年北海及团城被列为全国重点文物保护单位。

北海是中国历史园林的艺术杰作，著名的燕京八景中的"琼岛春阴""太液秋波"就在园中。近年来，陆续修复和复原了永安寺琼华岛景区、小西天景区、静心斋、团城等景区，使这座古老的皇家园林更加完美。

4.**北京植物园** 位于北京西山脚下，始建于1956年，占地面积157万平方米。植物园由名胜古迹区、植物展览区、科研区和自然保护区4部分组成。园中的名胜古迹有卧佛寺、樱桃沟、隆教寺遗址、"一二·九"纪念亭、梁启超墓、黄叶村曹雪芹纪念馆等。2003年，投资2.6亿元，建造了面积6000多平方米，是亚洲最大的植物温室。2001年卧佛寺被列为全国重点文物保护单位。

5.**北京动物园** 位于西城区西直门外，清朝光绪三十二年（1906年），在原乐善园、继园（又称"三贝子花园"）和广善寺、惠安寺旧址上建农工商部农事实验场。占地86万平方米，其中水域面积8.6万平方米，1907年对外开放。1949年9月1日定名为"西郊公园"。1955年4月1日正式改名为"北京动物园"。2006年北京动物园被列为全国重点文物保护单位。

北京动物园是中国开放最早、饲养动物最多的动物园之一。有亚洲最大的内陆海洋馆。目前园内饲养展览动物450余种4500多只，海洋鱼类及海洋生物500余种10000多尾。每年接待中外游客600多万人次。

6.**玉渊潭公园** 位于海淀区西三环，与"中央电视塔"隔路相望，早在金代，这里就是金中都城西北郊的风景游览圣地，辽金时代，这里河水弯弯，一片水乡景色。清乾隆三十八年（1773年）著名的香山引河治水工程，开掘了玉渊潭湖系。玉渊潭公园为北京市重点文物保护单位。

玉渊潭公园占地136.69万平方米，其中水域面积61万平方米，1960年对外开放。公园每年春季举办的"樱花赏花会"远近闻名，2000余株樱花成为京城早春特有的景致。

7. **紫竹院公园** 位于海淀区，远在三世纪，这里曾是古代高梁河的发源地。金代大定二十七年（1159年）以后，成为一个蓄水湖。明代万历五年（1577年），"慈圣皇太后"出资巨万，在广源闸西边兴建万寿寺时，这里就成了万寿寺的下院，清朝乾隆皇帝赐名为"紫竹禅院"，紫竹院由此得名。紫竹院公园为北京市重点文物保护单位。

紫竹院占地47.35万平方米，其中水面面积16万平方米，1953年建成开放。园中三湖两岛、一河一渠（长河与紫竹渠），全园翠竹占地14万平方米，是一座以水景为主，以竹景取胜，深富江南园林特色的大型公园。1987年修建了占地7万平方米，以竹石成景的"筠石园"景区。

8. **香山公园** 位于海淀区西部，占地180.05万平方米，1956年建成开放，是一座具有皇家园林特色的大型山林公园。始建于金大定二十六年（1186年），距今已有800多年历史。元、明、清都在此营建离宫别院，为皇帝游幸驻跸之所。清乾隆十年（1745年）在此兴建亭台楼阁，成二十八景，后筑围墙并赐名"静宜园"。后遭英法联军和八国联军的焚掠。2001年碧云寺被列为全国重点文物保护单位。

秋季漫山遍野的红叶最为著名，2008年北京残奥会闭幕式上，从天而降的千万片"红叶"，就象一颗颗火红的心，带去友谊，带去祝福、带去和平的祝愿。此举使得"香山红叶"更加享誉中外。

9. **中山公园** 位于天安门西侧，中山公园占地23.8万平方米，1914年对外开放，是一座带有纪念性的古典坛庙园林。原是辽代兴国寺，明永乐十九年（1421年），改建为社稷坛，成为皇帝祭祀土地神、五谷神的场所。1914年辟为中央公园，后因孙中山先生的灵柩曾在园内拜殿里停放，于是1928年改名为中山公园。1988年社稷坛被列为全国重点文物保护单位。由于特殊的地理位置，许多重大的游园活动都在中山公园举办。

10. **陶然亭公园** 位于宣武区南二环陶然桥西北侧，占地56.56万平方米，其中水面面积16.15万平方米，1958年建成开放。为清康熙三十四年（1695年）工部郎中江藻所建，初名江亭。江藻所撰"陶然吟"石刻镶嵌在亭南壁。园内慈悲庵，为元代古刹。1952年全面整修辟为公园。1954年又从中南海移来云绘楼、清音阁两组古建筑，更添公园古雅清幽的景色。陶然亭公园为北京市重点文物保护单位。

1985年修建的华夏名亭园，精选国内"沧浪亭""醉翁亭""兰亭"等36座名亭，按1：1的比例仿建而成。是一座以亭景为主的大型公园。

11.景山公园 位于京城中轴线上，与故宫神武门相对，始建于金大定十九年（公元1179年）。明永乐十八年（公元1420年），将拆除旧皇城的渣土和挖新紫禁城筒子河的泥土堆积在元朝建筑迎春阁的旧址上，形成一座土山，取名"万岁山"。清顺治十二年（1655年），"万岁山"改名为"景山"。

景山公园占地23万平方米，1955年建成开放，山上东西排列着建于清乾隆十七年（1752年）的五座古亭，最高峰上的"万春亭"是中轴线上的最高点，登上万春亭，京城秀色尽收眼底。

近年来，公园不断引进牡丹、芍药等新品种，扩大种植面积，是京城品种最多，种植面积最广的牡丹园。2001年景山公园被列为全国重点文物保护单位。

12.八大处公园 位于西山风景区南麓，因有保存完好的八座古刹而得名，是一座历史悠久、风景宜人的佛教寺庙山地园林。占地253万平方米，1956年建成开放。为北京市重点文物保护单位。

园中八座古刹最早建于隋末唐初，历经宋元明清历代修建而成。其中灵光寺、长安寺、大悲寺、香界寺、证果寺均为皇帝敕建。灵光寺辽招仙塔中曾供奉释迦牟尼佛牙舍利，1900年毁于八国联军炮火，建国后经周恩来总理批准重建佛牙舍利塔。

近年来，公园为宣传中华茶文化，举办茶文化节，2005年，一支神奇的马帮的到来，使茶文化节声名远播。"重阳游山会"是公园举办的一项大型文化活动，目前已举办了21届。

13.日坛公园 位于朝阳区日坛北路，始建于明朝嘉靖9年（1530年），为明清两代皇帝祭祀太阳大明之神的地方。

日坛公园占地20.62万平方米，1951年建成开放，园中林木成荫、路面整齐、古朴典雅、景色幽静，是北京著名文物古迹"五坛"之一。2006年日坛公园被列为全国重点文物保护单位。

14.月坛公园 位于西城区月坛北街路南，原名"夕月坛"，明嘉靖九年（1530年）兴建，是明清两代皇帝祭祀月亮夜明之神的地方。

月坛公园占地7.97万平方米，1955年建成开放，园内景观紧扣"月"的主题，突出了秋的意境，成为北京一处优美的赏月和游览胜地，是北京著名文物古迹"五坛"之一。2004年，投资2.6亿元，进行全面改造。2006年被列为全国重点文物保护单位。

15. **地坛公园** 位于东城区安定门外大街。地坛又称方泽坛，是古都北京五坛中的第二大坛。始建于明嘉靖九年（1530年）是明清两朝帝王祭祀"皇地 神"的场所，也是我国现存的最大的祭地之坛。

1981年以来，国家投资对古建筑进行了复原整修，地坛公园占地43.05万平方米，1984年5月建成开放。整个建筑从整体到局部都是遵照我国古代"天圆地方""天青地黄""天南地北""龙凤""乾坤"等传统和象征传说构思设计的。1985年开始举办的"地坛庙会"久负盛名，鲜明的民族、民俗、民间特色，给春节增添了浓厚的节日氛围。

2006年地坛公园被列为第六批全国重点文物保护单位。

16. **什刹海公园** 位于西城区西北部，历史上因这里寺庙林立，素有"九庵一庙"之说，所以这里得名为"什刹海"。元代，这里曾是南北大运河北段的起点，当时船运业繁盛，两岸商贾云集，带动了鼓楼大街一带成为繁华的商业区。

什刹海公园占地54.6万平方米，由西海、后海、前海组成，为一条自西北斜向东南的狭长水面。三湖一水相通，以后海水面最大。近年来，随着服务管理力度的不断加大，什刹海地区被人们称为老北京最美的地方，"老北京胡同游"服务项目，更能体味京味儿文化的韵味，吸引着越来越多的中外游客前来探寻品味。

什刹海地区共有文物保护单位40处，其中国家级4处、市级13处、区级23处。

17. **宋庆龄故居** 位于西城区后海北岸，原是中国末代皇帝爱新觉罗·溥仪的父亲醇亲王载沣的府邸花园，也称西花园。

1962年，辟为宋庆龄的住所。1963年4月，宋庆龄迁居于此。1981年5月29日宋庆龄逝世，这里成为故居。一年后，经中央批准，故居对外开放。故居占地2.8万平方米，是一处雍容典雅、幽静别致的庭园。

1982年宋庆龄故居被列为第二批全国重点文物保护单位。

18. **圆明园遗址公园** 位于海淀区，与颐和园相毗邻。历史上圆明园是由圆明园、长春园、绮春园（万春园）三园组成，通称圆明园。有园林风景百余处，是清朝帝王用150余年创建和经营的一座大型皇家宫苑。最初是康熙皇帝赐给皇四子胤禛（即后来的雍正皇帝）的花园。雍正皇帝即位后，拓展原赐园，在园南增建正大光明殿和勤政殿，以及内阁、六部、军机处等，御以"避喧听政"。至乾隆三十五年（1770年），"圆明三园"的格局基本形成。咸丰十年（1860年）英法联军攻入北京，纵火焚毁了圆明园，这场大火持续了三天三夜。

1979年圆明园遗址被列为北京市重点文物保护单位，圆明园遗址的整修工作逐 步展开，搬迁园内3000多住户和14个住园单位。1988年6月29日这座占地350万平方米，既富于遗址特色，又具备公园功能的遗址公园建成开放。2004年圆明园"九州清晏"景区进行全面整修，2008年正式对外开放。

1988年圆明园遗址公园被列为第三批全国重点文物保护单位。

19.**北京市劳动人民文化宫** 位于天安门东侧。原为太庙，建于明永乐十八年（1420年），是明清两代皇帝祭祖的宗庙。依据古代王都"左祖右社"的规制，与故宫、社稷坛（现中山公园）同时建造，是紫禁城重要的组成部分。1950年5月1日，占地19.7万平方米，由毛泽东主席命名并亲笔题写匾额的"北京市劳动人民文化宫"建成开放。2008年北京奥运会倒计时百天庆祝活动在此举行，古老的太庙焕发出新的光彩。

1988年太庙被列为第三批全国重点文物保护单位。

20.**恭王府花园** 位于什刹海西北角。又名翠锦园，建于1777年，曾为清乾隆时大学士和珅私宅，嘉庆四年（1799年）和珅因罪赐死，改为庆王府。咸丰元年（1851年）改赐道光皇帝第六子恭亲王奕訢始称"恭王府"。20世纪初，溥伟及溥儒出售给辅仁大学作校舍及宿舍。建国后为北京艺术师范学院校舍及中国艺术研究院办公和教学地点。

1988年6月，占地6万平方米的恭王府花园部分对外开放。恭王府花园是北京现存最完整、布置最精的一座清代王府，著名学者侯仁之先生称之为"一座恭王府，半部清代史"。

1982年恭王府花园被列为第二批全国重点文物保护单位。

21.**莲花池公园** 位于北京市宣武、丰台、海淀三区交汇处，紧邻京西客站。是北京地区一处古老的名胜之地，也是都城的重要水源。是北京城的发祥地，有"先有莲花池后有北京城"之说，距今有3000多年的历史，辽、金时代曾在莲花池西南建了都城。后来因为辽、金灭亡都城被毁，莲花池也渐渐荒废。

莲花池公园占地53.6万平方米，1990年建成，是一处保留原始风光与水趣的游览之地。1998年又开始恢复建设，2000年12月一期工程完工，正式接待游人。如今的莲花池公园夏季荷花盛开，万亩荷塘让您尽赏"出淤泥而不染，濯清涟而不妖"的荷姿。

莲花池公园为北京市重点文物保护单位。

中国历史名园保护与发展北京宣言

2009年10月16～17日，中国公园协会、北京市公园管理中心、北京市公园绿地协会，在北京举办首届"中国历史名园保护与发展论坛"，来自北京、上海、天津、重庆、四川、江苏、山东、河南、湖北、陕西、宁夏、云南、贵州、广东、福建、吉林等省、市、自治区22个城市的专家、学者和业内人士，就"中国历史名园保护与发展"这一重要论题展开讨论，切磋琢磨，达成系列共识，特发表此宣言。

在自古代至近现代数千年的历史演进中，中华民族以自己的聪明才智创作了无数的园林佳构，形成了独树一帜的中国古代园林造园体系，给世界文明以重大贡献和影响，在世界造园史和人类文明史上闪耀着璀璨的光焰。中国古代园林是我国传统造园思想、观念和知识的物质载体，体现着古代中国人对理想的人居环境的认识和追求，蕴含着丰富的古代哲学、美学、文学、环境学、景观学、工程学、历史学等内涵；近现代园林则反映了中外文化碰撞交流和嬗变创新在造园学领域的时代印迹。

历史名园是有一定的造园历史和突出的本体价值，在一定区域范围内拥有较高知名度的公园。它反映历史发展特定阶段的社会、政治、经济、文化、艺术、科学等发展状况，是以往社会发展、城乡变迁以及人类思维形态的直观物证，代表城市或地域的历史和尊严，是宝贵的文化遗产。

今天的历史名园，作为中国珍贵的历史遗存，具有突出、普遍的历史价值、艺术价值和科学价值，在当代公园序列中具有无可比拟的地位。历史名园传承城市历史风貌与人文景观，满足公众感知了解历史文化、欣赏享受美的生活的需求，为人居环境设计提供理念和方法，为中国传统文化研究提供丰富的实物，为园林营造提供丰厚的理论依据，是不可多得的宝贵财富和文化资源。保护和继承好历史名园这一园林文化标本，对继承和发展园林事业，繁荣新时代的园林文化具有重要意义。

历史名园具有稀缺、脆弱、不可复制、不可再生的特点和属性，因此，保护是第一要务。我们必须按照和遵循历史名园保护的相关法律法规和《世界遗产公约》的精神，制定相应的政策、法规和管理制度，培养人才队伍，落实保护经费，科学、有效地保护历史名园。

历史名园保护的核心是本体价值的保护。本体价值是指代表历史名园本质属性的基本要素体系，即一切具有历史文化价值的物质存在。应维护历史名园本体价值的历史真实性和完整性，实行最小干预原则，最大限度地避免建设性破坏和维护性损毁（灭失），最大程度地传承历史名园的物质遗存、人文信息和可辨认的历史时序信息。

历史文化精神是历史名园之灵魂，应注重保护历史名园的精神和魂魄。挖掘和弘扬历史名园自身特有的历史文化内涵，加强历史名园学术交流和研究，

◎光辉本色

开展符合历史名园自身文化定位的特色文化活动和展览展示项目，发展特色文化商业经营，提高导览讲解服务水平，传播历史名园的文化和保护历史名园的知识，最大程度地延续和传递历史名园的历史文化内涵和精神气质。

◎天坛

历史名园是丰富多彩的传统无形文化遗产的载体，蕴含或创造着丰富的传统民俗、节庆、技艺和口头传说等无形文化遗产形态。应当重视无形文化遗产的挖掘、保护和展示，成为延续城市文化精神的重要阵地。

历史环境是历史名园本体价值的重要组成部分。对历史环境的保护，应纳入城乡发展建设规划和精神文明建设规划，积极预防在城市化、现代化进程中，对历史名园历史环境的人为损害。

历史名园要积极吸纳历史经典和当代社会科技管理的先进成果，重视教育和科研，重视借鉴文化、服务、经营等行业的先进模式和经验。树立规划立园、文化建园、科教兴园、人才管园的理念，创新发展，发挥历史名园的地域中心作用，提高历史名园在现代社会生活中的影响力和在经济发展中的推动力。

在新的历史时期，中国历史名园的工作者，与全国园林行业的同行们携手共进，深化管理制度改革，开拓创新，努力实践历史名园的科学发展，为和谐社会的建设做出新的更大的贡献！

建立城市公园体系
——解读《关于加强公园建设管理的意见》

2013年5月3日，中华人民共和国住房和城乡建设部以建城〔2013〕73号文的形式，发布了《关于进一步加强公园建设管理工作的意见》（下称《意见》）。这是继1986年《全国城市公园工作会议纪要》（衡阳会议）和2005年《关于加强公园管理工作的意见》之后，发布的又一个重要文件。其目的在《意见》开头就开宗明义"为适应城镇化快速发展的需要，切实满足人民群众休闲、娱乐、健身等生活需要，切实改善人居环境"而提出《意见》。

《意见》共分为六部分，即：一、正确认识公园建设管理工作的重要性和紧迫性；二、强化公园体系规划的编制实施；三、加强公园设计的科学引导；四、严格公园建设过程的监管；五、深化公园运营维护管理；六、加强组织领导。《意见》在分析了公园建设管理面临的形势后，提出了一系列带有前瞻性、政策性、准法规性和可操作性的意见。为了便于记忆，就个人学习的体会，我用数字的形式，分六个题目解读，即一个高度，两个角度，三个深度，四门功课，五级力度，六种难度等，谈几个我认为重要的问题与业内同行交流。

一、把握一个高度

高度决定长度、宽度和力度。只有站得高，才能看得远，高瞻远瞩。

公园建设管理应当站在什么样的高度呢？《意见》指出："要站在建设生态文明、精神文明和安定和谐社会的高度，充分认识、加强新时期公园建设管理的重要性和紧迫性，树立生态、低碳、人文、和谐的理念，始终坚持公园的公益性发展方向，切实抓好公园建设管理工作。"这个问题的提出，在《意见》

◎莲花河城市休闲公园

中给出了4条理由：一是人们对公园需求的不断提高，二是公园建设管理的压力加大，三是城乡统筹发展提出新的要求，四是社会各方面对公园造成的威胁因素增加。

高度的思想贯彻于《意见》的始终。在"深化公园运营维护管理"一节中，进一步指出："始终坚持公园的公益性发展方向，确保公园公共服务属性。公园是公共资源，要确保公园姓'公'，严禁任何与公园公益性及服务游人宗旨相违背的经营行为。"

《意见》明确指出："严禁在公园内设立为少数人服务的会所、高档餐馆、茶楼等""严禁利用'园中园'等变相经营""禁止将政府投资建设的公园资产转由企业经营、将公园作为旅游景点进行经营开发""严禁违规增添游乐康体设施设备以及将公园内亭、台、楼、阁等园林建筑以租赁、承包、买断等形式转交营利性组织或个人经营"。

《意见》强调指出："牢固树立以人为本、尊重科学、顺应自然、低碳环保的公园设计理念""严禁任何与公园公益性及服务游人宗旨相违背的经营行为，公园是公共资源，要确保公园姓'公'"。

二、领会两个角度

《意见》指出：公园是与群众日常生活息息相关的公共服务产品，是供民众公平享受的绿色福利，是公众游览、休闲、娱乐、健身、交友、学习以及举办相关文化教育活动的公共场所，严禁如何与公园公益性及服务游人宗旨相违背的经营行为。

"公益"一词意指"公共利益"，有如下特点：①外在性。属于公益事业的部门和企业及其活动一般处在直接生产过程、各种经营活动和居民的日常生活之外，独立存在、并行运转，并构成相对独立的系统。②社会性。大部分公益事业主要依靠社会投资和建设，资金依靠国家财政解决，投资主要表现为社会效益和环境效益。③共享性。公益事业的服务是为许多单位和居民共享的。④无形性。公益事业所提供的产品大多是无形的服务，而不是有形的物质产品。⑤福利性。公益事业所提供的产品带有很大成分的社会服务和社会福利性质。绿地不一定是园林，园林不一定是公园，但公园必定是园林。公园是社会公益事业，是城市的基础设施。成为公园须要具备三个必要条件：一是要具有良好的园林环境，二是要具有较完善的设施，三是向公众开放。三条缺一也不能称其为公园。当年，上海的外滩公园从开放时起就不准中国人入内，甚至在公园门口挂出牌子，规定华人与狗不得入内，因而激起了中国人民的极大愤慨。经过60余年的坚持不懈的斗争，工部局终于宣布从1928年6月1日起公园对中国人开放。我们说只有从这时起它才真正称得上是公园。在此之前只是外国人的私人花园。公园姓"公"，公园必是向公众开放，这是一条铁律。

《意见》提出了一个多数人和少数人的概念，这一概念很重要。公园一定要为多数人服务，要满足多数游人符合公园文化定位的优势需求。早在十几年前，一位老部长就给政府写信，痛斥公园里汽车横行、会所隐现的现象，呼吁莫让公园成为少数人的私人场所。

关于保持公园的完整性，可以从内涵和外延两方面理解。内涵的部分主要是内部约束。因此《意见》严重提出：严格运营管理，确保公园公共服务属性。公园是公共资源，要确保公园姓"公"，严禁任何与公园公益性及服

◎厦门白鹭洲公园

务游人宗旨相违背的经营行为。严禁在公园内设立为少数人服务的会所、高档餐馆、茶楼等；严禁利用"园中园"等手段变相经营。禁止将政府投资建设的公园资产转由企业经营，将公园作为旅游景点进行经营开发。严禁违规增添游乐康体设施设备以及将公园内亭、台、楼、阁等园林建筑以租赁、承包、买断等形式转交营利性组织或个人经营。严格控制公园内建筑物、构筑物等配套设施设备建设，保证绿地面积不少于公园陆地总面积的65%；严格控制游乐设施的设置，防止将公园变成游乐场；严格控制大广场、大草坪、大水面等，杜绝盲目建造雕塑、小品、灯具造景、过度硬化等高价设计和不切实际的"洋"设计。

同时要求各城市园林绿化主管部门每年至少组织一次全面清理检查，对存在违规行为的公园提出处理意见，责令限期整改，并将检查情况及时报送城市人民政府及省级住房城乡建设（园林绿化）主管部门。各省级住房城乡建设（园林绿化）主管部门应及时将有关情况报送住房城乡建设部，并督促其整改。

如果把内涵的完整性比作攻坚战，那么外延的完整性可称之为保卫战。

《意见》指出：要强化绿线管理，保障公园绿地性质。公园绿地是城市绿地系统最核心的组成部分，任何单位和个人不得侵占。一是禁止以开发、市政建设等名义侵占公园绿地。二是禁止出租公园用地，不得以合作、合资或者其他方式，将公园用地改作他用。三是严禁借改造、搬迁等名义将公园迁移到偏远位置。经过公示、论证并经审核同意搬迁的公园，其原址的公园绿地性质和服务功能不得改变。四是严格控制公园周边可能影响其景观和功能的建设项目及公园地下空间的商业性开发。市政工程建设涉及已建成公园的必须采取合理避让措施；确需临时占用的，必须征得城市园林绿化主管部门同意，并按园林绿化主管部门的意见实施。保卫公园及公园体系的完整性，是政府、社会和公园管理者的责任，也反映了时代的特征，应当引起高度重视。

三、体察三个深度

《意见》的提出，不仅具有实践的意义，而且带有理论的色彩。比如关于公园体系的提法，关于公园是城市绿地系统最核心的组成部分的提法，公园设计要突出人文内涵和地域风貌的提法等。这些提法不仅符合我国公园事业发展的实际，而且具有理论先导和引领的作用。

从全国情况看，大多城市的绿地率已达到30%以上，其中的公园不仅质量高、功能全、作用大，还具有生态作用、美化作用、吸引作用、拉动作用、改善作用、渗透作用、辐射作用、促进作用、引导作用、记忆作用、保护作用和展示作用等等，而且占到绿地的50%左右，把公园称之为"核心"是恰如其分的科学评估。

把城市公园逐步建成公园体系，是社会的需求，也是公园发展的趋势。公园城市时代既是新时代公园发展的新现象也是城市公园发展的必然结果。1843年，英国利物浦市动用税收建造了公众可免费使用的伯肯海德公园（Birkinhead Park），面积达125英亩，标志着世界上第一个城市公园的正式诞生。1880年，在城市急速扩张时期，美国设计师奥姆斯特德和埃利奥特（Charles Eliot）等人设计的波士顿公园体系，突破了美国城市方格网格局的限制。该公园体系以河流、泥滩、荒草地所限定的自然空间为定界依据，利用200～1500英尺宽的带状绿化，将数个公园连成一体，在波士顿中心地区形成了景观优美、环境宜人的城市公园体系（Park System）"翡翠项链"。奥姆斯特德原则的出现和美国纽约中央公园的建造，孕育了"公园城市"的理念。在欧姆斯特德看来，城市规模的发展，必然导致高层建筑的扩张，最终，城市将会演变成一座大规模的人造墙体。为了在城市规模扩大以后，还能有足够的面积使市民在公园中欣赏自然式的风景，欧姆斯特德设计的纽约市中央公园面积高达84万平方米。1920年建筑大师勒科布西耶认为，他理想中的未来城市应该是："坐落于绿色之中的城市，有秩序疏松的楼座，辅以大量的高速道，建在公园之中。"1977年，《马丘比丘宪章》指出："现代建筑不是着眼孤立建筑，而是追求建成后环境的连续性，即建筑、城市、园林绿化的统一。"1995年《世界公园大会宣言》指出："都市在大自然中。21世纪的城市内容，应把更多的公园汇集在一起，创建新的公园化城市……21世纪的公园必须动员社区参与，即动员公众和专业人员共同参与才能实现。"

2008年11月26日，河源市委书记陈建华撰写了《公园城市构想》一文，提出"在中心城区建设公园城市的构想"，《公园城市构想》系统论述了"公园城市建设应遵循'理念先行、合理规划、组合资源、健康功能、持之以恒'二十字方针"，提出：公园城市是生态名城建设的基础，理念是公园城市建设的灵魂，规划是公园城市建设的纲领，资源是公园城市建设的内涵，功能是公园城市建设的根本，恒心是公园城市建设的关键。

深圳提出建设"公园之城"：以"深圳速度"营造"公园之城"。有关资料显示，2001年，深圳公园数为130多个，面积为13240.4万平方米。至2006年9月，全市已建公园442个，总面积达37194.8万平方米。短短5年，深圳公园数量和面积取得了惊人的进步。在寸土寸金的情况下，深圳全方位、多层次营造"公园之城市"，体现"深圳速度"。这些大小不一的公园，如一幅幅丰富多彩的"城市插图"，成为深圳这座动感绿都一张绚丽的"名片"。深圳"公园之城"已初具轮廓。

就北京而言，基本上形成了以历史名园为核心的公园体系，包括狭义公园和广义公园。狭义公园是指：历史名园、遗址保护公园、现代城市公园、文化主题公园、区域公园、社区公园、道路及滨河公园、小游园和风景名胜区等9类公园；广义公园：是指狭义公园以外、具有某些公园特征的各类公园，主要包括自然保护区、森林公园、郊野公园、湿地公园、农业观光园、地质公园等。

突出文化内涵和地域风貌，是《意见》的重要观点。文化是公园的灵魂，一个没有文化的公园称不上是公园。《意见》指出："要有机融合历史、文化、艺术、时代特征、民族特色、传统工艺等，突出公园文化艺术内涵和地域特色，避免'千园一面'。"所谓有机融合，实际上是创造的过程。公园是园林，园林的文化不是一般意义上的文化。园林文化是景观文化，是美的文化，是境界文化。境界文化信息是园林或曰公园文化的核心与精髓。公园文化既不能淡化，也不能泛化，更不能庸俗化。大力倡导文化建园是针对当前公园建设管理存在的问题提出来的，具有很强的时代意义。2010年住房和城乡建设部《关于促进城市园林绿化事业健康发展的指导意见》就第一次提出了大力倡导文化建园的理念。推出要加大对地域、历史、文化元素的挖掘，提高公园文化品味和内涵、打造精品公园。这种理念符合《世界公园大会宣言》指出的"一个公园必须继承该地域的地方景观和文化。公园在整体上作为一种文明财富存在，必须保持它所在地方的自然、文化和历史方面的特色"。

四、练好四门功课

规划、设计、建设、管理是公园管理者的四门功课。

规划是《意见》的龙头，必须有正确的理念和科学的精神。《意见》提出要强化公园体系规划的编制实施，提出要本着"生态、便民、求实、发展"的原则，编制城市公园建设与保护专项规划，构建数量达标、分布均匀、功能完备、品质优良的公园体系。提出了合理规划、统筹发展、加大规划建设力度和将公园保护发展规划纳入城市绿线和蓝线管理等四项要求。

加强公园设计提出了"要牢固树立以人为本、尊重科学、顺应自然、低炭环保"的理念：一是严把设计方案审查关，防止过度设计。二是以人为本，不断完善综合体系。三是突出人文内涵和地域风貌。四是生态优先、保护优先。五是以植物造景为主。提出公园设计要严格遵照相关法规标准，严格控制公园内建筑物、构建物等配套设施设备建设，保证绿地面积不得少于公园陆地总面积的65%等具体要求。

关于公园建设提出加强监管的问题。一是切实加强对新建、改建、扩建公园项目从招投标到竣工验收全过程的专业化监督管理，确保严格遵照规划设计方案和工艺要求，安全、规范施工建设。二是以栽植本地区苗圃培育的健康、全冠、适龄的苗木为主，坚决制止移植古树名木，严格控制移植树龄超过50年的大树；严格控制未经试验大量引进外来植物；严禁违背自然规律和生物特性反季节种植施工、过度密植、过度修剪等。三是加强对新建、改建、扩建公园项目的竣工验收和审计。四是切实加强对公园建设项目竣工验收后养护管理的指导服务和监督检查。

公园管理是《意见》的重头剧。《意见》主体四个部分，其中规划部分用了479字，设计522字，建设504字，而管理部分用了1535字，可见其重要性。管理部分共分四大条17小条：严格运营管理确保公园公共服务属性；强化绿线管制保障公园绿地性质；加强日常管理确保公园运营安全有序；加大管养投入保障健康永续发展。严禁在公园内设立为少数人服务的会所、高档餐馆、茶楼等；严禁利用"园中园"等变相经营。禁止将政府投资建设的公园资产转由企业经营、将公园作为旅游景点进行经营开发。严禁违规增添游乐康体设施设备以及将公园内亭、台、楼、阁等园林建筑以租赁、承包、买断等形式转交营利性组织或个人经营。禁止以开发、市政建设等名义侵占公园绿地，严禁出租公园用地，不得以合作、合资或者其他方式将公园用地改作他用。严禁借改造、搬迁等名义将公园迁移至偏远位置。经过公示、论证并经审核同意搬迁的公园，其原址的公园绿地性质和服务功能不得改变。严格控制公园周边可能影响其景观和功能的建设项目及公园地下空间的商业性开发等规定，可以说切中时弊，有很强的针对性，在社会上引起强烈反响和震动。

规划、设计、建设、管理是公园的基本工作内涵，是公园宏观管理、中观管理和微观管理的管理者的基本功，必须认真研究和实践。四项内容如同四轮驱动的汽车，按照《意见》的精神，平衡、协调、全面发展，公园就会走向良性快速发展的轨道。

五、设定五级力度

《意见》虽然不是法规条例，但是它采用了一些法规的用语，比如禁止、严禁等。这是之前关于公园的两个文件所没有的。(2005年《关于加强公园管理工作的意见》有25个"要")这样就使此《意见》不仅具有很强的实践意义,而且也为未来我国出台《中国公园法》创造了条件。要知道中国公园的发展迅速,到目前为止全国已有13000多座公园,迫切需要一部公园法,这既是实际需要,也是和国际接轨。美、英、日等发达国家早就有了公园法。《意见》的约束性条款可分为五个力度量级:一要、二保、三强、四严、五禁。(见注释)《意见》中有31个"要"(1)有16个"确保(障)";(2)有11+3+3个"加强"与"强化";(3)有12个"严格";(4)有10+3个"严禁"与"禁止";(5)《意见》条目清晰,规定明确,要求严格,可操作性强。

六、抓住机遇乘势前进

《意见》的出台对于公园的建设和发展具有重要的现实意义和深远的历史意义。尽管《意见》并非十全十美,但它强调了公园绿地的重要性,将引起政府、社会的重视;强调了公园的性质,将堵住侵占公园绿地行为;强调了政府责任,呼吁政府加大对土地规划、资金、政策的支持。

《意见》全面具体,既强调管理者的责任,又强调政府责任;既有原则理念的要求,又有政策和规定的约束。

《意见》力度大、具有可操作性。强调公园的性质、地位和作用,对于堵住侵占危害公园绿地的行为等影响公园发展的问题具有较强的抑制力。从一年来北京、上海、杭州等全国各个城市加大清理整顿公园里的会所、高档餐馆等的力度看,显示了《意见》的效力。

《意见》全面具体,有一定的强制力,不仅会进一步加强公园的建设管理,同时将成为未来公园立法的基础。现在,世界许多国家都有公园法。相信在不远的将来,具有中国特色的《中国公园法》,也会在这个《意见》的基础上诞生出来。

目前《意见》的贯彻执行的形势向好,但是,我们应当看到,由于公园的建设和管理受到观念制约、资金短缺、政策软弱、法规迟滞、理论匮乏、手段失衡等难点因素的制约,《意见》的贯彻执行不会一帆风顺的。特别是一些地方公园实施免费开放之后,出现了心理学上称之为"合成谬误"现象,"以园养园""重建轻管"的思想作祟，公园的建设和管理还会遇到不少困难。公园管理者应当担负起宣传社会、宣传政府、宣传领导、改进工作的责任，把《意见》的每一项规定和要求落到实处，开创公园事业美好的未来。

注释：

1) 31个"要"：1.要本着对人民高度负责的精神，充分认识加强公园管理工作的重要意义；2.要在《城市绿地系统规划》的指导下；3.要做出规划，逐步拆除；4.要以植物造景为主；5.要加快植物园、湿地公园、儿童公园等各类公园的建设；6.要弘扬我国传统园林艺术，突出地方特色；7.要协调当地财政部门；8.要落实专项资金；9.要在统一规划的提前下，调动各方面的积极性，加快公园建设步伐；10.要加强历史名园保护管理工作；11.要加强对古典园林的保护管理和造园艺术的研究；12.要实行严格的景观控制；13.要确保公园姓"公"；14.要建立健全安全管理制度；15.要切实加强日常管理，制订公园管理细则；16.要保障公园内所有餐饮、展示、娱乐等服务性设备设施都面向公众开放；17.要按功能分区合理设置游览休闲等项目；18.要加强卫生保洁；19.要加强游园巡查；20.要加强对旅游团队的管理，讲解人员须持证上岗；21.要实行专业化讲解；22.要严格限制宠物入园；23.要本着"三分建设七分管养"的原则，切实加大养护力度；24.要贯彻落实《国务院关于加强城市绿化建设的通知》；25.要在理念引导、规划控制、资源协调、资金投入、政策保障、监督管理等方面强化主导作用；26.要组织制订、完善公园建设管理的法规政策、制度以及技术标准、操作规程；27.要建立健全公园建设管理全过程监管体系；28.要及时面向社会公示公园四至范围及坐标位置，加强社会监督；29.要建立自律自治和举报监督机制，及时受理群众举报，接受公众、媒体监督；30.要在每年12月31日前将本地区公园建设管理及跟踪督查情况上报；31.要建立公园登记注册、普查清理、督查整改等制度。

2) 确保（证）16个：保证绿地面积不得少于公园陆地总面积的65%；保障新建公园要落实其文化娱乐、科普教育、健身交友、调蓄防涝、防灾避险等综合功能；保障公园内各项设施设备安全运营；保障公园内所有餐饮、展示、娱乐等服务性设备设施都面向公众开放；保障公园管养经费足额到位、保证专业化管养水准；保障公园绿地性质；保障公园健康永续发展；保障公园内交通微循环与城市绿道绿廊等慢行交通系统有效衔接；确保公园用地性质及其完整性；确保公园项目严格遵照规划设计方案和工艺要求；确保出现灾情时及时开放、功能完好；确保公园水质清新、设施干净、环境优美；确保社区城市至少有一个综合性公园；确保城区人均公园绿地面积不低于5平方米、公园绿地服务半径覆盖率不低于60%；确保公园公共服务属性；确保公园运营安全有序。

3) 11+3+3个加强与强化：加强公园设计的科学引导；加强对新建、改建、扩建公园项目从招投标到竣工验收全过程的专业化监督管理；加强对新建、改建、扩建公园项目的竣工验收和审计；加强对公园建设项目竣工验收后养护管理的指导服务和监督检查；加强卫生保洁以及对公园内山体、水体、树木花草等的保护管理；加强日常管理；加强游园巡查；加强对旅游团队的管理；加强专业人才队伍建设；加强组织领导；加强社会监督；加大管养投入；加大科研投入；加大社区公园、街头游园、郊野公园、绿道绿廊等规划建设力度；强化公园体系规划的编制实施；强化绿线管制，保障公园绿地性质；强化政府的主导作用。

4）12个严格：严格监督公园建设过程；严格控制移植树龄超过50年的大树；严格运营管理，确保公园公共服务属性；严格控制公园周边可能影响其景观和功能的建设项目及公园地下空间的商业性开发；严格遵照规划设计方案和工艺要求，安全、规范地进行施工建设；严格控制公园周边的开发建设；严格遵照公园设计的相关法规标准；严格控制游乐设施的设置，防止将公园变成游乐场；严格管理大广场、大草坪、大水面等；严格审查和公示管理；严格限制宠物入园（宠物专类公园除外）；严格限制机动车辆入园。

5）10+3个"严禁"与"禁止"：严禁在公园内设立为少数人服务的会所、高档餐馆、茶楼等；严禁利用"园中园"等手段变相经营；严禁违规增添游乐康体设施设备以及将公园内亭、台、楼、阁等园林建筑以租赁、承包、买断等形式转交营利性组织或个人经营；严禁借改造、搬迁等名义将公园迁移到偏远位置；严禁建造偏离资源保护、雨洪调蓄等宗旨的人工湿地；严禁盲目挖湖堆山、裁弯取直、筑坝截流、硬质驳岸等；严禁违背自然规律和生物特性反季节种植施工、过度密植、过度修剪等；严禁任何与公园公益性及服务游人宗旨相违背的经营行为；严禁低级庸俗的活动进园；严禁动物表演。

（根据2014年5月21日在阳江市住建部召开的全国城市园林绿化技术与管理培训交流会上的ppt讲稿整理）

首届北京公园节概述

　　2006年是北京公园（北京动物园）建立100周年，这是北京公园发展历史上的一件大事。为了促进首都公园事业的发展，实践绿色奥运、人文奥运、科技奥运的理念，北京市公园绿地协会同北京市公园管理中心等有关单位开展了"百日百园百万迎百年"活动。庆典活动自2006年7月13日开幕，至10月20日闭幕，历时100天，有近百座公园、近百万人参与。"迎08奥运·庆北京公园百年"活动主要包括：

　　一、"迎08奥运·庆北京公园百年活动"宣传活动。2006年7月13日"迎08奥运·庆北京公园百年活动开幕式暨万芳亭公园第四届乒乓球公开赛"在万芳亭公园拉开帷幕。为庆祝北京成功申奥5周年，宣传奥运精神，配合"迎08奥运·庆北京公园百年活动"活动，响应"全民健身运动"的号召，北京市公园绿地协会在此期间举行了首届"会员杯"运动会，篮球、羽毛球、兵乓球、木杆高尔夫四个比赛项目，共有近500名协会会员参加。"会员杯"运动会的开展提高了会员的健身意识，增强了协会的凝聚力，加强了协会会员之间的交流，加深了会员之间的友谊。

　　二、开展景观之星评选活动。为激发和增强公民爱绿、护绿、热爱家园、保护环境的意识，动员、引导、鼓励社会人士参与首都生态环境和公园事业的建设与发展，北京市公园管理中心与北京市公园绿地协会、北京市风景名胜区协会共同举办首届"景观之星"评选活动。"景观之星"评选活动受到了本行业、本系统及社会各界的广泛关注和大力支持。10名实绩突出者，成为首届"景观之星"。为表彰和鼓励"景观之星"为园林事业做出的杰出贡献，于"8.18公园百年庆典晚会"上，市领导牛有成在北京市公园管理中心领导陪同下为他们颁发荣誉证书和金质奖章。

　　三、向社会征集百年纪念徽记、歌曲、口号和老照片活动。为配合"迎08奥运·庆公园百年"活动，提高本次庆典活动的社会关注率，更好地邀请市民参与，与市民互动，使本次活动的主旨思想能深入社会，唤起广大市民对于公园建设、植物保护、动物保护的意识，特向全社会广泛征集庆典活动的徽记、歌曲、

◎采访首届〝景观之星〞乔羽先生

口号及老照片。此次活动共收到徽记设计17幅、歌曲6首、口号200余条、老照片1000余幅，提供稿件的人士涉及北京、上海、天津、重庆、香港等19个省、市、自治区。经过有关领导、专家对征集上来的作品进行评选。最后确定了获奖作品，丰富了北京公园百年庆典的宣传活动。

　　四、开展百万游人签字活动。随着时代的进步和社会的发展，保护生态环境已经成为社会各界关注的热点话题。为了更好地宣传绿色奥运的理念，更广泛地宣传保护生态环境的重要意义，北京市公园绿地协会自7月24日以保护环境，保护野生动、植物，爱绿、护绿，共建宜居城市，构建和谐社会为主题，统一制作了60条横幅，在全市主要公园有近百万游人在条横幅上郑重地签上了自己的名字，以此表示其喜迎奥运、保护生态环境的心意。

　　五、举办北京公园百年辉煌展。以北京市公园管理中心、北京市公园绿地协会、北京动物园举办的"北京公园百年辉煌展"于2006年8月17日在北京动物园科普馆隆重开展。展示了北京动物园百年的历史与辉煌，展示了北京公园管理中心的风采，展示了北京市公园的辉煌成就。此次展览运用大量的图片和文字充分地向公众介绍了北京公园近百年的发展历程，展示了近年来北京公园发展的辉煌成就。资料翔实、内容丰富、形式典雅、气势恢宏，一经推出，便受到观众的赞赏。

◎北京公园百年辉煌展

六、出版《景观》动物园特刊。为丰富公园百年庆典活动内容，在北京动物园的积极组织下，北京市公园绿地协会会刊《景观》杂志，特出专刊一期——北京动物园专刊。运用图文并茂的形式全面地反映了北京动物园百年的历程和辉煌。

七、召开"景观论坛"暨第二届城市公园发展研讨会。2006年8月17日北京市公园绿地协会在中苑宾馆召开"景观论坛"暨第二届城市公园发展研讨会。研讨会的主题是"公园的未来更美丽"。来自重庆、河北、内蒙古、陕西、福建、江西等9个省、市、自治区近70名代表出席了此次会议。研讨会期间协会请来北京市社科院的张晓教授和北京大学的俞孔坚教授作专题讲座。会上，来自不同省、市、自治区的同行就公园的发展与对策，公园事业改革的理论与实践，公园的性质、地位和作用，公园的经济与管理等专题展开研讨。

八、举办8月18日"百年'园'梦 唱响2008"大型文艺晚会。8月18日是此次北京公园"迎08奥运·庆北京公园百年"活动的高潮和重要内容，在北京市公园管理中心统一领导下，北京市公园绿地协会和北京动物园联合策划一场"百年'园'梦 唱响2008"晚会。晚会以为庆祝北京市第一个公园（北京动物园）建园100周年为主题，以公园建设、动植物保护、人与自然和谐为宗旨，把8月18日办成了北京公园的一个节日，将庆典活动推向高潮。

"迎08奥运·庆北京公园百年"活动，得到了协会会员和社会各界诸多单位的鼎力支持，得到了广大游人的积极参与，是一个良好的开端。

附录　关于"8.18公园节"的决议

北京市的公园始自1906年建立的北京动物园，至2006年已100周年。

一百年来，北京市的公园走过了一条艰难曲折的道路。新中国建立前，历经清末、民国40余年，只有寥寥几个公园。中华人民共和国成立以后，特别

◎北京动物园砖雕大门

是改革开放以来，公园事业得到了蓬勃的发展。到2005年底，北京市的公园已发展到800多座，其中注册公园169座。这些公园在改善生态、美化环境、居民生活、旅游接待、国际交往中发挥了不可替代的重要作用，受到社会的广泛关注和政府的高度重视。

2006年8月18日，为纪念北京公园（北京动物园）100周年，北京市公园管理中心、北京市公园绿地协会等，举办隆重的庆典活动，以总结公园发展的历史经验，展示当代公园建设的辉煌成就，激发公民关心公园建设和发展的热情，倡导保护动植物资源、保护环境、构建宜居城市的理念，为迎接2008年奥运会作出贡献。

北京市的公园应当面向世界，成为展示中国的窗口；面向全国，成为展示首都文明的精品；面向市民，成为展示北京变化的舞台。因此，北京市公园将今年"8.18庆典活动"时间，作为公园日，长期坚持下去。每年开展 旨在宣传保护环境，宣传公园的历史和文化，宣传"八荣八耻"道德观和社会主义精神文明等内容丰富、形式多样的活动，加深公园和社会的联系和沟通，形成互动的良好局面，共同创造和谐公园，创造和谐首都城市，创造社会主义和谐社会。

创建和谐公园

公园是社会公益事业，是城市中唯一有生命的基础设施，关乎城市的生态环境和市民的生活，关乎现代化大都市的可持续发展。

公园要面向世界，成为展示中国的窗口；面向全国，成为展示首都文明的精品；面向市民，成为展示北京变化的舞台。

公园要创造人与自然和谐的环境。实践"注重生态，营造景观，传承文化，打造精品"的行业道德，保护生态元素，建设节水节能型公园，创造优美的环境。

公园要创造人与动物和谐的环境。保护动物，通过生境的营造，环境的改造，将鸟类、昆虫引入城市，为动物、鸟类、昆虫提供栖息、觅食、饮水的条件。要实行无药害植物保护工作，防止农药对动物、鸟类、昆虫的伤害。

公园要创造人与景观和谐的环境。公园的建筑物、构筑物、植物景观等应当按照规划和规范设置，讲求艺术性和实用性的统一。要精心设计，精心施工，讲求品位，注重特色，外观应当保持完好美观，注重整体的和谐。

公园要创造人与设施和谐的环境。公园的景观设施、服务设施、讲解设施、管理设施、后勤保障设施、安全消防设施、市政设施等都应与公园整体和谐，体现以人为本的理念。各项设施都应符合规范要求，舒适美观，方便实用，为残疾人提供便利。

公园要创造人与人和谐的环境。工作人员要树立"游客至上，热情周到，顾全大局，注意细节"的行业作风，做到持证上岗、统一着装、挂牌服务、举止端庄、主动热情、语言文明、耐心咨询，实现优质服务。

公园要创造人与社会和谐的环境。践行和倡导"八荣八耻"的荣辱观，建设社会主义精神文明；要逐步扩大公园的数量，提高公园的质量，创造更多的精品公园。让更多更好的公园进入社区、进入百姓生活。提倡共建共管，鼓励游客更多参与。

公园的员工应当具备"世界眼光，一流标准，追求完美，创造和谐"的行业素养。为公园事业的发展奠定先进理念和物质基础。

◎北京顺义鲜花港

北京园林大观

生态景观文化颂

浩渺宇宙，星月苍穹，山川锦绣，江河奔腾。在人类的创世图上，最初，人是以小心翼翼的目光来审视世界、审视自己的。是横绝太空的寥寥长风感动了人类，也让人类有了与其共处的理想。"大人者与天地合其德""天人合一"成为人们追求的美好境界。

在与大自然相融共处的过程中，人类创造了园林，使自然与人、生态与景观完美地统一在一起，成为人们生活的境域，一代代传承下来。有着800多年帝都历史的北京，拥有着祖先为我们留下的众多古典园林与人文胜迹，其中故宫、长城、十三陵、颐和园、天坛、周口店猿人遗址等，已列入世界遗产名录。这些文化遗存，以其深厚的哲学理念、完美的整体设计、高超的造园艺术，让那些已经流逝的岁月与新世纪的阳光相映成辉。它们如同北京这座历史文化名城衣襟上的一枚枚文化勋章，让北京有了区别于世界上其他城市的文化标识。它们彰显着北京、代表着中国，让北京这座历史文化名城到处洋溢着古老东方文化的恒久魅力。

进入新世纪，首都城市园林绿化，向新的目标迈出了坚实的步伐。完成了《北京市城市绿地系统规划》（2004～2020年）和《北京市风景名胜区体系规划大纲》的编制。2002年北京市人大十一届常委会第三十七次会议通过了《北京市公园条例》，揭开了北京园林保护和城市绿化事业的新篇章。同时，完成了"城市绿化缓解城市热岛效应""绿化降低噪音作用""北京地区屋顶绿化技术研究"等重大课题的研究，不仅在理论上取得重大成果，而且在实践中取得了显著成绩。喷灌、滴灌技术的广泛推行，将园林绿化用水量大大降低，节约了宝贵的水资源。古树卫星定位系统，风景名胜区动态监测系统、生物多样性保护等一批科研科技项目都取得了重要成果。

截至2005年底，全市绿化覆盖率达42.50%，人均公园绿地12.30平方米；建成区内各类城市绿化面积达到38877.54万平方米，公园绿地10492万平方米；道路绿地面积4168万平方米，道路绿化长度达3501千米。形成了点、线、面、环、园、廊、楔等多种形式的绿地网络系统，同时创造了许多精品，其中，精品公园42个，花园式单位4221个，绿化特色道路100条。"谁挥鞭策驱四运，万物兴歇皆自然"，这些公园绿地不仅美化了城市，发挥了城市绿化的综合效益，更是提升了城市的文化品位、优化了北京大都市的环境。对"国家首都、世界城市、历史名城、宜居城市"作了生动诠释，为生活在这片土地上的人们营造了赖以健康生存和可持续发展的良好环境。

"最是一年春好处，绝胜烟柳满皇都"，生态景观文化，一个人类永恒的话题。

神京座落园林中

"城中烟树绿波漫，几万楼台树影间。""万家掩映翠微间，处处水潺潺。"从高空鸟瞰北京这座具有悠久历史的文化名城，映入我们眼帘的是一片蕴藏着无限生机的绿色。而绿色中参差隐露的红墙绿瓦、亭台楼阁和掩映于绿荫下的宽阔道路、汽车人流，则是人类文明为这座古老城市打下的独特符号。

"十五"期间，北京市园林绿化工作坚持以人为本的方针，为人们营造绿色家园。在社区内、道路旁、屋顶上、立交桥下，凡是有空闲的地方，"规划建绿，科技兴绿，见缝插绿，垂直挂绿，拆墙透绿，屋顶添绿"，一个"绿"字了得，阐释了北京的生机和活力。园林工作者凭借花草、树木和攀缘植物这些彩笔，为城市涂抹生命的底色，让绿色充满人们的视野，包围人们的生活。你看，朝阳公园、柳荫公园、团结湖公园、龙潭公园、人定湖公园、万寿公园、玲珑公园、丰台花园、北京国际雕塑公园等900多座公园绿地，像"大珠小珠落玉盘"，撒落在全市各个社区之中，清新的空气，优美的景色，让居住在城市高楼中的人们，融溶在大自然之中。

近几年来，北京市开展了"500米见公园绿地"的工程。每年每个街道建一块500平方米以上的公园绿地，每个城区建设一个10000平方米以上的公园绿地，每个近郊区建设一个30000平方米以上的公园绿地。经过数年的努力，园林工作者已把北京织成了一张绿色的网，四季常青，三季有花，绿树掩映，郁郁葱葱，让这座古城充满了生命的气息。仅2005年北京市就完成绿化面积813.07万平方米，改造绿地386.54万平方米，植林157万株，铺草坪114万平方米，摆花500万盆。至2005年底，北京市提前完成了"十五"规划的绿化任务。城八区集中公园绿地建设取得跨越式的发展，面积达7800多万平方米，城市绿化覆盖率提高了6.16个百分点，人均公园绿地面积提高了3.67个百分点，极大地改善了城市中心缺花少绿的局面，生态环境得到显著改善，一些地区的热岛效应得到缓解，城市更加适宜人们的工作和生活。

北京的环路是北京的一大特色，从二环到六环，层层用绿色扩展开来，翡环翠绕，如同一串串美轮美奂的项链悬挂在北京城的玉颈上，使北京平添了几分妩媚和秀丽。经过多年的努力，北京的园林绿化已经形成青山环抱、六环环绕、十字绿轴、市郊结合、功能完备的绿地系统，《北京市绿地系统规划》已经从纸印版本中走出来，变成了真实的大地图画。

◎月坛公园

说到北京的园林绿化，人们会自然而然地想到天安门广场"十一"盛大的节日花海。一个个主题鲜明、造型新颖的花坛、花带、花柱、花屏，花团锦簇、欣欣向荣，扮靓了北京宁静和谐的节日气氛。自1986年始，历20年而不衰，年年设计创新。它已经成为百姓节日生活中不可或缺的一部分，成为展示我国社会、经济、科技发展成果的重要形式。

北京是一座古老的城市，又是一座现代化的国际化大都市，更是一座园林中的城市，从某种意义上说，它是一座大的园林。当生活在这里的人们每天浸染于绿色之中，当人们融于大自然的理想突然在今天变成生活现实的时候，人们不禁为我们的城市而自豪，为我们美好的生活充满信心！

历史与现实对话

朋友，你去过皇城根遗址公园吗？这是一座现代城市公园。在那里，有一座青铜雕塑非常耐人寻味：一个长椅上坐着一位胸前挂着手机的青春靓丽的姑娘，正在专心致志的玩电脑；而她的身后，站着一位留着长辫带着瓜皮帽的清代遗老，手拿折扇，正在神情茫然地看着姑娘手中的玩意儿出神。这是历史与现实的对话！这，也许就是今天的北京，也许就是北京的园林。在北京这块土地上，古与今，历史与现代融合交汇，像一条涓涓流淌的长河荡涤着人们的心灵。

北京自金代始，成为中国北部的政治文化中心，中经元、明、清五百余年，先后数度重建、扩建，规模宏大的皇家园林、大内御苑，见证了园林的发展。至清代中期，中国古典造园理论臻于成熟，造园艺术达到了顶峰。"三山五园"就是清代皇家园林中的典范；与此同时，私家园林和寺观坛庙园林也在经济文化繁荣的刺激下大规模地建立起来。这些文化的物化产品，成为人类宝贵的文化遗产。

北京现有21座历史名园。有园林艺术博物馆之称的颐和园，有历史上"万园之园"之称的圆明园遗址公园；有独具北京城标志祈年殿的天坛，有地处城市东、西、北三面的日、月、地三坛；有白塔辉映的北海公园和记述着朝代更迭的景山公园，有典雅高致的宋庆龄故居和恭王府花园；有北京第一个公园北京动物园，有以卧佛寺和曹雪芹著书地闻名的北京植物园；有丛林浸染的香山、八大处，有银锭观山奇景的什刹海；有翠竹万竿的紫竹院，有百亭之胜的陶然亭公园，还有樱花烂漫的玉渊潭公园等等。这些历史名园气度恢弘、艺术精湛、山水相依、花树如烟，像颗颗宝石镶嵌在城市的版图上，构成古都独特的韵味和风范。生活在这里，生活在北京这个城市的人们，不仅可以亲手触摸历史，而且能够将身心融于其间，其乐也无限，其情也绵绵。

近些年来，作为首都园林始终注重文化的传承，紧紧把握历史的渊源。颐和园耕织图的再现、文昌院文物的陈展、天坛祭天神乐的绝响，以及北京植物园的万生苑和三湖碧波映西山，这些浓墨重彩的勾勒，使北京的历史名园更加光辉灿烂。"北京人"不仅尽情地享受它，而且小心翼翼地呵护它，让这种历史延绵不断。莲花池公园可以带你领略3000年前古城的水源，滨河公园纪念阙可以带你见证辽金的宫殿；元大都遗址公园的战马雕塑让你追忆联镳飞鞚的年代，皇城根遗址公园的墙基让你寻觅明王朝紫禁城的胜颜；明城墙遗址公园顺城公园会让你体味城垣的沧桑，菖蒲河公园会让你在绿树鲜花中流连；会城门公园的改造，海淀公园的新建，处处都彰显着古都的神韵和历史的悠远。中华文化园、北京国际雕塑园、妫河公园、密虹公园、世妇会纪念公园以及建设中的奥林匹克公园等一大批新公园的建设，座座都续写着时代的诗篇和美丽的画卷。在这里，你会不会听到历史的脚步？在这里，你会不会望见古都悠悠的云烟？

徜徉于古典园林瑰丽的长廊殿宇，漫步于现代园林幽静的林间花畔，沐浴着亘古不变的清风与朗月，仔细揣摩伫留在雕梁画栋上的岁月光盘，昨天与明天在今天融会撞击，激起连绵跌宕的生命漪涟。

风景名胜壮京华

"千峰高处起层城，空里岩峣积翠明。云静芙蓉开霁色，天清鼓角散秋声。北连紫塞烽烟断，南接金台驿路平。此地由来称设险，万里形势壮神京。"这首明朝人王英的《居庸关》，形象生动地描绘了一幅古都北京的风景名胜图画。北京，这个有着3000多年辉煌历史的名城，六朝古都，三面依山，一面抱海，特殊的地理位置和历史，造就了丰富的风景名胜资源。可以说占尽了山水之胜，人文之秀。

在这16410平方千米的土地上，分布着60余处风景名胜。人文景观有：万里长城，从市域东北方向绵延伸向西南天边全长629千米，古北口、金山岭、箭扣、慕田峪、八大岭、居庸关等，险塞雄关堪称天下奇绝；明十三陵是中国现存体系最完整、规模最宏大、布局最独特的皇帝陵墓群；云居寺藏有14000方大藏佛经石刻石经，堪称"北京的敦煌"，享有"北方巨刹"之誉；千年古刹潭柘寺、戒台寺，有"先有潭柘寺后有北京城"和"天下第一戒台"的美名；妙峰山的传统鲜活的民间花会，阳台山"拨云见古道，倚树听清泉"……这些壮丽的景观，处处流淌着动人的故事，篇篇都可铸成令人陶醉的诗篇。自然资源：有东灵山的高原风景，有云蒙山、凤凰岭的陡峭险峻、层峦叠嶂；有拒马河、龙庆峡的潺潺流水，有金海湖、密云水库的烟波湖光；有石花洞、大溶洞、银狐洞、仙栖洞的石幔、石旗、石生象，有百花山、云岫谷的草甸白杨；有大峡谷、黑龙潭的瀑布潭影，有珍珠湖、桃源仙谷的水响；有金莲花的妩媚，有杜鹃花的幽香；有潭柘寺帝王树的壮美，也有戒台寺活动松的灵光……这里一山一水都是一幅图画，一草一木都有迷人的向往。

自1999年起，北京市建立了以八达岭、十三陵、石花洞国家重点风景名胜区为龙头，以慕田峪等8个市级风景名胜区为骨干，以妙峰山、凤凰岭等16

◎八达岭长城

处区（县）级风景名胜区为基础的风景名胜区体系，涵盖9个区（县），总面积达2200平方千米，占北京市总面积的13.10%，居世界首都城市之前列。近些年来，我们按照制定规划、严格保护、统一管理、合理开发、永续利用的原则，制定发展规划、整顿景区环境、保护宝贵资源、促进经济发展，使风景名胜区走上了健康发展之路，日益发挥着生态屏障、空气氧吧、带动社会进步等多重作用。

"万壑有声含晚籁，数峰无语立斜阳"，北京市的风景名胜区风光秀美，文化底蕴深厚，具有审美价值、历史价值、文化价值、精神价值、道德价值、快乐价值、思考价值、学习价值、启迪价值、传播价值、体验价值、长生价值等多重价值，可以满足人们观光旅游、休闲度假、体验生活、健康养生、个性特色等多层次的旅游需求。游人在这里可以与历史亲切接触，同山水紧密拥抱，在完全放松的状态下，感受天人合一的情愫，领略历史文化的魅力，吸纳清新醉人的空气，捕捉纯厚古朴的民风，享受郊野特色的美食，其景其情，是人间一种无限的快乐。

"三面有山皆如画，一年无日不看花，清风明月应无价，风景名胜壮京华。"北京市风景名胜区张开绿色的臂膀拥抱着北京，呵护着北京，这是北京城市的特色，也是首都独特的优势，更是1300万市民及其子孙后代修来的福祉！

境界文化信息
——园林文化漫谈

什么是园林文化？这似乎是个老问题，其实也是个新问题。有人认为这是个不是问题的问题，其实这是个大问题。

为什么？

因为目前在园林界存在3种不太好的倾向：

其一，文化淡化倾向。有人认为园林的灵魂是生态。特别是在全球气候变暖，环境变坏的情况下，这种论调更是甚嚣尘上，以生态概括了园林的全部。把园林混同于绿化绿地，只认绿地率、绿化覆盖率，不提文化。历史上曾出现过"绿化结合生产"的方针，公园内种麦子、栽果树、生产蔬菜，这与当时的社会经济有关，同时也与人们对园林的认识有关。现在仍然有人提出"森林进城"，把公园内的土地分给社区种蔬菜等谬论。如果认为园林就是生态，那么这种论调无疑是正确的。建森林、种蔬菜、甚至种庄稼，都有生态效应，甚至生态效应高于一般园林。如果任这种理论发展，园林就可以变成林业，变成种树，甚至变成种庄稼了。因此这种倾向必须予以纠正，把园林生态摆到一个合理的地位，而不是以生态统帅园林，更不能以生态代替园林。

其二，文化泛化倾向。许多人认为园林文化具有综合性。只要在园林里存在的，都是园林文化。他们认为园林文化包罗万象，包括历史、哲学、宗教、艺术、建筑、园林、诗画、楹联等等，甚至连餐饮、厕所都成了园林文化。似乎园林文化是"万宝囊"，是个大筐，什么都可以往里装。这种认识不仅在理论上偏颇，而且在实践上也会带来很大危害。于是什么体育文化要进公园，演艺文化要进公园，宗教文化要进公园等，特别是体育和餐饮大有侵吞公园之势。导致公园好像唐僧肉，各个部门都打着文化的旗帜，想在公园中分一杯羹。我认为体育文化应在体育场所去体现，不能体育馆办展销，而到公园来搞体育，这与公园中游人健身娱乐完全是两码事。在泛化论的影响下，各种所谓的"公园"也不时出现，甚至有的地方"性文化公园"也出现了。这不能不说是园林文化的一种悲哀。

其三，文化庸俗化倾向。把园林文化庸俗化，与泛化论有关，同时又有其突出的特点。泛化论还是个认识问题，庸俗化则往往是公园的管理者为了不得不获取的经济利益而牺牲公园自身价值的一种倾向。比如有的地方公园内游乐设施的泛滥，经营项目的泛滥，所谓"文化活动"的泛滥，其背后的原因都是为了钱。有的地方政府不仅不能保证公园生存发展的资金，而且还要公园自己"以园养园"，要公园免票，甚至有的还有经济指标，有上交任务。在这种情况下，公园管理者不得不千方百计去想挣钱的门路。有的不大的一个公园有几十座游乐设施，简直成了游乐园；有的公园建有五六个对外经营的饭店，有的超标盖房出租，乱上所谓的"文化"项目等。许多人把这种现象叫做"逼良为娼"。这是园林发展的一大悲剧，极大地损害了公众的利益。这种现象不能不引起各级政府部门的高度重视。

什么是园林文化呢？我们需要从历史的、辩证的、本质的、发展的观点去探讨。

中国的古典园林发于商周，成于秦汉，跃于唐宋，峰于明清。在远古时代遍地森林，人们并不缺少氧气，出于享乐的需要，建"囿"于都，或筑宫于山。园林从一诞生就是精神享受的物质载体。比如山西闻喜县出土的周代"刖人守囿车"，就充分证实了当时的社会生活情景和"囿"的历史。"文王囿，广百里。纣鹿台，千尺高。"囿中有灵沼，灵台，其功能是"观天象，猎虎豹""莳花木，看鱼跃"。秦汉时期园林的规模宏大，"上林广，阿房高""昆明池，鲸鱼嚎""神仙界，人间造"。园林中的"一池三山"的造园艺术和雕刻艺术，已有了长足发展，达到了相当高的程度，营造了一种"仙境"的境界。魏晋南北朝时期，文人雅士、门阀世族、地主大建私家园林，山水园林与诗画融通，深入人们的文化生活领域；唐朝盛世，出现了大量的帝王园苑和众多的私家园林以及自然山水园，以兴庆宫、九成宫、华清池、辋川别业为主要代表；宋朝是园林的高潮期，仅汴梁都城中就有名园数十个，不以名著的百十个，著名的《洛阳名园记》和《枫窗小牍》均有记载。此外著名的华阳宫（艮岳）、独乐园、沧浪亭、杭州西湖等园林风景，以太湖石叠山，其造山艺术达到了一个高峰；明清时代以北京"三山五园"的营造和《园冶》的出世为标志，中国园林达到了登峰造极的高度，其艺术达到了出神入化的境界。

中国近代的公园，继承和发展了中国古典园林的优良传统（有相当一部分是从皇家园林、私家园林中转化来的历史名园，其传统自不必提。顺便说一下，今天"皇家"早已驾鹤西去了，昔日的皇家园林成了公园，只可叫历史名园。），创造了一批堪称优秀的作品。主要标志是一批主题文化公园、现代城市公园、区域性公园、道河公园和社区（乡镇）公园以及小游园、风景名胜公园（风景区）的兴起。这些新时代的公园，适应广大市民和游客的需求，讲求文化品位，注重群众的广泛参与性，营造了各具特色的文化景观，创造了美的适宜现代人生活享乐的境域。

无论是中国的古典园林，还是近现代的公园，均是以模拟自然造景营境为主旨，以山水植物为素材，用艺术和科学的方法融入人文因素，创造出适宜人们生活的美的境域。人们营造园林，无论古代还是今天，它不同于植树造林，不同于绿化，说到底是为了创造美，创造境界文化信息。在古代，这种美

◎地坛公园一景

的环境是供帝王将相、达官贵人、门阀世族、文人雅士所独享，杜甫的诗《丽人行》曰："三月三日天气新，长安水边多丽人。态浓意远淑且真，肌理细腻骨肉匀。"或许就是这种情形的真实写照。只有到了公园时代，园林才成为了社会公共的资源，供广大人民群众共同享受。

美的环境称境域或境界，人们享受美的环境，美的境界，用现代语言表述，就是获取境界文化信息。

在《园冶》一书中，没有用"美"的词汇，文中用"妙"字共21处，"境"字12处，"胜"字6处，"佳"字5处。特别提出了"境界"的概念。在"房廊基"一节中写到："廊基未立，地局先留，或余屋之前后，或通林许。蹑山腰，落水面，任高低曲折，自然断续蜿蜒，园林中不可少斯一断境界。"在"傍宅地"一节中写到："宅傍与后有隙地可葺园，不第便于乐闲，斯谓护宅之佳境也。"在"厅堂基"一节写到："深奥曲折，通前达后，全在斯半间中，生出幻境也。"在"门窗"一节中写到："伟石迎人，别有一壶天地；修篁弄影，疑来隔水笙簧。佳境宜收，俗尘安到。"在"墙垣"一节写到："从雅遵时，令人欣赏，园林之佳境也。"在"掇山"一节中写到："岩、峦、洞、穴之莫穷，涧、壑、坡、矶之俨是。信足疑无别境，举头自有深情。""罅堪窥管中之豹，路类张孩戏之猫。小藉金鱼之缸，大若丰都之境。"在"园山"一节中写到："缘世无合志，不尽欣赏，而就厅前三峰，楼面一壁而已。是以散漫理之，可得佳境也。"在"厅山"一节中写到："或有嘉树，稍点玲珑石块；不然，墙中嵌理壁岩，或顶植卉木垂萝，似有深境也。"在"池山"一节中写到："池上理水，园中第一胜也。若大若小，更有妙境。"在"借景"一章中写到："林阴初出莺歌，山曲忽闻樵唱，风生林樾，境入羲皇。"

"境界"，在辞书中解释为：(1)疆界：《荀子·强国》："入境观其风俗。"(2)地域：陶潜《饮酒》诗："结庐在人境，而无车马喧。"(3)境地、景象：耶律楚材《和景贤》诗："吾爱北天真境界，乾坤一色雪花霏。"宋代舒璘："敝床疏席，总是佳趣；栉风沐雨，反为美境。"(4)佛教名词：①指公识所辨别的各自对象，如眼识色尘为其境界。②犹言造诣。《无量寿经》："斯义弘深，非我境界。"(5)指诗文、图画的意境。如境界高超。

国学大师王国维在《人间词话》中把诗词分为有我之境和无我之境，认

◎胡雪岩故居内景

为"有我之境以我观物，故物皆着我之色彩；无我之境，以物观物，故不知何者为我，何者为物……无我之境，人唯于静中得之；有我之境，于由动之静时得之，故一优美，一宏壮也。"同时，王国维把志士仁人的奋斗历程分为三个境界用诗的语言描绘出来："昨夜西风凋碧树。独上高楼，望尽天涯路"，此第一种境界；"衣带渐宽终不悔，为伊消得人憔悴"，此第二种境界；"众里寻他千百度，蓦然回首，那人却在灯火阑珊处"，此第三种境界。

园林是艺术，艺术是中国园林的美学主题。钱学森在《文艺工作的内涵》中列举了文艺工作的11个方面，其中将"园林"（包括盆景、庭园、小园林、风景区等）列为第4项，与小说杂文、诗词歌赋、建筑、美术、音乐、烹饪、服饰、书法、综合艺术（戏剧、电影等）等艺术门类并列。

康熙大帝认为："造园的最高境界应该是：高度平远近之差，开自然峰岚之势。依松为斋则窍崖润色，引水在亭则臻烟出谷。皆非人力之所能，借芳甸为之助。"

周维权先生认为中国园林的特点是"本于自然，高于自然；建筑美与自然美的融糅；诗画的性趣和意境的涵蕴。"余树勋先生解释意境，即内在的含蓄与外在的表现之间的桥梁。

孙筱祥先生在《艺术是中国文人园林的美学主题》中指出："'意境'即心灵美与理想美的境界。"他指出，在文人园林艺术作品的创作过程中，必须经过三个递进的美学序列境界：第一为"生境"，即自然美和生活美的境界；第二为"画境"，即视觉美与听觉美的意境；第三为"意境"，即心灵美与理想美的境界。还指出："中国古典文人园林，是一种艺术作品，她是一个通过光信息、声信息、符号信息储存了艺术家对人生对自然的'爱心'与'情感'的宝库。"

由此可以看出，园林是一种文化现象，是人们追求精神生活的高层次需求，是造景营境的艺术，是一种创造力的凝聚。它所提供给人们的是"境界文化信息"的享受。它是通过生境的建造、画境的营造和意境的创造，创造出真境、妙境（佳境）、仙境（幻境）来。这三个境界所蕴含的"境界文化信息"是园林文化的基本内核，是创造的结果。然后，它是通过鉴赏者、游览者的"视觉""听觉""嗅觉""感觉"来接受和感受的。所谓"真境"，即《园冶》中所描述的"虽为人作，宛自天开"，是一种天然图画，人们进入到这种境界如同融入在无限美好的自然环境中，步移景异，山水清音，正如颐和园澄爽斋联曰："芝砌春光，尘池夏气；菊含秋馥，桂映冬荣。"人们在自然的美景中赏"梨花院落溶溶月"，沐"柳絮池塘淡淡风"，听"蝉噪林逾静，鸟鸣山更幽"。所谓"妙境（佳境）"，指比真境更高一层的境界，正如计成（明代造园家）所云："能妙于得体合宜""先乎取景，妙在朝南""长廊一带回旋，在竖柱之初，妙于变幻""观之不知其所。或嵌楼于上，斯巧妙处不能尽式""相间得宜，错综为妙""池上现山，园中第一胜也，若大若小，更有妙境""假山依水为妙"，有最大巧妙透漏如太湖峰等等。"妙"体现"道"的无限性特点，"妙"出于自然，又归于自然，故"妙"必然要超越有限的物象，是"像外之妙""像外像，景外景""情景相生而且相契合无间，情恰能称景，景也恰能传情，这便是诗的境界"（朱光潜《美学文集》）。恰如中国人常说的话："妙不可言。"第三种境界为仙境或幻境。从秦始皇造"一池三山"开始，中国园林营造神域仙境便成为一种传统，契合人们理想的天堂仙界，将许多神话故事具象化，形成独特的优美的园林环境。清华园工字厅后面的匾额为"水木清华"，其联曰："槛外山光历春夏秋冬万千变幻都非凡境，窗中云影任东西南北去来澹荡洵是仙居"。"水木清华"典出自晋代谢叔源的《游西池》诗："景昃鸣禽集，水木湛清华"。模拟仙山琼阁、梵天乐土，在有限的空间中产生出无限的幻觉来，给人们以精神上"畅"的享受。正如英国前首相希思站在颐和园的治镜阁上赏万寿山佛香阁及波光粼粼的昆明湖水，不尽感慨万分，他说："颐和园是真正的人间天堂。"杰克逊也发出类似的感慨："难道这就是我理想的世界吗？"

园林（主要指公园）的"三种境界"是以园林景观的形式表现出来，是园林艺术家创造的结果，是园林文化的核心和基础，是园林的灵魂所在。但是，它们不是园林文化的全部，园林文化围绕这个核心展开。这是我在拙作《公园工作手册》中阐述的观点："文化建园所说的文化，不是指一般的教育、科学和理论研究，而是凝集在'园林之树'各个层面上的理念、理论、文学、艺术精华和具有文化意义的实践活动。它包括6个层次：

1.**景观文化**。以山水、植物、构筑物、文物古迹、景观设施等所构成的各种境界文化信息，提供给人们感知和审美的科学化、艺术化对象，是'文化'的物质基础，是其他文化所赖以存在和发展的基础。景观文化包含规划设计、建筑施工和形成的自然景观和人文景观。

2.**文学艺术**。是附着在景观文化之上的富有文学艺术色彩的题名、对联、诗歌、绘画、石刻、碑文、雕塑以及赏析、杂文等，是提升景观文化不可缺少的、体现中国园林传统的重要方面。

3.**历史文化**。是蕴藏在景观文化、文学艺术等深处的反映历史的道德观、价值观、哲学思想和理念的文化元素等。比如天坛的历史文化，反映的是古代人们对天的认识和祭天过程中礼仪、音乐的历史价值、科学价值以及著名的声学现象，这些都是天坛十分宝贵的文化遗产。

4.**管理文化**。是适应社会的发展，满足人们的各种需求而延续景观文化和文学艺术的综合性手段。管理文化中特别强调'以人为本'的宗旨和生态环境的营造在管理文化中突出地位。其中，精神文化，是在新的历史时期形成的具有鲜明群体意识的，一般包括单位的目标、方向、任务和内在运转机制，是凝聚员工的重要形式，是管理文化的重要组成部分。

5.**文化活动**。是适应时代的发展，满足人们对文化生活的需要而产生的各种文化活动形式，如科普展览、文物展览、节日游园、文艺演出、赏花观景等，充分体现了人们丰富的精神生活和园林的有机结合。

6.**理念文化**。主要是指人们对文化的认知和园林理论的建立。这是最高境界的文化，是一切文化不断提升的条件。园林事业的发展有没有后劲，在某种意义上说，一是人才的积蓄，二是理论的发展。如果没有理论的支持，园林事业很难在城市现代化的进程中立于不败之地。

园林文化具有3个特点：即基础性、变动性和理论性。基础性是景观文化，是必要条件。一切风景师、规划设计师都应赋予园林丰富的文化内涵，力求高品位、高标准创造既有历史传统又有时代风范的精品。而对于管理者来说，就要把握其文化内涵。变动性就是发展性。园林文化要适应不断变化的新形势，要有新的目标，要善于创新，营造时代气息，不断满足人们求知、求乐、求美、求新、求健的需求。理论性带有方向性和前瞻性，要有一批园林的专家、学者致力于研究园林文化与管理的理论，促进园林事业的发展。"

景观文化在园林中以植物造景为主。但是，园林建筑在某些公园中是构成景观境界的主体，往往起到关键的作用，可居、可望，既是观景处，又是被观之境，与山水植物形成一个有机的整体，营造出景观文化。中国园林之美和它的高度艺术成就，不是体现在那些孤立的亭台楼阁形式之飞动典雅，也不在树木之古朴婆娑和水石的雄秀多姿，而是体现在它的整体空间意象的魅力，它那令人心旷神怡、尘虑顿消、不是自然而胜似自然的山林意境。北京天坛的祈年殿，颐和园的佛香阁，北海公园的白塔，武汉黄鹤楼公园的黄鹤楼，厦门白鹭洲公园的白鹭雕塑等等，都是构成公园境界文化的主体，也是公园文化定位的标志。

境界文化信息是中国园林和中国园林艺术的本质。从某种意义上说中国园林和中国园林艺术是一个词，没有没有艺术的园林。对意境的追求、创造与欣赏，是中国园林区别于其他国家造园的重要标志。美学家宗白华说过："中国园林艺术在这方面有特殊的表现，它是理解中华民族的美感特点的一个重要领域。"

园林文化
与管理丛书

为园而歌

资源与成就
——北京市公园管理中心的优势与价值体现

北京市公园管理中心，是北京市属公园的管理机构，下辖11个市属公园、中国园林博物馆、北京市园林学校、北京市园林科研所等，这11个公园均是历史名园，在北京市公园系统有突出的地位和重要的影响。北京市公园管理中心的建立可以说是优势与价值的体现，概括起来为8个方面。

一、十大古典园林景观

祈年殿

祈年殿是一座三重檐尖顶圆形大殿，是天坛的主体建筑，皇帝祈祷五谷丰登的所在。大殿建于高6米的三层汉白玉石台上，纯系砖木结构，建筑独特，殿顶全靠28根楠木巨柱和36根枋桷支撑。内围的4根"龙柱"，象征一年四季，中围12根"金柱"象征一年12个月；外层12根"檐柱"表示一天12时辰，共计28根柱，代表天上28星宿。藻井由两层斗拱及一层天花组成，中间为金色龙凤浮雕，结构精巧，富丽华贵。祈年殿成为北京乃至中国的标志。

圜丘

天坛圜丘是圜丘坛的主体建筑，是明清两代皇帝举行祭天大典的神坛。圜丘为三层圆形汉白玉须弥座石坛，各层坛面具墁以艾叶青石，环以汉白玉围栏，上层坛中心有天心石，也称"太极石"。环天心石有石板9重，每重石板用9或9的倍数，合计有石板405块。三层石板为3291块，除以9，为365.66，恰合一年之天数。其奇其特堪称天下无双。全坛铺地的石板、环绕的栏杆等皆是9的倍数。古代以奇数为阳数，又称"天数"，而"九"又是阳数中最高的数值，是最高的"天数"，所以祭天就要用"天数"或"天数"的倍数了。

◎佛香阁

佛香阁

佛香阁是颐和园的标志建筑。为八面三层四重檐木结构，高达41米。圆顶金碧，气势恢弘。佛香阁一层内供奉着一尊5米高的"南无大悲观世音菩萨"铜胎鎏金站像，菩萨千手千眼，形态丰满。二层正中张挂着一幅万寿山昆明湖石碑拓片，乾隆皇帝御题的碑文记叙了昆明湖的开挖经过。佛香阁后游廊上方，是一座五色的琉璃牌坊"众香界"。众香界后面的智慧海，是万寿山的顶端建筑，因整座建筑用砖石砌成，亦称"无梁殿"，其表面嵌有千尊无量寿佛。智慧海是万寿山的至高点，亦为后山中轴线的终点。

昆明湖

昆明湖在颐和园万寿山前山，面积220万平方米。昆明湖原为北京西北郊众多泉水汇聚成的天然湖泊，曾有七里泺、大泊湖等名称。后因万寿山前身有瓮山之名，又称瓮山泊。元代定都北京后，为兴漕运，经水利学家郭守敬主持，开发上游水源，引昌平神山泉水及沿途流水注入湖中，成为大都城内接济漕运的水库。明代湖中多植荷花，周围水田种植稻谷，湖旁又有寺院、亭台之胜，酷似江南风景，遂有"西湖""西湖景"之誉。明武宗、明神宗都曾在此泛舟钓鱼取乐。清乾隆建清漪园时，将湖开拓，成为现在的规模，并取汉武帝在长安开凿昆明池操演水战的故事，命名昆明湖，每年夏天在湖上练武演操。昆明湖上的主要景物有西堤及西堤六桥、东堤、南湖岛、十七孔桥等。绕流万寿山后山脚下的溪河，称为后湖。

白塔

北海白塔位于北京市北海公园琼华岛之巅。塔建于清顺治八年（公元1651年），以后两次重建。新中国成立后，又多次修缮，砖石结构，高35.9米，塔内有木骨架支撑。塔座是折角式须弥座，上有三层圆台（金刚圈），塔身上部为细长的十三天（相轮），全塔共有透风洞眼306个，塔内贮藏佛教器物。塔中央有主心木，套有铁圈，接出环形分布的六道扁铁，端部铁环突出于十三天外皮，承接6根0.5米见方的锻铁挺钩，支撑着十三天顶部的地盘，极为牢固。此塔为喇嘛塔式，造型秀丽，是北海公园的标志性景观。

景山五亭

景山公园占地32.3万平方米，原为元、明、清三代的皇家御苑。景山高耸挺拔，树木葱郁，风光壮丽，为北京城内登高远眺、观览全城景致的最佳之处。山顶五亭建于清乾隆十五年（公元1750年），造型优美，秀丽壮观。居于中峰的知春亭，是一座方形、三重檐、四角攒尖式的黄琉璃瓦亭，宏伟壮观。中峰两侧两座双重檐、八角形、绿琉璃瓦亭，东侧的名叫"观妙亭"，西侧的称为"辑芳亭"。两亭外侧还有两座圆形、重檐蓝琉璃瓦亭，东为周赏亭，西为"富览亭"。旧时，每座亭内均设有铜铸佛像一尊，统叫"五位神"，又有代表甘、辛、苦、酸、咸的"五味神"之称。1900年被八国联军掠走四尊、砸毁一尊（万春亭中的毗卢遮那佛）。五亭矗立山脊，中高侧低，主从分明，左右对称。更兼梁柱飞金，顶瓦映彩，绿树环合，蓝天相衬，构成一幅壮阔、精美的画图。

五色土

社稷坛是明清两代皇帝祭祀土地和五谷神的地方。坐落在天安门的右侧，现为中山公园，与东边的太庙一右一左，体现了"左祖右社"的帝王都城设计原则。

整个园区平面呈南北稍长的不规则长方形，占地达24万平方米。祭坛是园区的中心建筑，位于园中心偏北，用汉白玉石砌成，正方形三层平台，总高

1米。坛的最上层铺垫五色土：东为青色土，南为红色土，西为白色土，北为黑色土，中间为黄色土，象征金木水火土五行，寓含了全国的疆土。五色土厚2寸4分，明弘治五年改为1寸。祭坛正中是一块5尺高、2尺见方的石社柱，一半埋在土中，每当祭礼结束后全部埋在土中，上边加上木盖。祭坛四周矮墙环护，墙上青红白黑四色琉璃瓦按东南西北的方向排列，每面墙上正中有一座汉白玉石的棂星门。每年春秋两次皇帝要亲自来此祭社神和稷神。

陶然亭

陶然亭公园是一座以亭景为主的大型公园，园中的华夏名亭园建有10座仿自全国6省市名亭，连同园内其他地方的亭景，公园中共有36座风格各异、多彩多姿的亭子。主要名亭：沧浪亭、醉翁亭、兰亭、少陵草堂碑亭、二泉亭、独醒亭、歇台等。

卧佛寺

卧佛寺是北京西山著名的古老寺院。始建于唐代贞观年间，距今已1300多年。元代冶铜5吨铸成释迦牟尼右卧像置于寺中，名噪一时。清雍正年间赐名十方普觉寺，因卧佛名盛，反而忽略本名，通称"卧佛寺"。卧佛寺坐北朝南，规模宏大，由3组平列院落组成，布局严整，对称规范。卧佛寺的核心是卧佛殿，外悬匾额，两侧楹联为慈禧手书，内悬匾额为乾隆帝御笔"得大自在"。殿内正中就是著名铜铸大佛，长达5.3米，重约54吨，是中国现存最大的铜铸卧佛，保存完好，体现元代高超的冶炼技术。卧佛前有铜制"五供八宝"，身后环立12圆觉塑像，意为释迦牟尼涅槃前向弟子托付后事。卧佛寺西侧有占地上万平方米的牡丹园，种植牡丹2000多株，国色天香，雍荣华贵，山门外还有竹园，高洁翠拔，清风绿秀。

香山琉璃塔

香山公园西山腰处，耸立一座七层八角密檐式的琉璃塔，檐端悬56个铜铃，风吹铃响，悠扬悦耳，给人增添游兴。琉璃塔是香山公园的标志性建筑。

二、十大园林新景观

北京海洋馆

北京海洋馆，位于北京动物园内长河北岸，占地12万平方米，建筑面积

4.2万平方米，集观赏、科普教育和休闲娱乐为一体，是目前世界最大的内陆水族馆。

北京海洋馆建筑造型独特、恢弘壮观，犹如一只蓝色的大海螺，卧在绿树环抱、花团簇拥的沙滩上。北京海洋馆拥有世界先进的维生系统，使用人工海水，总水量达18000吨。馆内以"陶怡大众，教益学生，维系生态"为宗旨，为游客巧妙安排了7个主题展区，饲养和展示的海洋鱼类及生物达千余种、数万尾。北京海洋馆通过丰富的鱼类展示、珍贵濒危物种的保护宣传，精彩的海洋动物表演和各种科普活动，向游客介绍水生生物的知识，讲述海的故事，倡导环保意识。游客在游览中既得到陶冶，又受到教益，提高了"关爱海洋动物、保护地球家园"的自觉意识。

北京海洋馆是多家政府机构授予的海洋科普教育基地和青少年科普教育基地，并成为了多家科研机构进行水生生物人工驯养和繁殖研究的基地与宣传平台。北京海洋馆，这座规模庞大的世界级水族馆，已经成为北京旅游行业、中国水族馆行业中一颗璀璨的明珠。

北京植物园大温室

北京植物园大温室位于植物园中轴路西侧，投资2亿元，展览温室的外观由北京建筑设计研究院设计，以"绿叶对根的回忆"为设计构想，独具匠心地设计了根茎交织的倾斜玻璃顶棚，远远望去宛如西山脚下的一颗明珠。2000年3月底，大温室正式开放，其建筑面积1.7万多平方米、展览面积6000多平方米，乃亚洲之最。

◎北京植物园

大温室由四季花园、热带雨林、沙漠植物和专类植物4个展厅组成，分别展示了不同气候带下的典型植物景观。水晶宫般的温室内地形起伏，小路蜿蜒，瀑布飞虹，溪水潺潺，与千姿百态的植物形成赏心悦目的景观。四季花园展厅以时令花卉为主，郁金香、芍药等40多个品种逾万株桃花以及世界各地时令花卉在园中争奇斗艳。在热带雨林展厅，有只能在赤道附近才能生存的各种热带植物，如以绞杀植物为生的董果木、吞食虫类的食虫草等。另外，在沙漠植物展厅和专类展厅，人们还可以看到形色各异的仙人掌、兰科、凤梨科以及许多稀有名贵植物。

动物园科普馆

北京动物园科普馆位于北京动物园中部，占地面积4500平方米，建筑面积6500平方米，展区面积4650平方米，可同时容纳参观人员1200人，为地上三层、地下一层框架式主体建筑结构。地上一层展厅分为"走进动物园"与"动物外观与运动"两个展区。"走进动物园"展区，以图片的形式展示北京动物园近百年的发展史；"动物外观与运动"展区，利用动物园的资源优势，结合国内首次成功研制出的两种幻像科普展示成像仪及凹面镜成像技术，拍摄、加工和制作哺乳类、鸟类、爬行类、两栖类和鱼类等12种野生动物的幻像，达到成像清晰、可视不可触的彩色三维动感空间幻像展示效果，动态节目时间为30分钟。地上二层分为东厅、西厅两个展厅，以介绍野生动物的栖息生态环境为主。东厅展示野生动物的捕食、防御及繁殖行为能力；西厅展示野生动物的节律、迁徙、洄游等，设有形象逼真的动物造型音乐墙，游人只要触摸不同动物的接触点，即可发出相应动物的声音。地上三层展厅为生物多样性与环境保护展区，重点介绍生物多样性的概念及生物面临的威胁。地下展厅以昆虫展区为主，展示昆虫的活体和标本，设置巢穴和穴居。兼有热带植物、亚热带植物展区。2005年7月31日，北京动物园科普馆正式向游人开放。

颐和园文昌院

文昌院位于颐和园内文昌阁之东，是中国古典园林中规模最大、品级最高的文物陈列馆。馆内设有6个专题展厅，陈展了上自商周、下迄晚清数以千计的颐和园精品文物，品类涉及铜器、玉器、瓷器、金银器、竹木牙角器、漆器、家具、书画、古籍、珐琅、钟表、杂项等，涵盖了中国传世文物的诸多门类。由于颐和园特定的皇家环境，这些艺术品代表了当时最好的工艺水平，许多珍品在当时即为国之重器；馆中还陈展了部分清代宫廷生活用品，它们与帝后生活密切相关，具有突出的历史价值，是中国皇家文化最具真实性的物证。

颐和园耕织图

耕织图景区始建于清乾隆十五年，是一处以河湖、稻田、蚕桑等自然景观为主，具有浓郁江南水乡风情的景区，因其蕴涵"男耕女织"的思想，而成为颐和园清漪园时期一处独具匠心的绝妙佳景。1860年被英法联军焚毁。1886年，慈禧以恢复昆明湖水操的名义，在耕织图景区废墟上兴建了水操内外学堂。新中国成立后，耕织图景区被划出了颐和园大墙之外，建起了工厂和宿舍。1998年底，颐和园收回耕织图景区，并于第二年对景区复建做准备工作。2002年底，耕织图景区环境整治工程开工，2003年整治后的15万平方米绿化区对外开放。

颐和园耕织图景区的修复工程遵照修旧如旧、再现历史的原则，以现存的光绪时期耕织图平面图为主要依照，恢复了延赏斋、玉河斋、澄鲜堂与蚕神庙等建筑。其中延赏斋是当年乾隆观赏农耕景象的观景建筑，东西两侧共有13间游廊，廊中依照当年陈设，陈列了48块描绘农耕场面的仿制石刻。由于水操学堂具有重要的历史价值，耕织图景区内保留了部分水操学堂建筑。

在进行植物景观恢复时，耕织图景区内的3198棵大树被精心保留下来，并依照"耕"与"织"的景题寓意，采用桑、柳、杨、桃为主要树种，加上景区内的4块湖面，绿地与水面覆盖面积率超过了景区总面积的90%，犹如一幅江南风韵的水墨丹青，是北方地区少有的水景园林。"两岸溪町夹长川，绿香云里放红船"的诗情画意呈现在游客面前。

北京植物园科普馆

北京植物园科普馆位于卧佛寺中轴路以东，北与园内南环路相连，东侧为规划中的植物进化区，南侧与月季园相邻，总占地约1万平方米，建筑总占地面积为2670平方米。北京植物园植物科普馆面向广大群众，特别是青少年，普及植物和环境科学知识，使游人理解植物在人类生活中的重要作用，充分认识保护环境、保护生物多样性的重要性；宣传植物园在保护物种和社会可持续发展中的重要作用，增强对日益严峻的城市环境、生态问题的关注。同时科普馆还是广大群众参与植物科普活动的基地，提高全民的科普素质。

陶然亭名亭园

清康熙三十四年，工部郎中江藻奉命监理黑窑厂，他在慈悲庵西部构筑了一座小亭，并取白居易诗"更待菊黄家酿熟，与君一醉一陶然"句中的"陶然"二字为亭命名。

1985年修建的华夏名亭园是陶然亭公园的"园中之园"。精选国内名亭仿建而成。有"醉翁亭""兰亭""鹅池碑亭""少陵草堂碑亭""沧浪亭""独醒亭""二泉亭""吹台""浸月亭""百坡亭"等十余座。这些名亭都是以1:1的比例仿建而成，亭景结合，相得益彰。流连园内，有如历巴山楚水之间，或游吴越锦绣之乡的感觉，历史文化内涵更加深邃。在这里游客不用长徒跋涉即可领略到我国各地名亭的建筑艺术和人文景观。

紫竹院筠石园

紫竹院筠石园是北京紫竹院公园的园中之园，占地7万平方米，以山水绿化为主体，以竹石为胜，点缀精致朴实的南方特色的休息服务建筑。内部有景点10处：清凉罨秀、友贤山馆、江南竹韵、斑竹、竹深荷净、松筠间、翠池、绿筠轩、湘水神、筠峡等，这里修竹万竿，四季长青，山影湖光，瀑声鸟鸣，构成一幅天然图画。

中山公园蕙芳园

中山公园蕙芳园是一座以常年展览兰花为主的园中之园，始建于1988年，占地面积7600平方米，是中国最大的兰圃之一。蕙芳园采用封闭式的造园手法，通过地形变幻，植物疏密，营造出一个空谷山幽，茂林修竹，萦绕曲折的自然景观，使蕙芳园成为了众多"兰友"赏兰、咏兰、体味兰文化的场所。为迎接2008年奥运会，提升中山公园整体景观环境水平，2007年对蕙芳园进行修缮。包括四合院房屋外立面油饰彩画、地面铺装等。

玉渊潭樱花园

樱花园位于玉渊潭公园内，25万平方米，是目前我国华北地区规模较大的樱花观赏区。樱花园以自然山水地貌为骨架，突出自然野趣，柳岸婉蜒，山丘起伏，成片的樱花群落与呈现春光秋色的林带、开阔的草坪，构成该园粗犷明快的风格。樱花园从全国各地收集了三千株不同品种的樱花，园内还种植了大量的连翘、海棠、碧桃等花灌木。每当春季，樱花与其他花卉竞相开放，构成一幅五彩缤纷的图画。国内"柳桥映月""樱棠春晓""樱洲秋水"等景点相映成趣，樱花盛开时，成片的樱花群落，树树绯云降雪，绚丽夺目，具有北方公园古朴简洁的艺术风貌。

三、十大品牌展览

文昌院文物展（颐和园文昌院，2000年9月1日建成）

文昌院位于颐和园内文昌阁东部，总面积5660平方米，分文物库房和文物展厅两部分。这里收藏的园藏4万件文物，时间跨度从商周直到清末，品类涉及铜器、瓷器、玉器等，几乎包括了我国传世文物的所有门类。

德和园慈禧生活展（颐和园德和园，1984年9月15日始）

德和园在颐和园东宫门内。原为清乾隆时（1736～1795年）怡春堂旧址。光绪时（1875～1908年）改建，主要由颐乐殿和大戏楼组成，是专供慈禧看戏的地方。德和园东侧主要陈展有慈禧太后的服饰及其生活用物和玩赏品等。西侧主要有从西方诸国进口的玻璃器皿等艺术品。这些中外文物制做精致、数量众多，均是颐和园原有的艺术珍品。

耕织图文化展（颐和园耕织图景区，2004年9月20日始）

耕织图系颐和园重要景区，景区内河道交错，碧水涟漪，绿柳吐丝，碧草丛生，亭廊呼应，具有浓郁的江南水乡风情。此次颐和园以耕织图景观文化展的形式向游人们展现了耕织图的全貌。整个展览由耕织图景观风貌展、历史变迁展和水村居江南风貌茶社3部分组成。耕织图景观风貌展主要由澄鲜堂、延赏斋、蚕神庙、《耕织图》石刻长廊等现代恢复的清漪园时代建筑、内部陈设以及自然景观环境组成，是对乾隆耕织图景观风貌的复原。而耕织图历史变迁展利用重新修复的原昆明湖水操学堂的建筑，分4个阶段5个展厅500多平方米面积，以现代博物馆陈展的理念和手段，全面讲述了耕织图景区250余年变迁史及中国传统的耕织图文化。在"昆明湖水操学堂时期"展室内，则揭示出了水操学堂的历史兴衰及与晚清大历史的关系，室外的小火轮则是历史的见证，从文物意义上是中国现存最早的蒸汽轮船之一。

该展览是颐和园首次全面引进现代化展陈手段实施的具有皇家园林风格特点的大型文化景观展览，通过1000多平方米室内展陈与25万平方米室外自然空间的交汇融合，把昔日消失的景观再次展现，使广大游客穿梭在历史与现实之间，充分感悟皇家园林中的农桑文化内涵。

神乐署中和韶乐展（天坛公园神乐署，2004年12月31日始）

这里展示着中国古代皇家音乐历史沿革，在明清两代用于演习中和韶乐舞的场所凝禧殿，增设了"中和韶乐展示厅"，复制了编钟、编磬、特磬、路鼓、灵鼓、琴、瑟等乐器，同时向游客进行每种乐器的现场讲解和演示。游客可以欣赏到金玉辉煌、色彩绚丽的全套中和韶乐乐器及仿制精美的部分古代钟、磬乐器，了解中和韶乐的历史渊源、皇家音乐艺术之美、富有传奇色彩的古代八音乐器，生动地领略古代八音乐器优美音色及中和韶乐的古老旋律。

祈年殿建筑文化展（天坛公园祈年殿东配殿，2006年5月1日始）

游客除了可以看到修茸一新的祈年殿建筑外，还能欣赏到与祈年殿相关

◎天坛中和韶乐演奏

的历史文化展览。包括祈年殿的历史沿革、其本身的建筑特点风格，以及祈年殿的相关事件。展览中，按1∶15的比例微缩的祈年殿模型将首次与游客见面。此外，为了展示祈年殿内部特殊的木质结构工艺，公园还特意制作了一个祈年殿的剖面模型。

天坛公园祭天文化展（天坛公园祈年殿西配殿，2006年5月1日始）

展示了祭天的礼仪程式和祭祀礼皿等文物，具有史料性和独特性。

毛泽东在双清活动展（香山公园双清别墅，1993年12月20日展出）

香山双清别墅位于香山公园南麓的半山腰，环境幽雅，树木苍翠。1949年3月25日，中共中央从西柏坡迁入香山，毛泽东主席在此居住6个月，指挥渡江战役，筹备新政协，筹建新中国。双清别墅也是青少年进行爱国主义教育的课堂。这里有毛泽东当年生活工作过的原状陈列，有毛泽东与爱子亲切交谈的地方——六角红亭，有记录一代伟人的"毛泽东在双清活动展览"，该展览由"从西柏坡到北平香山""毛泽东在双清""领袖生活在香山"3部分组成，集中反映了毛泽东等老一辈无产阶级革命家运筹帷幄、决胜千里之外的军事才能，反映了老一辈无产阶级革命家艰苦奋斗的革命历程。

动物科普展（北京动物园科普馆，2003年7月31日首展）

北京动物园科普馆于2003年7月31日开馆，是继北京植物园科普馆建成后园林系统的又一重要科普场所，在广泛传播动物科学知识和生物多样性保护等方面，起到举足轻重的作用。同时，动物科普展也是广大青少年科普教育的课堂和基地。

植物科普展（北京植物园科普馆，1998年4月始）

北京植物园植物科普馆面向广大群众，特别是青少年，普及植物和环境科学知识，使游人理解植物在人类生活中的重要作用，充分认识保护环境、保护生物多样性的重要性；宣传植物园在保护物种和社会可持续发展中的重要作用，增强对日益严峻的城市环境、生态问题的关注。2007年9月29日，在北京植物园科普馆，北京植物学会与北京植物园共同举办了"为大地母亲疗伤——环境污染与植物修复"展览。

曹雪芹纪念馆（植物园黄叶村，1983年12月建成）

1984年4月22日对外开放。属社科类人物专题纪念馆。

四、十大品牌文化活动

香山红叶节

1989年10月首届，每年10月13日～11月5日。香山红叶驰名中外，1986年被评为"新北京十六景"之一。秋分时节香山红叶层林尽染、气象万千。登香山赏红叶、品位特有的文化意境，是北京最具影响力的大型文化活动之一。

北京植物园桃花节

1989年春首届。每年4月15日～5月5日。北京植物园桃花节以"桃花"为主题，充分展示植物园的建设成果，突出优美的自然景观、人文景观以及科普知识丰富有趣的文化活动。

桃花节主角是品种丰富的各种山桃、碧桃。在主要赏花区之一的碧桃园内，可观赏到直立型桃、云龙桃、斑叶桃、菊花桃、山桃花系等60个品种万余株。自3月中旬至5月初，从花期最早的山桃花，到最晚的绛花碧桃，可持续赏花一个多月。

玉渊潭樱花节

1989年春首届。每年4月举办。玉渊潭公园是北方地区规模最大、品种最多的樱花观赏地。1989年春首届至今，樱花节已连续举办了19届，受到广大市民和中外人士的喜爱，2008年迎来20岁生日，将为奥运会的到来增添亮丽色彩。每年的樱花节为期一个月。

苏州街宫市

1990年9月25日正式开幕。苏州街，原名买卖街，是颐和园的前身清漪园内的一个街市景区，建于清乾隆年间，传说乾隆曾六下江南，对水乡城市的自然景观格外喜爱，为了满足帝王的游赏需要，特别建造这条仿苏州风格的水乡街市，1860年被英法联军烧毁，1990年复建，再现古建宫市街的精彩风貌，给游人带来奇妙的游趣。1990年9月苏州街宫市正式开幕。

紫竹院竹文化节

1994年4月首届。每年4月10日～5月10日。紫竹院公园是华北地区最大的竹园，现有竹子100万株，引种各类竹子80余个品种。全园各种竹类栽植面积达4.5万平方米。进入园内，只见修竹夹道，千竿挺秀，密叶浓荫，赏心悦目。早园竹遍布全园，紫竹别具特色，斑竹寓意深刻，箬竹、筠竹争奇斗翠，金镶玉竹、玉镶金竹各展风姿。以竹石景观为主的"筠石苑""八宜轩""箫声醉月""缘话竹君""紫竹垂钓""清凉罨秀"等景点韵味独特。

北海公园菊花节

1980年11月1日第一届菊花展。每年11月1日～30日举办。北海公园菊花展至今已举办多次，受到市民的欢迎，在国内有较高的知名度。

中山公园唐花坞花展

中山公园西南隅有一座精巧玲珑的建筑——唐花坞。1989年唐花坞首展，以后每年举办六、七次专题花展。

中山公园兰花展

1996年2月首展。每年2月15日～3月18日展览。中山公园自藏的兰花里，有朱德当年留下的优良品种，邓小平、张学良赠送的名贵兰花等。

天坛春节文化周

春节期间举办，有祭天大典表演等，让游客在游园的同时，领略中国古

◎香山红叶文化节

代祭天礼仪文化的魅力。

北京植物园市花展

1993年9月28日首展。每年9月28日～10月31日展览。为迎接国庆和丰富市民的秋季文化生活，营造欢乐祥和的游览氛围，北京植物园于每年秋季举办市花展。突出秋韵主题，通过多种菊花造型和各色时令花卉，结合绚烂的彩叶树，渲染京城十月浓郁的秋之韵味。

五、十大科研获奖项目（1992～1998年，市二等以上）

课题名称	奖项	时间	单位
大熊猫人工繁殖的研究	市一等 （国家二等）	1992 （1995）	动物园
朱鹮人工繁殖新技术	国家发明二等	1993	动物园
鼠狐猴的饲养繁殖	市二等	1991	动物园
北京樱桃沟自然保护区试验工程	市二等	1993	植物园
一批美国园林树种、引种筛选繁殖栽培及初步应用的研究	市二等	1994	植物园
园林绿地无农药污染防治病虫害技术	市二等	1997	天坛
北京城市专用绿地绿化生态效益的研究	市二等	1997	科研所
北京松柏类古树濒危原因及复壮技术研究	市二等	1998	公园处
多媒体野生动物病历管理系统	市二等	1998	动物园
倭蜂猴的饲养繁殖	市二等	1998	动物园

六、十大接待活动（2006年）

2006年4月9日，美国环境局局长Spephen Johnson代表团一行20人参观游览北京动物园。

2006年6月21日，伊拉克总统费拉勒·塔拉巴尼参观游览颐和园。

2006年6月23日，英国著名科学家霍金参观游览颐和园。

2006年8月29日，俄罗斯副总理梅德韦捷夫一行参观游览天坛公园。

2006年8月31日，国际风景园林联合会新当选主席新西兰人戴安妮女士访问北京植物园。

2006年10月9日，美国前国务卿基辛格博士参观游览天坛公园。

2006年10月18日，北京动物园的荣誉员工、科学顾问、国际知名动物行为学家珍·古道尔博士访问北京动物园。

2006年11月2日，赤道几内亚总统奥比昂参观游览北海公园。

◎美国前国务卿基辛格博士参观天坛

2006年11月3日，多哥总统福雷·纳辛贝参观游览颐和园。

2006年11月3日，非洲联盟委员会主席科纳雷一行参观游览天坛公园。

七、十大建设工程

金碧辉煌维修工程　北京申奥成功，为历史名园古建筑群的修缮带来了新的机遇。从2002年开始，市属公园开始了50年来规模最大的古建保护工程，修缮工程技术含量之高，安全责任之重，举世瞩目。6年来累计投入约6亿元，修缮率达到79.52%。

游客中心建设工程　奥运会召开之前所有公园的游客中心全部到位、开放，配备专门人员全天候向中外游客服务，使游客中心成为宣传公园文化、体现公园服务水平的桥头堡。

厕所改造工程　北京11家市属公园投资1556.66万元，对公厕进行改造升级和装修维护，同时，新建7座厕所。公园厕所免费提供手纸、洗手液、清洁剂等。保洁人员要求佩戴胸牌，统一着装，礼貌待人，做到一客一保洁。

设施完善工程　开发具有公园特色的旅游纪念品和餐饮服务，满足中外游客的游览需求，挖掘丰富的文化内涵。景山公园为"空竹"爱好者修建了专用的"空竹园"，方便游客进行健身活动。同时，也弘扬了我国的民间传统文化。

讲解提升工程　建立一支高素质的导游队伍，加强讲解员培训，提升外语水平，特别是小语种服务水平。讲解是宾客与园林之间的润滑剂，是优质服务的立足点。近几年市属公园讲解队伍有了很大发展。

文化建设工程　开办各种展览展陈，向游客展示悠久的中华文明。拓展"一园一品"活动内涵，举办游客喜闻乐见的文化活动。推出一批介绍公园文化的出版物，开发特色的旅游纪念品。

牌示导览工程　完善公园导览系统，更新维护双语、多语牌示，为游客提供温馨周到的服务。加强维护管理，使所有牌示均能处于良好的使用状态。并且，针对外国游客增多、残障人士入园等情况，随时进行充实和提高。

素质提示工程　采用温馨的提示标识，提醒游客注意游园素质。爱护公物，保护文物，保持环境卫生等。注意维护公园的园椅、果皮箱、栏杆等园容设施，提高完好率和清洁度。

安全保卫工程　全面落实国务院、市委市政府的安全工作要求，强化安全意识，全面开展安全工作培训，加强安全检查，完善公园各项安全预案，提高应急能力，确保实现平安奥运行动目标。

绿化美化工程　加强公园绿化建设，加大树木养护力度，做到繁花似锦、绿茵铺地、三季有花、四季常青。加强对活文物——古树的复壮培育。控制病虫灾害。做好奥运期间花坛的设计摆放方案，准备充足的花苗，届时用喜庆的花卉布置烘托公园气氛。

八、公园中心成立以来十件大事

北京市公园管理中心成立　北京市公园管理中心是在市委、市政府调整北京市园林绿化管理体制改革中，为进一步加强对市属公园的管理职能，提高园林绿化领域的公共服务水平，于2006年3月1日正式成立，为市政府直属的正局级事业单位，主要职能是对颐和园、天坛公园、北海公园、中山公园、香山公园、景山公园、北京动物园、北京市植物园、陶然亭公园、紫竹院公园、玉渊潭公园、北京市园林科研所、北京市园林学校、中心党校和后勤服务中心的人、财、物的管理。2006年4月5日，北京市公园管理中心将举行揭牌仪式，北

◎北京市公园管理中心揭牌仪式

京市副市长牛有成出席仪式，并在会上指出：公园面向国际，要成为展示中华文明的窗口；面向全国，要成为展示首都形象的精品；面向市民，要成为展示北京变化的舞台。

北京市市长王岐山到北京市公园管理中心调研 2007年6月16日市长王岐山和主管副市长牛有成一行30余人先到北京市公园管理中心所属中山公园、紫竹院公园、北京动物园视察。视察了公园主要游览区，详细询问了公园概况、基建工程、古树名木养护、节能降耗、经营等情况，指出中山来今雨轩老字号餐饮企业要积极探索现代化经营道路；紫竹院要注重发挥竹文化的优势和特色，加强保护和利用；查看了北京动物园配合展西路改造所进行的整体规划图。最后，市长一行在畅观楼召开现场会议，听取了北京市公园管理中心主任郑秉军关于公园建设的整体情况介绍。市长王岐山指出：做为中国公园建设的排头兵，北京11个市属公园应在公园管理中心的领导下，充分体现科学发展观，以奥运为契机，以人为本，提升认识，不断发展，全面提高服务管理水平。抓细节、抓内涵式发展，使市属公园成为展示中华文明的窗口和展示首都形象的舞台，体现北京做为国家首都、国际城市、文化名城、宜居城市的定位，努力打造园林精品，使北京的园林成为具有国际影响力的公园行业典范。

紫竹院公园免费向游人开放 市属紫竹院公园于2006年7月1日正式免票对社会开放。在实施免票开放过程中，紫竹院公园坚决贯彻执行市委、市政府和公园管理中心的指示精神，做到继续贯彻执行《北京市公园条例》不变，按照三优一满意的服务规范，作好服务接待工作；公园门区管理不变，继续加强公园门区管理，维持公园门区秩序，保证游览秩序井然有序；园容卫生管理标准不变，继续加强公园社会化管理力度，确保公园清新整洁；公园开放时间和静园时间不变；继续走文化建园的方针不变；管理水平不降低；服务接待能力不降低；绿化养护水平不降低；职工服务热情不降低；职工工作标准不降低。免票开放正常有序进行，确保了由收票向免票的平稳过渡和职工队伍的稳定，发挥了市属公园的示范作用，继续保持了为市民提供优美清新整洁秩序的游园环境的一流服务标准。7～12月，接待游客近380万人次，同比去年增长81%。同时免费开放的公园还有南馆公园、人定湖公园、宣武艺园、万寿公园、日坛公园、红领巾公园、团结湖公园、丽都公园、南苑公园、长辛店公园、八角雕塑公园，至此全市免费公园达到123个，占注册公园总数的72.78%。

全市公园行业举行"百日百园百万人庆百年"系列纪念活动 2006年7月13日至10月20日全市公园开展了"百日百园百万人庆百年"系列活动，以"迎奥运·庆公园百年；情系历史，志在未来；坚持科学发展观，创建和谐社会"为主题，唤起市民关心公园建设和发展，倡导保护动物、爱护环境、构建宜居城市的理念。活动由北京市公园管理中心、北京市公园绿地协会等单位主办，由北京市公园绿地协会和北京动物园承办，得到北京市园林绿化局、北京园林协会等单位的大力支持。7月13日，在万芳亭公园举行了"迎奥运庆北京公园百年·第五届乒乓球公开赛"，面向社会征集庆典活动的徽记、歌曲、口号及老照片。8月初，在北京动物园科普馆举办"北京市公园百年回顾展"。活动期间，在全市约100个公园中开展了百万人签字活动，召开了"城市公园发展研讨会"。8月18日，在北京动物园海洋馆举行《百年"园"梦 唱响2008》大型文艺晚会，副市长牛有成亲自到会为评选的十位"景观之星"颁奖，乔羽、英达等人荣获"景观之星"荣誉称号。10月20日，在香山公园举办了"北京公园百年庆典"活动闭幕式暨登山比赛。

圆满完成"中非合作论坛北京峰会"服务接待任务 2006年11月1日~5日，中非合作论坛北京峰会暨第三届部长级会议在北京举行。10月28日~11月7日，颐和园、天坛公园、北海公园共接待外事任务26批206人次，其中：一级团3个、二级团2个、三级团3个、三级以下团18个。11月30日，中非合作论坛北京接待保障工作领导小组召开"中非合作论坛北京接待保障工作总结大会"。市公园管理中心及颐和园、天坛公园、北海公园被评为"北京接待保障工作先进单位"。

圆满完成"金碧辉煌迎奥运"三大古建修缮工程 颐和园佛香阁、天坛公园祈年殿、北海公园琼华岛等标志性古建修缮工程于2004年10月全面启动，于2006年底竣工，并对外开放。全部工程严格按招投标程序进行，工程总投资18400万元，修缮面积达2.35万平方米。工程被列入"北京人文奥运文化保护计划""北京市政府为民办实事折子工程"之一。

开展一园一品系列文化活动 2007年，北京市公园管理中心落实市领导"以文化立形象、以情结聚人气、以展示育商机"的指示精神，实施以"一园一品"为龙头的文化品牌战略，逐步形成了市属公园品牌。先后推出了中山公园兰香韵——2007北京名人名兰展、玉渊潭公园第十九届樱花文化展暨风铃艺术展、北京市植物园第十九届北京桃花节暨第四届世界名花展、景山公园"国色天香"牡丹展、北海公园第十一届荷花展系列文化活动、紫竹院公园竹荷风情迎奥运——第十四届竹荷文化艺术节、陶然亭公园首届"金秋醉陶然"秋季菊花展、颐和园第六届颐和秋韵桂花节、天坛公园"古柏神韵"古柏文化展示、香山公园第十九届香山红叶文化节，共接待游人900多万人次。同时，还开展了具有传统文化特色的颐和园春节宫市、北海祈福迎春文化节等活动，全年共组织各类文化活动、展览展陈近60项。

举行"北京市公园风景区迎奥运倒计时400天纪念活动" 2007年7月5日"北京市公园风景区迎奥运倒计时400天纪念活动"在天坛祈年殿前隆重举行。副市长孙安民、副秘书长王云峰、副秘书长孙康林等领导出席了纪念活动。中心主任郑秉军致辞，随后颐和园代表11家市属公园和八达岭、十三陵、慕田峪、朝阳公园发出了《公园景区创一流优质服务迎奥运》的倡议；东城区地坛公园园长代表全市357个公园风景区响应倡议。活动中还向市属11家公园的"微笑服务示范岗"颁发了牌匾。副市长孙安民发表讲话，并宣布"北京市公园风景区迎奥运倒计时400天纪念活动"正式启动。会后，市领导查看了公园多语种的导游服务展示和"双文明事迹展"，在宣传咨询台前观看了各公园奥运培训宣传材料展示。同时，组织召开了公园迎奥运游客调查和市公园管理中心社会监督员座谈会。50名学生志愿者分10组在公园开展宣传和征求游客意见活动。全市各区县园林、旅游部门负责人、游客代表、奥运志愿者等500余人参加了纪念活动。

圆满完成为民办实事工程　2007年，北京市公园管理中心为进一步提高各历史名园建筑群整体环境质量，总投资4432.59万元，对颐和园、天坛公园、北海公园、香山公园、北京植物园、中山公园、陶然亭公园、紫竹院公园8家市属公园文物古建筑进行修缮，并对整体景观不太协调的重点景区进行整治改造，全部工程于10月底前竣工验收。年内，市公园管理中心组织开展了"迎奥运微笑服务行动成果展示""迎奥运岗位技能竞赛""公园微笑服务示范岗"等一列服务技能展示与评比活动，共举办奥运知识、英语、手语、服务技能等主题培训班45期，培训外语骨干教员310人，培训7565人次；开展公园导游讲解、公园售验票、餐饮服务、商业经营、绿化养护等岗位技能竞赛431次。改造、新增公园景区导览说明、警示提示等各类牌示2158块，11个市属公园进一步改造、完善无障碍坡道、公厕等设施，实现无障碍通行。同时，市属公园树立了奥运倒计时牌，并在颐和园、天坛设立了奥运宣传大屏幕。在500天、400天、一周年等重要的时间节点上均利用公园场地举行了不同规模形式的纪念活动。

紫竹院公园举行"迎奥运北京园林绿化美化成果展示会"　2006年8月3日至8月20日，由北京市第29届奥林匹克运动组织委员会等单位主办，北京市公园管理中心承办的"建生态城市、办绿色奥运"迎奥运北京园林绿化美化成果展示会在紫竹院公园举办。展示会突出体现技术创新点，强调了环境科普教育力度，充分展示北京园林绿化行业在绿色奥运城市绿化美化科技工程方面的成果，宣传"十五"以来北京园林绿化美化事业蓬勃发展和所取得的各类成果。共有56家单位700多种花卉植物参加展示。紫竹院公园成立了协调办公室，积极配合各参展单位进行布展，负责汇总参展单位提供的文字资料、协助编辑整理校对科普展板和展示植物标牌5000块，设计展会的会标，设计制作展会竖旗、工作衫、工作帽、导游牌等展会宣传品200套；设计制作百米的奥运文化展廊，展板43块。组织成立了30人的青年志愿者团队负责科研项目讲解介绍，接待单位参观56场3000人次。组织来园参观的儿童进行"绿色梦想、彩绘世界"现场绘画活动，与北京日报社共同组织启动"建生态城市、办绿色奥运"主题摄影比赛及展览活动。期间，共接待中外游客58万余人次。副市长牛有成、第29届奥运会科学技术委员会主席林文漪等市领导来园视察、指导工作。

北京天坛
——中国祭天文化宝库

引 言

朋友，当你打开北京市区地图时，给你的第一印象是什么？我敢说，首先映入你眼帘的是在市区南半部那一大片规则醒目的绿色之块。那是什么地方？那就是我国仅存的一座最完整、最宏大的古代郊祀祭天场所——北京天坛。

北京天坛占地约273万平方米，相当于北京紫禁城的3.4倍，是世界上最大的祭天场所。建成于1421年，即我国明朝永乐十八年，明成祖朱棣在修建紫禁城的同时，"建郊坛于正阳门南之左"。当时正阳门东西一线即为京城的南城墙。到明嘉靖32年（1553年）加了南外城，天坛才被划为市内。

郊祀祭天是我国先民重农观念的体现，也是封建帝王维系统治、炫耀"受命于天"权力的一项重要礼仪。古有"国之大者在祀，祀之大者在郊"的理论。郊祀从我国周朝就形成了制度，一直沿袭到清末。天坛就是明清两朝皇帝祭天的场所。圜丘和祈谷坛两坛是天坛的主体建筑，南北相向，以丹陛桥相连，形成一条南北的中轴线（偏左）。斋宫在其西，神乐署、牺牲所在西外坛。

斗转星移，随着封建王朝的覆灭，祭天的盛典早已成了过去。然而，作为祭天文化载体的天坛，却把历史和现在联系起来。天坛1918年正式向社会开放，成为旅游圣地。特别值得提出的是"九"这个数字，它在天坛不仅有极其深刻的含义，而且蕴含在祭坛的建筑和理念之中，处处能体现出来。其中，"九景"的独特景观和文化内涵，成为人们了解这座世界上独一无二的文化遗产的重点。其九景是："圜丘堆云""祈年瑞雪""古壁回音""丹陛生辉""斋宫松风""七十二廊""七星高照""凝禧神乐""天圆地方"。前七景集中在内坛，"凝禧神乐"在西外坛，"天圆地方"体现在内外坛墙和两坛的主要建筑中，非常值得人们体察和玩味。

一、圜丘坛

走进现在的天坛南门（圜丘之昭亨门），顺着脚下甬路的中心延长线，举目向北眺望。在万顷的松涛和蓝天白云的氛围之中，一座洁白无瑕的圆坛展现在眼前——那就是圜丘，在它背后的一条直线上，清晰可辨远近有两个带有鎏金宝顶的圆形蓝色屋顶，近的是圜丘的皇穹宇，远处就是闻名中外的祈年殿，这就是天坛的中轴线，也是天坛的魂。站在它的面前，像是在欣赏一幅绝笔图画，又像是时空把你带入了一种仙境，有一种超尘脱俗的感觉，灵魂得以净化，情感有了升华。

"圜丘"，又称祭天台、拜天台、祭台，是天坛的主体和中心。大约从嘉靖九年（1530年）建坛到清末的380多年的时间里，皇帝每年都要到这里来祭天和祈雨。这座坛，以汉白玉石和艾青石为材料砌造，制圆三成（层），其高5.9米，底层径75.2米，逐层收缩上叠，上层径23.6米。有两道内圆外方的红色矮形墙墙，更衬托出祭台的崇高和圣洁，每道墙墙的四面各有石门三座，共二十四座，均朱扉有棂，又叫棂星门，分外壮观。特别是南面三座棂星门，因

◎圜丘坛

为功能的不同，即中门为神门，左门为御门，皇帝走的门，右门为王公大臣走的门，所以左中右三门的设计成不对称形制，中大、左次、右小，中门宽400厘米，西（右）侧门245厘米，东（左）侧门256厘米，东侧门比西侧门宽11厘米。等级的观念在一座门的设计中体现出来，恐怕是绝无仅有的。这座坛不仅造型壮美，而且很有韵味，可以说世间一绝，其栏柱、栏板、地面墁石、台阶等是用九和九的倍数构成，匠心独具，奇妙无比。

三层台面，石各九圈，均为九和九的倍数。比如第一层台面，中间的圆石称"天心石"，围绕天心石的是用九块石板铺墁，第二圈是18块，依此类推直到九九八十一块，共405块，加中间的天心石一块共计406块。第二层台面是从90（10个9）块开始，每圈递加9块，共1134块。第三层台面是从171（19个9）块开始，每圈递加9块，第三层台面共计1863块（9×207）。三层累计相加为3403块，但是由于四面出陛，二层出陛下占压40块，三层出陛下占压72块。故3403块减去112块，实为3291块，3291块除以9，为365.66，正好约为一年之数（注：一个历年时间为365日5小时49分12秒）。这是巧合，还是刻意的追求，这个历史建筑之谜有待人们研考。

站在祭坛向东南方向俯视有燔柴炉和燎炉，西南方向有望灯台和望灯杆，在东棂星门外建有神厨、神库、宰牲亭，是祭坛的附属建筑却又各自独立成院，是制作祭品和宰杀牲只的地方。

出北棂星门向前行，但见三座精美琉璃门，下面白石发檀，上面用彩色琉璃作装饰，各式浅浮雕刻图案的旋花如意纹，以绿釉为底色，衬托出黄釉花纹和线条，质地光滑，色彩绚丽，屋顶覆以蓝色琉璃瓦，在阳光下白石、彩釉、蓝瓦相应生辉，光彩夺目，是不可多得的建筑珍品。跨入院子，一座伞形大殿屹立在面前，这就是皇穹宇（即回音壁），皇穹宇是圜丘祭祀神位平日奉安的处所。皇穹宇原称为泰神殿，嘉靖九年冬十一月将昊天上帝改为皇天上帝的时候，殿的名字改为今名。"皇"在古文中是大的意思，"穹"是指象天空那样中间隆起四周下垂的形状，古时有首民歌这样说："敕勒川阴山下，天似穹庐，隆盖四野，天苍苍，野茫茫，风吹草低见牛羊。"由此可知，"穹"意指天，而"宇"字也是极言大的意思，是空间的总称，"四方上下谓之宇"，三个字连起来，作为这个座的名字，寓意天空宇宙，意思是说，"皇天上帝"是至大至尊至高无上的神，一个殿宇、一个房屋怎能容得下呢？“皇天上帝”存在于苍茫无际的太空中，虽然这座殿仅有22.5米（包括石基座），面积不足200平米（实为191平米），但是它象征着广阔无垠的“天空宇宙”，从而更显示“皇天上帝”的崇高伟大。正因为如此，这座大殿建得辉煌而精美：大殿内外各有八根大柱环转而立，三层鎏金斗拱，层层上叠，天花层层收缩，彩绘以青绿为基调，以金铂箔贴绘出龙凤合玺图案，形成华丽的穹隆圆顶。天花藻井内有团龙一条，双目圆睁，龙须倒竖，有跃跃欲试、呼之欲出之势。

二、祈谷坛

走出圜丘坛的北门——成贞门，以丹陛桥相连的祈年（谷）坛远在天边，近在眼前，历史又把你向前带了110年。徐步进入坛内，透过祈年门，祈年殿以一种拔地而起、高耸云天的气势，给人一种威慑力量，似乎在它的面前，人变得渺小了。

祈年殿是祈年（谷）坛的主体建筑，它座北朝南，是一座有鎏金宝顶，三层重檐的圆形大殿。它采用上屋下坛的构造形式，建在一个“中”字形的4米多高的座基上，全高38米，占地5900平米。

坛分三成（层），高约6米，四面八出陛，南北各三，东西各一，南北丹陛中间有三帧巨大的汉白玉石雕，分别刻着山海云纹和飞凤腾龙（成双成对）。三成坛面都围以石柱石栏板，上面也刻有与石雕相应的浮雕。南面的每成月台上分别放置着铜质鼎炉。大殿建在坛的正中位置，制圆，其径32米，十一开间，正南三楹为五抹三交六攒菱花格扇门，其余9间，下边是琉璃砖坎墙，上为三抹三交六菱花格扇窗。三层重檐逐层收缩向上，殿内28根大柱分三层，环转排列，柱与柱之间以枋、桷、桴、桁等相衔接，殿脊和檐以斗拱做支撑，卯榫交叉，既是受力结构，又成为精美的装饰。这座大殿完全采用木结构，如此巧妙的镕建筑力学和建筑美学于一“炉”，炉火纯青，在中国

◎祈年殿

在世界建筑史上都是罕见的，它是中华民族建筑艺术宝库的一方瑰宝。

祈年殿是按照"敬天礼神的思想设计建造起来的"，它的设计构思和建筑形式，既体现了功能的技术特点，也表现了高度的审美特点，把实用功能和精神功能有机结合起来。祈年殿宏伟而庄严，完整而丰满，达到了艺术形象的和谐性、严整性和完美性的高度统一。考虑到建筑与人的关系，主体与部分和谐配合，造成增大建筑物的特殊意境。它的构造形式和艺术形象有着许多"天体"观念的象征和神话传说。屋顶用圆形象征天圆，瓦用蓝色象征蓝天，殿内柱子的数目，据说是按照天象建筑起来的，中间四根大柱叫"通天柱"，也叫"龙井柱"，象征一年的四季，中层的12棵金柱，象征12个月，外层的12棵檐柱，象征12个时辰，中外层相加24根，象征24节气，三层相加28根，象征28星宿，再加上柱顶上的8棵铜柱，象征36天罡。藻井下面的一棵雷公柱，象征着"一统天下"。更有趣的传说还是关于殿内"龙凤石"的传说：在殿中心有一块圆形大理石，墨色的纹理颇象一龙一凤的图案，龙纹色深，角、须、爪、尾俱全，凤纹色浅，嘴、眼、羽毛隐约可见，粗具凤形，俗称"龙凤呈祥石"，和殿顶藻井的"龙凤"雕刻上下呼应。传说这块石上原只有凤没有龙，而上面藻井内只有龙没有凤，每当夜深人静时，龙常下来戏凤，不料有一次正遇上皇帝前来拜天，往石上一跪，把个龙凤都给压在这里了，就化成了"龙凤石"。当然这是个神话故事，但这丰富的想象和美丽的传说，却为古老的殿宇增添了几分神秘的色彩。

祈年殿是祈祷五谷丰收的地方，前身是大祀殿，是合祀天地的祭坛。嘉靖二十四年（1545年），改建后称大享殿。清朝沿袭明制，每年正月上辛日，在这里行祈年（谷）礼祈祷五谷丰收。

祈年殿前左右两配殿是供奉日月星辰等从祀牌位的地方，后面的皇乾殿是皇天上帝诸神的寝室即神牌安放处。

三、古迹寻秘

1. 天地墙和坛门

天坛原名为"天地坛"，始建于明永乐七年（1403年），是明初皇帝合祀天神地祇的地方。1530年（明嘉靖九年）世宗朱厚熜改革礼制，将合祀之制改为四郊分祀，改建大祀殿为大享殿（即祈年殿的前身），拟举明堂秋享之礼；另在其正南方建圜丘，专为祭天。"圜丘本法象而名"，1534年改称"天坛"，与"圜丘"二名并用。后来天坛成为祈谷坛和圜丘坛两坛的统称。

天坛有围墙内外两重，呈"回"字形，通称"天地墙"，外垣周长6千米，内垣周长4.2千米，两道围墙把整个坛域分为天地两部分（内坛和外坛）。两道坛墙北沿为弧形，南沿与东西墙相交成直角为方形，这种北圆南方的形制，以象征"天圆地方"。反应了古代先民对天的认识。外面一道墙，原只有西面一座门，原称"天地坛门"。内坛墙，有东西南北门四座，称"四天门"。内坛南部增置圜丘四门："泰元、昭亨、广利、成贞"于东南西北，圜丘的北墙自然把两坛分开，而成贞门则使两坛相通。至乾隆十九年（1754年），天坛西外垣之南，相对先农坛门处增建一座门称圜丘坛门。垣内墙建钟楼一座，门外甬路一律用城砖成造。嗣后在圜丘祭天时，即走新建之圜丘坛门。在祈年殿行祈谷礼时仍进北侧门。由此可见，明清时代，天坛外坛墙上有二座门，内坛墙有六座门，两坛隔墙（圜丘北墙）有门一座，内外坛墙上共有九座坛门。这九座坛门均为三洞开圆形拱卷歇山式建筑，红墙碧瓦，六扇朱门，每扇门有横竖九行金色乳钉相衬，一眼望去，一派威严、轩昂的气势，立时把人们带人一种神圣、崇高的境界。

2. 斋宫

在两坛之西，西天门内路南有方城一座，名曰斋宫。是皇帝祭天前斋戒沐浴的地方。但见它座西朝东，向着祭坛，内外有两道高大的宫墙和御沟环绕。外宫墙连接163间回廊，梁枋上满绘山水、人物、花卉和羽毛，是一条美丽的画廊。

走进斋宫正门（东门）拾级而上，是一座气势恢宏的大殿，崇基石栏，红墙碧瓦分外壮观。殿分五间，面阔41.85米，进深17.6米，内成拱卷形，为砖砌结构，无梁无栋，殿的檐椽、额枋、斗拱全部采用琉璃仿木结构制成，别具一格，俗称"无梁（量）殿"，它是斋宫的主体建筑——正殿。

殿内中央一间，皇帝端坐于宝座上，后护花梨木屏风，精雕细刻着春夏秋冬四景和渔樵耕读四勤图，非常精美。屏风后的墙壁上方悬有清高宗乾隆御笔"钦若昊天"四字大匾额。其左右四间偏殿为斋宿期间大臣侍候所。

殿前的丹墀上有两座石亭，右边的一座较小，是放时辰牌（斋宿之际，祀日凌晨请驾诣坛的奏书）的小亭。左边的一座叫"斋戒铜人石亭"，据史料记载：皇帝入斋宫斋戒期间，这个亭内设方几一张，罩黄云缎桌衣，上设一尺五高的铜人一尊（明朝乐宫冷谦之像），手执简牌，上写着"斋戒"二字，以提醒皇帝"触目警心，恪恭罔懈"。清世宗雍正十年（1733年）曾有谕为证："国家典礼，首重祭祀，每斋戒日期，必检束身心，竭诚致敬，不稍放逸，故可以严昭事而格神明，朕每逢斋戒之日，至诚致敬，不但殿廷安设铜人，即坐卧之次亦书'斋戒'牌，存心儆惕，须臾勿忘。"

在正殿的后面有隔墙一道，透过中间垂花门望去又有一层大殿，叫寝宫，是祀前斋日皇帝睡觉和休息的地方。殿分五间，南北各有不同的用途，即冬至、大祀圜丘及祈谷大典用其北边两间为主；夏至举行常雩礼时，则用南侧两间为主，所以北侧两间有取暖设施的暖阁（现仍存有遗迹）。

在寝宫的南侧原有一间小房，是给皇帝沐浴的浴室（现已无存）。

除了正殿和寝宫主要建筑外，还有首领太监值守房、御膳房、衣包房、礼仪调度所、什物房、茶果局、校尉值守房等附属建筑。在内外宫墙间之东北隅有钟楼一座，南向，曾悬太和钟，祭日皇帝自斋宫起驾鸣钟，登坛则止，礼毕还宫再鸣之。

整个斋宫十门十桥，垣墙重庸，回环四合，轩窗掩映，幽深恬静，它的主体空间结构运用得体，对称格局的部位配合得当，达到了构造形式和艺术形象的高度统一，是一座别致的小"皇宫"，是一座修身养性的好地方。乾隆皇帝在这里触景生情有诗赞曰："闲听韶乐松风外，坐验周圭日影中。"

3. 丹陛桥

天坛的中轴线上，有一条海墁大道将祈谷坛的南砖城门和圜丘坛的成贞门连接起来。由于它下面有一道东西向的走牲道，形成立体交叉，故称之为桥，这大概是北京最早的立交桥吧。丹陛桥，丹者，红也。"陛"原指宫殿前的台阶，古时宫殿前的台阶多以红色涂饰，故称之为"丹墀"，亦叫"丹陛"。岑参《寄左省杜拾遗》中有"联步趋丹陛，分曹限紫微"的诗句；蔡邕《独断》卷上记有"陛，阶也，所由升堂也"。这座丹陛桥是昔日皇帝升坛祭天的道路。桥长360米，宽约30米，桥体由南向北逐渐升高，南端桥面高1.1

◎七星石

米不足，而北端4.5米有余。祭祀时在丹陛桥上从南向北走向祈年殿，既有步步升高的寓意，又有腾达天庭的期许，象征着吉祥与神圣。丹陛桥桥面原为毯砖铺墁，南北有4条石带将道路分为3部分，中央部分以1.53米宽的街心石为主体，称为"神道"，其左（即东侧）为御路，其右为王路。逢祭祀之日，皇帝行于左侧，王宫大臣趋于右侧。各行其道，等级分明。

神道下面横贯东西的是走牲道。大体和东西天门成一条直线，隧道宽2.5米，高约2.8米，原本是用于祭天祈谷的牺牲由天坛西南隅的牺牲所（现已无存）往宰牲亭赶送牲畜时的通道。这些牲畜一旦通过，决无生还可能，所以亦称"鬼门关"。

丹陛桥两侧古柏参天，郁郁葱葱，中间突出这条宽白线条，看上去很美。假如你从南端的成贞门向北观望，祈年殿在阳光下熠熠放光、红墙蓝瓦、碧树青天，如仙、如画，别具一番情趣。

4. 具服台

进天坛南门，走在宽阔的大道上，你会发现，接近圜丘台不远的路东侧，有一个"凸型"的平台，这就是具服台。祭祀时，上搭高3米的方形黄丝绸布屋，称幄次或大次，亦称小金殿，内设宝座、宝桌、火炉、炭盆等设施供皇帝登坛行礼前来此更衣、盥洗。祭祀当天黎明前七刻，皇帝从斋官出来时穿

注释：
圜丘和祈谷两坛均设有的具服台、燔柴炉、燎炉、神厨、神库、宰牲亭等，形制虽然各异，但其性质和作用都是相通的，所以本文只介绍其中之一处，其他从略。

着的是蟒袍，需在此换上蓝色的祭服，然后祭坛行礼。

具，是朝的意思，具服即朝服，也有准备、更换的意思。古时候还有登坛脱舄之礼，即祭祀时要先脱了鞋，然后才可登坛。据说有一次太后拜谒太庙，三寸金莲因脱舄不便，后来此礼告废。

5. 燔柴炉和燎炉

人们走进圜丘台南棂星门，会忽然看到路东近40米处竖立的绿琉璃的圆形构筑物，它叫燔柴炉，其高2.25米，上面直径3.74米，中有2米×2.15米的燃烧膛，面北有燃烧口等，其东西南三面有阶级，各九级。

"燔柴"，是古代祭天之礼，把玉帛、牺牲同置于燔柴之上，焚之祭天，《礼记·祭法》"燔柴于泰坛，祭天也"。疏："燔柴于坛者，谓积薪于坛上，而取玉及牲置柴上燔之，使气达于天也。"《大明会典》（卷八十一）记有："凡燔柴……先刲净牛，器盛置燔炉之右，皇帝自斋宫来祭，太和钟鸣，则炉内起火，待皇帝从具服台更衣盥洗毕入坛时点火。"

燎炉在燔柴炉之东北方向一条斜线上，有8个，在内土遗东西棂星门外各2个。铁制圆形，炉壁镂空，其口径1.5米，高约1.13米。它和燔柴炉的用途相近。不过是在祭天礼仪"送帝神"之后举行"望燎礼"时才点燃的。在送帝神音乐中由司祝帛、司香诸官员，将帛馔

◎天坛皇穹宇

恭送至各燎位，皇帝伫立燔柴炉西的望燎位的拜垫上，望着滚滚狼烟，腾空而上，飞达"上庭"，一场盛隆的典礼随之结束了。

在燔柴炉东阶下东方3.5米处有一绿色琉璃砖砌的瘗坎，（又名毛血池）。上沿略与地平，坎直径82厘米。是掩埋正位所用牲只部分毛血的地方。瘗即埋。宰牲亭宰完之后由光禄寺署正取正位所用牲只部分毛血盛于毛血盆运来埋入坎内，盖土少许。是古礼之一。也许是对牲畜生命的一种尊重吧。

6. 望灯

于圜丘燔柴炉、燎炉相对之西南隅，有石台，上置30余米灯杆，昔日祭天时，杆末悬一巨灯叫望灯。

冬至祭天的时候，限于日出前七刻，在伸手不见五指的黑夜里，祭坛上和御道两旁设有座灯、插灯等照明灯火，皇帝在坛上进退行礼均用引灯。一般的陪祀官和执事人等自始至终摸黑行事。整个祭场上人们依靠的是燔柴炉烧起的柴火和西南方向高悬的望灯投下的淡淡寒光。可以想见在寒冷的冬至日破晓前，一片黑暗中，烛影摇曳，钟磬悠然，随着典仪官高一声、低一声地呼唱，几个身影忽上忽下，一种严森、神秘的气氛是不言而喻的。

7. 天心石、三音石、回音壁

在充满神秘色彩圜丘坛这座建筑中，有3处奇特的声学现象，吸引着众多中外游客慕名前来一试为快。

先说天心石，在祭坛坛面正中，有一块直径约90厘米的圆石，其为中凸状（现历经数千百万人踩踏实已凹陷）。看上去和周围的艾叶青石并无二致，然而当你站在上面说话时，奇迹就会出现，你仿佛不是在一个平台上讲话，似在井中、瓮中一般，声音分外洪亮悦耳且余音绵延。而离开一步，这种感觉就全没了。据说过去皇帝把它看作是上天垂象，在这里说话可以上达天庭，就像现在的卫星天线一样，和上帝沟通了信息，故又名"亿兆景从石"，意思是说上帝（皇帝）的旨意普天之下都要绝对地听从，不然就是有违天意。

三音石，是指皇穹宇殿前甬道的第3块石板。所谓"三音"，是说站在这块石板上大声喊话或猛击一掌会听到3次回声，其实在安静的时候回音不只3次，会听到连续不断逐次衰减的多次回声。不知何时，人们传说在这里"人间私语，天闻若雷"，劝告人们不可对上苍不敬不诚，对皇帝不可不忠，在这里你尽管小声说话，苍天在上也能听见。这不免蒙上一层封建的色彩。现在人们在这里尽情地呼唤，热烈地击掌，自娱自乐，享受着这人间的无比情趣，倒是忘却了上苍的存在。

回音壁，就是皇穹宇的圆形院墙，其高3.72米，厚0.9米，砖砌墙体，严密平滑，墙顶为蓝琉璃瓦覆盖，正南有卷门三座。若两人分别站在院内东西墙根两处，悄声细语，就好像打电话一样，听得清清楚楚。许多游客只要在这里一试，无穷的情趣立刻化作一串串笑语欢声，任何旅途的辛劳就荡然无存了。

这3处声学现象，前两处天心石和三音石都是由于圆形建筑物，在中心发出的声音传向周围的物体，立刻反射回来所造成的。是声学的反射原理，不过天心石离周围栏板11.07米，声音的返回所需时间仅为0.07秒，如此往返超过了人的听力界限，人们分辨不出它的间隔，所以自感说话声洪亮悦耳绵延不断；而回音壁的直径是61.5米，由中心发出的声音碰到周围的墙体需约0.2秒，所以人们能分解出它的次数了。而回音壁则是声音的折射的良好条件，当声音发出以后，声波就像沿墙跳跃的乒乓球一样，由一方沿墙体传向另一方。

这3处声学现象，为这座古坛平添了几分兴味，来天坛游览的人们竞相试验；一双无形的琴手拨动着每个游客美丽的心弦。

8. 长廊

参观祈年殿之后出东砖城门，迎面相接的就是一道曲尺形的七十二间长廊。它不同于其他园林的长廊，既没有五彩缤纷的装饰，也没有龙飞凤舞的彩绘，红柱绿瓦，彩画以黑白绿等冷色作雅乌墨旋子彩绘，凝重素雅，别开一格。这是与它的用途分不开的，据《大清会典》载：内墙东门外七十二间连房，二十四间至神厨井亭，又四十五间至宰牲亭，为祭时进俎豆避雨雪之用。以表对皇天上帝的敬诚。七十二间连房，前设档窗，后堵垣墙，后人认为"于开放游览经此修长路室，视履谨塞，实足以沮游人观光兴味"。1935年修葺时"去其窗槛堵墙之阻碍"。天坛自1918年辟为游览场所后，长廊供游人在这里参观徜徉，廊两侧古柏森森，祈年殿辉影相望，廊前增树添花，绿草如茵，像奇妙的画笔，勾勒出一幅美丽的图画。"72"这组数字正和一年四季的七十二候相应，与祈年殿上的柱子的寓意联系起来，恰好说明中国古代人们对天气物候和农业的重视。

在长廊的中部北侧的一方跨院（北神厨）里，有一座六角井亭，下面有一口很深的井，这口井，是过去制作祭品用水的地方。传说这口井上通天河，因此明世宗朱厚熜赐名"天泉"。这里的水清凉甘冽，又名"甘泉井"，清人王世祯曾有词赞曰："京师土脉少甘泉，顾渚春芽枉费煎。只有天坛石甃好，清波一勺卖千钱。"

9. 七星石

站在长廊东头，向南眺望，大约50米处的旷场上，置有8块纹石，那就是"七星石"。明明是8块石头，为什么叫七星石呢？传说明朝皇帝朱棣在修天坛前为选址问题大伤脑筋，忽然一天夜里梦见北斗七星落在这里，于是就选定了建天地坛的地方。据说那七块大石是北斗七星，东北隅一块小的是北极星。

这种说法可不可信，世人自有评说，不过从七块石的排列状况和石上的刻纹看，系人工雕凿之物，据金梁著《天坛公园志略》记：经许多有识之士研究，不仅石质不像陨石，连石形石纹均为人工削刻而成。有资料记载："七星石是明嘉靖九年增置的，原来他听信道士的编造，祈年殿东南方太空虚，对他的皇位和寿期不利，故建此石，以镇风水。而那块小的，则是后世满人入主中原后为不忘本原而增置的。"

10．神乐署

位于斋官以西的外坛，东向，占地1万平方米，正殿（凝禧殿）5间，是祭祀乐舞生（敬天童子）演礼的场所，后有显佑殿，奉祀北方的镇护神，真武大帝，周围群房为袍服库、典祀署、奉祀堂、通赞房、恪恭堂、正伦堂、令伦堂、昭佾所、教师房等。

这座建筑以前后两大殿为主体，规整森严，气势宏大，崇基黄瓦，古木掩映，不仅具有很高的历史文物价值，而且是展示中华民族古代音乐辉煌历史不可多得的宝地。只可惜其一度沦为民宅，被糟蹋得面目皆非。2002年始回到天坛的怀抱重生，成为"古代音乐博物馆"，重放光华，千年雅乐，复震天宇。

四、祭天礼仪

我国古代，从奴隶社会一直到封建社会，历代王朝都建立了各自一套规整严密的礼制，以适应各种政治目的的需要。就门类而言，礼在我国古代一般分为"吉""嘉""军""宾""凶"五礼，第一类"吉礼"又称"祭礼"，用以祭祀天地宗庙、山川河渎、符应祥瑞等等。在吉礼中，各种祭典仪式，又依祭祀对象的不同而分为大祀、中祀与群祀，冬至南郊祭天位居大祀之首，其余大祀为孟春祈谷、孟夏常雩及夏至方泽祭地，所谓"国之大者在祀，祀之大者在郊""礼莫大于敬天"，就是这个道理。

我国古代的祭天礼仪，历朝更替，略有不同，但其本质内涵、主要的祭品祭器、基本仪式等，大体没有变化。北京天坛的祭天活动，在礼仪规模的隆重及完备上，首推清朝。清朝入关之初，祭天礼仪沿用明朝旧制。至乾隆十三年，高宗皇帝考经据典，在历朝的基础上，制定了庞大完备的祭天礼仪，其规制之宏，空前绝后，有清一代，几无更改。

◎祭天乐舞

（一）祭前准备

1. 奏举祭天

冬至圜丘祭天，乃国家大事，一般由皇帝亲祭，但有时也会因各种原因皇帝并不到坛亲祭，而改由亲王或大臣代祭。当然皇帝亲祭与派人代祭，在仪式上是有很大差别的，因此冬至祭天的第一件事即是确定是皇帝亲祭还是派人代祭，以安排相应的礼仪规格。这件事在祭前二十五日，由礼部及内务府联合上疏皇帝，由皇帝确定是否亲祭。礼部得旨后，由太常寺及乐部再把相应规格的祭天礼仪的详细程序奏准。

2. 执事人员

祭天大典，事关大体，祭礼前各类执事人员的安排慎重而严密，等级非常严格。人员安排由礼部及太常寺负责。礼部安排祭祀时的前引、侍仪及一般执事，前二者均由礼部堂官充任，执事人员则由礼部堂官率属充任。

太常寺负责开列承祭官和分献官，开列后的名单要奏报皇帝亲自过目。祭天的承祭官，以近支的亲王、郡王开列充任，分献官，则由内大臣、散秩大臣、尚书、都统诸人中开列。

3. 陪祀官员

冬至祭天大典，如皇帝诣坛行礼，则文武百官均需参与陪祀。《清会典》对陪祀官员的范围是这样规定的：

宗室奉国将军以上；

八旗满洲蒙古汉军轻车都尉佐领以上；

文职官员外郎以上；

武职官寇军使游击以上；

外任来京官文职知府以上；武职协领副将以上，皆与陪祀。

4. 省牲省齐

省牲，即祭前到牺牲所探视即将在祭祀中奉献给上帝的牺牲。《清会典》规定："大祀天地，亲王、郡王一人于前五日视牲，礼部尚书太常寺卿于前二日省牲。"

省齐，则是指检查祭祀前祭坛的陈设准备情况。为防万一，祭祀前由太常寺博士引礼部堂官一人，对祭坛的陈设情况作一全面详细地检查。

5. 演礼

演礼，即祭天礼仪过程的彩排。祭天大典庄严隆重，除平日操练以外，祭前还要进行一次全面彩排。《清会典》规定：

祀前二日，由太常寺官率属演礼于神乐署内之凝禧殿，即会同乐部演乐，凡奉福胙之光禄寺堂官，接福胙之侍卫……均各按其应与行礼之处，赴凝禧殿演习。

演礼预示着祭天大典即将举行，万事俱备，只欠"东风"。

（二）斋戒

到过北京天坛斋宫的人，或许会注意到，天坛斋官无梁殿明间门额上悬挂一匾，书"敬天"二字，无梁殿后寝宫门额上也悬一匾，书"敬止"，此二匾是祭祀前皇帝斋戒目的之本质写照。"敬天""敬止"，语源于《论语》，敬者，敬仰遵从，含有恭敬谨慎对待之意；"天"这里指的是"天道"，老子云"天法道，道法自然"，天道也即自然之道、自然规律。当然，皇帝眼中的自然规律指的是一年四季，春夏秋冬，万事万物，阴阳互换的自然变化规律。所谓"敬天"，指的是当时人们对于自然客体的一种态度。在自然经济基础上，人们遵从四季变化的自然规律，依时耕种，按季收获，这是一种科学的认识。"敬止"则是有别于"客体认识"的一种主体自我认识。"止"这里可通指人们的言行举止以及人们头脑中的主观意识。"敬止"即是严肃、谨慎、庄重地对待自己的言行举止。如果说，"敬天"是斋戒的原因的话，"敬止"则是斋戒的目的。通过斋戒，去杂念于俗世嚣尘，归虔心于自然平和，达到人们言行举止上的虔诚、圣洁，为庄严神圣的祭天大典，为天人之间的对越交接作好主观上的准备：

"凡祀，皇帝斋。"大凡祭天，皇帝都是必须斋戒的。清高宗乾隆皇帝有诗云："宫中斋两日，坛侧宿前期。"祭天前，皇帝要斋戒三天，两天在皇宫中斋宫进行，最后一天在天坛斋宫斋戒。

1.斋戒铜人·斋戒牌

在祭天斋戒的三天时间里，各衙门大堂正中设有斋戒朱牌。对于斋戒牌制式，《清会典》规定："斋戒牌广一寸，长二寸，书清汉斋戒字，佩著心胸之间。"但事实上，大臣们所佩著斋戒牌，形制质地，各式各样，有方形的也有圆形的，有玉质的还有木质的，大体随斋戒者意向而定，不过制作精巧一些，作一饰物而已。

祭天礼典中规定的这一系列的禁令、戒律以及繁杂的程序，等级森严的礼仪规范，都用来表示对上天的敬诚。

斋戒的第一项是进斋戒牌及斋戒铜人。关于斋戒牌及铜人，《清会典》规定："斋戒牌木制，饰以黄纸，以清汉文书斋戒日期。铜人立形，手执斋戒铜牌。"

皇帝在宫中斋戒时，斋戒牌与铜人设于乾清门二日，在天坛斋戒时，则设于天坛斋宫。铜人设于无梁殿前月台上铜人亭内。

2.制辞

皇帝斋戒时，执事官、陪祀官一体斋戒。对于百官的斋戒，祭天礼典中有特殊的规定。据《清会典》载："祀天地则颁制辞以誓于百官。"所谓制辞，与现代的誓词差不多。制辞"书于龙牌首书某年某月某祀，次书惟尔群臣，其蠲乃心，斋乃志，各扬其职，敢或不共，国有常刑，钦哉勿怠"。制辞以皇帝的名义发布，以国家刑律作保证，其对斋戒的重视，由此可见一斑。

制辞各知衙门设立于大堂正中。

制辞前身为百官誓戒。祭祀前，百官聚于午门外，由礼部官员把制辞内容向百官宣读，以示警戒，后来废午门誓戒，改设制辞于各衙门。

3.斋戒禁令：

斋戒之日，不理刑名；

不办事，有要紧事仍办；

不听音乐；

不入内寝；

不问疾；

不吊丧；

不饮酒；

不食葱韭薤蒜；

不祈祷；

不祭神；

不扫墓。

除以上禁令之外，又另规定：

斋戒前期一日沐浴；

其有炎艾体气残疾疮毒者，不与斋戒；

有期服者，一年不与斋戒；

大功、小功总麻，在京者一月不与斋戒；

闻仆者十日不与斋戒；

王公大臣，年逾六十者，或斋戒而不陪祀，或不斋戒，许其自行酌量。

（三）诣坛

皇帝在宫中斋戒两日后，第三日即起驾前往天坛。起驾前，皇帝先到太和殿，阅视祭祀所用的祝版及玉、帛、香。阅视完毕，銮仪卫率校尉用祝版亭抬祝版、香帛亭抬帛、香，把它们先送往天坛陈设，皇帝随后出宫。

1. 大驾卤簿

皇帝诣坛行礼，由午门至天坛这段路，是由一支庞大的仪仗队护送下通过的，在礼典中，这支仪仗队称为大驾卤簿。清高宗乾隆朝以前的大驾卤簿，使用的场合较广，象元旦、皇帝生日等重大庆典，也陈设大驾卤簿。乾隆十三年改革礼制后，规定大驾卤簿惟圜丘、祈谷、常雩三大祀陈设。根据《清会典》记载："凡卤簿之制有四，一曰大驾卤簿，惟三大礼陈焉；二曰法驾卤簿，祭礼则陈于路，朝会则陈于庭；三曰銮驾卤簿，行幸于皇城则陈之；四曰骑驾卤簿，省方著大阅则陈之。"

大驾卤簿是清代规模最大、规格最高、气势最宏伟、场面最壮观的仪仗队。各类参加人数达几千人。仪仗主要部分有：前列导象宝象、前部大乐、五辂、行幸乐、卤簿乐以及旗纛旌节、刀枪戟殳等，中间是皇帝玉辇，后护豹尾枪队及陪祀百官。从午门至天坛的路上，按规定仪仗中各种乐器设而不作，整个队伍于尊贵华丽中愈显庄重威严。就在这支队伍浩浩荡荡地拥护下，皇帝乘玉辇抵达天坛。

2. 阅视坛位

冬至祭天，皇帝乘玉辇入圜丘坛门，沿甬道至昭亨门外神路西侧降辇。在赞引官和对引官的恭导下，进昭亨左门，经棂星左门至皇穹宇。在上帝位、配位及从位前行上香礼。礼毕，再由赞引官、对引官引导从圜丘坛午阶升坛，阅视坛位。引礼毕，出东棂星门至神库阅视笾豆牲牢。最后，至降辇处升辇入斋宫斋戒。

3. 奏报时刻

祭天大典在农历冬至日这一天举行。

大典开始前，由太常寺堂官率钦天监官奏报时辰，请驾坛行礼。皇帝从斋宫起驾时刻，《清会典》中规定道："圜丘、祈谷、常雩于日出前七刻。"奏报时辰是通过这样一个程序完成的，由钦天监官把时辰奏折呈送于斋宫无梁殿前的时辰亭内，再由执事人员转呈皇帝。

皇帝接到时辰奏折之后，即做好准备，静待日出前七刻的到来。时辰一到，斋宫钟楼的大钟敲响，即起驾出宫，至神道东具服台幄次内稍息，等待奉安神牌。

4．奉安神牌

《清会典》规定："奉安神位之礼，皇帝御斋宫者，于斋宫鸣钟时。"即斋宫钟鸣，皇帝起驾与奉安神牌同时开始。

奉安神牌之礼，由礼部尚书一人，诣皇穹宇神龛前上香，行三跪九叩礼，太常寺卿率属行一跪三叩礼，恭请神位，依次奉安于亭内。之后，校尉升亭，太常寺官前面引导到达祭坛，太常寺官诣亭前行三叩礼，恭请神位，最后奉安于神座之上。

奉安神牌礼完成之后，祭天大典的准备工作至此全部就绪。祭天大典正式开始。

（四）祭坛行礼

大典开始，皇帝着天青色祭服，出具服台幄次，进南棂星左门，升祭坛午阶，至第二成幄次，就皇帝拜位立。祭天大典的礼仪程序分为九节，以符天数。

1．迎帝神

仪式开始，司赞高颂"燔柴迎帝神，乐奏始平之章"。

位于燔炉东南方的司炉点燃炉火。热情而神秘的火光映照着圣洁的祭坛，古朴清越的旋律回荡着深邃的意境，燔柴炉发出的阵阵浓烟，在夜空衬托下变幻着色彩，散发出沁人心脾的芳香，在冬日的夜空里慢慢升腾、升腾，带着人类的美好祈愿，去迎接天帝的到来。

乐曲声起，皇帝升第一成坛，诣皇天上帝位前，下跪、上香，之后依次至各配位前上香，礼毕，复二成拜位，面北行三跪九叩礼。

2．进玉帛

玉帛，是皇天上帝"君临下界"之后，"天子"向他奉献的第一个礼物。玉，祭天时用的是苍璧玉，"苍璧礼天""祀天以苍璧"，在我国祭天历史上，苍璧是最重要的礼器。天坛举行的三大祭祀，冬至祭天、孟春祈谷、孟夏常雩，都要在正位供奉苍璧玉。苍璧制圆，以像天形，色青，以符天色。

帛即制帛。制帛的种类，等级较多，各类祭祀算起来，共有：郊祀制帛、告祀制帛、奉先制帛、礼神制帛、展亲制帛、报功制帛以及素帛。制帛的颜色依祭祀对象的不同而不同，有青、黄、赤、白、黑等色。制帛丝质，除素帛外，均用丝线织字于帛上，左边是满文，右边是汉文。天坛的祭祀，正位用帛，冬至祭天用郊祀制帛，常雩、祈谷用告祀制帛，配位用奉先制帛，从位用祀神制帛，颜色均为青色。

行进玉帛礼时，司赞高颂："进玉帛，乐奏景平之章。"皇帝由二成升坛，诣上帝位前，向上帝奠献苍璧玉，郊祀制帛。玉、帛盛于筐中。之后又依次诣配位前奠献奉先制帛，礼毕，复二成拜位。

3. 进俎

俎，是一种盛放牺牲的容器，方形，上开口，木质，锡里，外面上漆，天坛用青色。陈于正位及配位。天坛祭祀，俎里盛的是俎牛，即整只的雄性牛犊。犊牛于宰牲亭"牺牲"后，送往神厨处理，然后陈设于笾豆库，再经走牲棚送至祭坛供奉，由"天子"奠献给上帝及其列祖列宗。

行进俎礼时，司赞高颂："进俎，乐奏咸平之章。"皇帝升三成坛，诣上帝位、配位前跪行进俎礼，执事人员持执壶浇羹于俎牛之上，一时香气四溢，以享上帝。礼毕，复二成拜位。

4. 初献

日常生活中，敬酒标志着一次宴会的正式开始，而初献正是另一种意义上的"敬酒"。在迎接上帝到来，向上帝进献玉帛以示诚敬，又献上俎牛以供上帝享用之后，皇帝即举起一"酒杯"，摆开歌舞，与上帝进行交流了。这个礼仪涉及两个仪节，一是奠爵，一是读祝。

爵是一种酒器，带三足，质地很多，有金属的，有瓷质的，也有木质的。祭天用的是匏爵，用半个椰壳做成，不雕刻，以银作里，下承以垫，垫用檀香木做成，垫下出三足。匏爵是爵中等级最高者，仅用于天坛正位及配位。奠爵，通俗说来，就是皇帝向上帝及列祖列宗敬酒。

读祝，即诵读祝文。祝文书于祝版之上。祝文在祭天中具有特殊的意义，祭天的目的在于天人对越，人神交流。作为"天子"的皇帝与作为"天父"的皇天上帝进行交流，其交流内容即写在祝文之中。因之重要，又特在皇天上帝位前设祝版案。《清会典》载："凡祝版，有纯，有缘，别其纸与其书之色，而表以版。"祝版行文也有一定之式，等级不同，格式不同。祝版与祝文在最后望燎仪中，随燎火化为无形，由上帝带回去了。

行初献礼时，乐奏寿平之章，武舞生进，舞干戚之舞。乐声舞影中，皇帝升坛，诣上帝位前跪献爵，先奠爵于正中，然后退就读祝拜位立，司祝奉祝版跪在祝案左侧，这时音乐暂止。皇帝跪下，司祝读祝，读毕，音乐再起，皇帝随乐声行三拜礼。礼毕，到配位前，依次献爵。礼毕，复二成拜位。

5. 亚献

亚献，即第二次献爵，与初献大同小异。

行亚献礼乐奏嘉平之章，文舞生进，舞羽纶之舞。皇帝升坛，依次献爵，这次奠于左侧。其余仪式与初献相同，礼毕复位。

6. 终献

终献，是最后一次献爵"敬酒"。礼尚往来，这一点也体现在人神"交往"中，这项仪节中出现的"饮福受胙"，正体现了这一点。所谓福胙，福即福酒，是上帝赐与皇帝的"圣酒"，胙即胙牛之肉，也是上帝赐与"天子"及群臣享用的"神物"。据《钦定太常寺则例》记载，天坛祭祀用牛，以八个配位为准，共用犊十一头，其中俎牛九头，胙牛一头，燔牛一头。其中又仅有胙牛是处理成若干小块的熟肉，胙肉在神厨做好之后，盛于盘中备用。

行终献礼时，乐奏永平之章，文舞生再次进场，舞羽纶之舞。皇帝升坛，以次献爵，这次是奠于右，其余仪节与亚献同，礼毕复位。

候皇帝归位，光禄寺卿即捧福胙进至上帝位前，拱举，皇帝诣饮福受胙拜位处立，跪受爵，受胙，三拜，礼毕，复二成拜位，再行三跪九叩礼感谢上帝的恩赐。

7. 撤馔

天下没有不散的筵席，人如此，神亦如此。人神交流以稀成贵，以短见长，散的自然更快了。三献之后，开始撤馔，人神之间的对越交接即告结束了。

馔为馔盘，是一种平底浅盘。

行撤馔礼，乐奏熙平之章，皇帝再行三跪九拜礼，有司即撤走馔盘。

8. 送帝神

对越成功，交接结束。皇帝向上帝表达了敬意与希望，汇报了一年得失，又接受了福酒胙肉；而上帝人间走一回，酒饱饭足，携香带玉，人神均有所获，皆大欢喜，剩下来，就到皇帝送"客"回天府了。

送帝神，乐奏清平之章。礼多神不怪，皇帝于拜位处再行三跪九拜礼。

9. 望燎

由撤馔开始，有司依次撤走祝版、制帛、香等物，并恭送至祭坛东南方燔炉、燎炉处。

望燎是祭天大典最后一项，也是场面气氛最热烈壮观的一项。

望燎仪在燔柴炉与燎炉进行。燔柴炉用于正位，燎炉则用于配位从位，据《钦定太常寺则例》："祀前一日，豫将枕木杨木，马口柴用白呈文纸包裹，外加黄榜纸，均照式积入燔炉，并实降香五十斤，封固炉门，祀日微启，加燔牛于上。祀前一日，微启燎炉木罩，豫以芦苇积入炉内。"

望燎时，乐奏太平之章。百官立于品级拜石处，一律面向东方，皇帝由内左门出，至望燎位站立。这时，天将拂晓，晨曦微现，火光映照下的祭坛忽明忽暗，多彩多姿，显得更加神秘，圣洁，壮丽，庄严。伴随着沁人心脾的清香，伴随着清越的乐曲，人们所有的虔诚与虚伪，诅咒与祈望，在熊熊的烈火中化为缕缕清烟，缓缓地升入天空中去了。

望燎礼毕，祭天大典至此结束。

皇帝出外左门，至昭亨门外升礼舆，由大驾卤簿前导回宫。这次的大驾卤簿，不再像来时那样乐设而不作，而由前部大乐齐奏导迎乐，乐章为佑平之章。祭天大典，实为国家庆典，现在大功告成，皇帝一改来时的庄重肃穆，怀着按捺不住的喜悦，愉快地回宫去了，那里有一个更热闹、更轻松的庆典等着他。

五、祭天祭品

祭品，是在祭祀过程中奉献给祭祀对象的物品。祭天祭品，从广义上讲，包括牺牲、玉帛以及陈设在各种祭器中的粢盛、酒醴、黍稷等。祭天仪式中，祭品是表示虔敬的象征，因此祭品的安排必然是一件极为重要的事情。

1. **苍璧玉及制帛** 陈设供奉情况，上一节已有涉及，这里不再重复。

2. **牺牲** 也就是充当祭品的牲畜，根据《周礼·地官·封人》记载，主要有牛、羊、猪、狗，其中以牛最为重要。祭天牺牲，在各朝祭天礼仪的变化过程中，也是有一些变化的。到了清朝，其祭天牺牲品，根据《钦定太常寺则例》（道光朝）记载："牲只用燔牛一，供牛十二，羹牛一，胙牛一，供羊二，供豕二，糁食羊一，豚拍豕二，鹿二，兔十二。"当然，这里记载的是清代道光朝七个配位时的情况。至咸丰朝，规定不再增加祭天配位，清朝最后的祭天配位一共是八位，这样在上面的牲只数中，相应的再增加一只供牛。

祭祀所用的牺牲品，是非常神圣的。在祭天之前，牺牲尤其是牲牛要经过严格的挑选。所选牲牛，必须是雄性的小牛，即犊牛，而且皮毛要通体纯色，不能带杂色。为什么要用犊牛呢？《礼记·郊特牲》说："用犊，贵诚也。"人之初，性本善，牛之初，性大概也是善的，用纯洁的牛犊正表达了对上帝的诚敬之心。小牛选定以后，为保持它纯洁的本性，更要精心饲养，如果生病或是受伤了，其本性的完整受到伤害，就不能再作为牺牲了。据《左传·寅公三年》记载：春三月，备用的祭天牲牛不慎受了伤，于是随即换了另一头。在清代的祭天礼仪当中，更特别规定，礼前派亲王、大臣到牺牲所三番五次地省牲视牲，由此可见统治者对牺牲的重视。

牲只的挑选饲养如此谨慎，牺牲的宰杀、准备就更加慎重了。根据《大清会典事例》的规定及《钦定太常寺则例》的记载，我们可以详细地了解到整个过程。

参与宰牲的官员涉及太常寺、光禄寺及礼部，祀前二日黎明，这些官员各依规定，身穿朝服，会聚天坛，作各种准备活动。到宰牲日（祀前一日）由太常寺先在宰牲亭外南向准备好香案，宰牲人在宰牲亭东墙外先挖好一坑，广深二尺。各个官员身着朝服，在青案的前面向北站好，恭候宰牲礼的举行。

牲只预先派人去牺牲所领取，送至宰牲亭。较特殊的是，每只牛的背上都覆以一件描金青锻袱，既以御寒，又表示牲牛的尊贵。宰牲过程中，每宰牲一只，厨役一人都要到香案前跪告。东墙外的那个坑，则是由宰牲人用来瘗埋鹿首鹿皮的，其他牲只的毛血则不埋在这里。宰牲前，宰牲人依数设置青瓷牛毛血盘、羊豕血盘等，每只一盘，盘里置黄纸条，上写牛、羊、豕样，宰牲后各取牛、羊、豕毛血少许，放在盘中黄纸之上，再设于笾豆库中，祀前则陈设于祭坛东南瘗坎的南侧，最后把毛血埋于瘗坎之中，盘则贮于库内。

宰牲后，胙牛由太常寺洗涤整理后交光禄寺，由他们在笾豆库内割块陈设于胙盘之中恭候祭祀。

除胙牛之外，尚有羹牛、供牛及燔牛。

羹牛一只，羹，通俗地说，就是汤，这只牲牛是用来作成汤的，祭祀进俎礼时，再浇到供牛之上，以其香气飨上帝。

燔牛一只，则驾于燔柴炉之上，最后望燎仪时，焚祭上帝。

供牛的数目多一些，供于案前俎内，每案一只，也称俎牛。关于俎牛，清代还有一段故事。清初的祭天礼典，各种陈设，炉灯笾豆等都在皇帝诣坛前事先放好，只有俎牛，是在行礼过程中到进俎一项时，才由坛下升坛陈设的。俎牛数量多，需要的人也多，还费时间，场面也很难做到庄重、肃穆。清高宗皇帝对此深感不妥，乾隆七年下诏，改为事先陈设，到时行浇汤礼即可。

祭品之中，除俎牛、胙肉等大块的外，更多的是盛放于供桌之上的祭器中的各种各样的少量的祭品。以祭天正位皇天上帝供桌上祭器所盛祭品为例，祭器主要有笾豆簋簠。

3. **笾** 是一种以竹编成的祭器，以绢饰里，外部边缘及顶上涂漆，天坛为青色，形圆，天坛正位陈设12个，所盛祭品为：

(1) 形盐，一种特制的虎形的盐；

(2) 藁鱼，藁是枯干之意，即一种干鱼，有大小两种，各一尾；

(3) 红枣，《太常寺则例》记载，每案用枣为一斤十四两；

(4) 栗子，每案用二斤四两；

(5) 榛仁，每案用一斤十两；

(6) 菱米，每案用二斤十二两；

(7) 芡实，芡是一种水生植物，俗名鸡头，每案用三斤四两；

(8) 鹿脯，即鹿肉干；

(9) 白饼，即白面饼，每案用二斤；

(10) 黑饼，用荞面做成，每案用二斤；

(11) 糗饵，一种糕饼，成分包括高粱、稷米、稻米、黍米等；

(12) 粉糍，用糯米蒸制而成，有点像现在的年糕。

4. **豆** 陶质祭器，制圆色青，也是十二个，所盛祭品为：

（1）韭菹，菹是一种腌菜，韭菹就是腌韭菜；

（2）醓，是一种带汁的肉酱；

（3）菁菹，即腌制的芜菁；

（4）鹿醢，用鹿肉做成的酱；

（5）芹菹，即腌制的芹菜；

（6）兔醢，用兔肉做成的酱；

（7）笋菹，腌制的笋；

（8）鱼醢，用鱼肉做的酱；

（9）脾析，即牛胃，牛百叶；

（10）豚拍，即猪的肩胛肉；

（11）酏食，一种较稀的粥，用稻米做成；

（12）糁食，也就是米饭。

看起来是非常丰盛的，更有意思的是，味道也错不了，仅举一例，据《太常寺则例》记载，做鱼酱时，用到的配料就有：笋片、白糖、栀子、白蜜、花椒、茴香、莳萝等，祭品准备之精心，由此可见一斑。

5. **其他** 此外，还有一些祭品，簠中所盛的稻、粱，簋中所盛的黍、稷；登中所盛的太羹，铏中所盛的和羹，都是牛肉汤；尊中所盛的，则是美酒，每案所用的酒，一共是8瓶。

六、祭天乐舞

祭祀乐舞是我国民族传统乐舞文化的一个重要组成，祭祀乐舞中，以等级而论，又以祭天乐舞等级最高。

1. 我国的乐舞文化，渊源流长，祭祀乐舞更是如此。我国出土的最早的乐器是古乐器陶埙，其年代大约在公元前4000年以前，而陶埙直至清代，都是祭天乐舞中不可缺少的乐器。我国最早的一部诗歌总集《诗经》中，保存下来自西周至春秋中期的乐歌305篇，分为"风""雅""颂"三大类。其中颂分为"周颂""鲁颂"和"商颂"，都是贵族在宗庙郊坛祭神祭祖的乐歌。秦汉以后，封建的社会渐趋向大一统，其统治也更加地专制集中。这一过程也是民族文化互相融合的过程。《汉书·礼乐志》说："高祖乐楚声，故房中乐，楚声也。"这里的房中乐即指宫廷中的祭祀音乐。秦汉时期，都设立过音乐机构"乐府"，这在促进民族音乐舞蹈发展的同时，也增添了宫廷祭祀乐舞的内涵。这种现象，在魏晋南北朝民族大融合的时期表现更为显著。隋唐时期，是我国乐舞的兴盛时期。隋朝统一之后，朝廷设立了专门的礼乐机构"太常寺"，其中的"太乐署"就是主管祭祀音乐的。唐朝的音乐机构有太乐署、鼓吹署及教坊，也都归太常寺管辖。明清时期，是我国封建社会末期，各种制度达到顶盛。明朝是我国音乐史上的重要时期，特别在乐律学上。明神宗万历年间，乐律学家朱载堉著《乐律全书》（1584～1606年成书），首先提出"新法密律"（即十二平均律）的理论。音乐机构方面，明朝设置神乐观和教坊司。前者主管祭祀乐舞，后者主管宫廷宴会乐舞。清初沿用明制，设神乐观、教坊司，后改神乐观为"神乐署"，教坊司为"和声署"。这时期的祭祀乐舞，在规模及质量上都达到了相当的水平。

2．我国古代，"凡乐器，皆考之以声律之度，而制之八音"（《清会典·乐部》），所谓八音，是指按音质的不同而制作乐器的八种材料，当然这八种材料不是随便定的，而是"考之以声律之度"，即根据材料本身发音的声律之度，综合之后才选定的。这八种材料是金（属）、石、丝、竹、匏、土、革、木。与之相应的乐器主要的有：

金，金属制的乐器叫钟，有镈钟、编钟等。比较大的是镈钟，乾隆二十四年，从江西出土了古代的铸钟。清高宗认为是瑞祥之兆，下诏乐部考古制，铸造了十二个镈钟。以应十二律，乾隆二十六年铸成，进一步丰富了祭祀音乐。

◎古止乐乐器——敔

石，石质的祭祀乐器叫磬，有编磬、特磬等。较大的为特磬。乾隆二十六年，也用和阗玉琢成了特磬十二块。

丝，丝制的乐器有琴、瑟等。竹，竹制的乐器有箫、篪等，箫中又以排箫为正宗，甲骨文中的"仑"字，郭沫若考正认为，就是排箫。匏，匏制的乐器有笙，齐宣王时，"滥竽充数"的那个先生，吹的就是这种乐器。土，即陶

◎古乐器——编磬、麾

制的埙，是现在发现的最古老的乐器。革，即用皮革制的乐器，有鼓、拊等。木，木质的乐器有柷、敔。

3．这八种音质的乐器，《清会典》规定："惟中和韶乐，则备八音而悬。"中和韶乐是等级最高的"交响乐"，但它所悬乐器的多少，又依使用的场合而有等级之分。祭天所用中和韶乐，使用的乐器是最多的，这里把《清会典》的记录摘抄如下，以飨读者。

"坛庙所设之中和韶乐乐器，用镈钟一，编钟十六，特磬一，编磬十六，琴十，瑟四，排箫二，箫十，笛十，篪六，笙十，埙二，建鼓一，搏拊二，柷一，敔一。"

比起乐器的丰富来，舞器就简单多了。与乐器的八音不同，舞器有文、武之分。"凡舞器，武干戚，文羽纶。"《清会典》演舞时，武舞生右执干、左执戚，文武生右执羽、左执纶。

整个祭天乐舞的进行，演乐和演舞，都有统一的指挥。中和韶乐的演奏，指挥用的"指挥棒"是麾。麾用黄帛制成，上镶蓝帛，绣以绿绣，悬挂在红色的麾杆之上，华丽醒目。指挥动作比较简单，麾举作乐，麾落止乐。指挥舞生演舞用的是旌节。旌、节其实是同一东西，引道文舞时叫节，引导武舞时叫旌。旌节一共九层，也是悬于红色的旌杆之上。

我国的乐曲，其曲调有宫、商、角、徵、羽，是有不同的等级和象征意义的。《礼记·乐记》说："宫为君，商为臣，角为民，徵为事，羽为物。"不同的乐曲，则选定不同的宫，即定不同的主调。祭天当然选的是最高等级的。《清会典》规定："奏乐于坛庙，黄钟为宫，以祀天以享上帝。""黄钟为宫，则以太蔟为商，姑洗为角、夷则为徵。倍夷则为羽，蕤宾为变徵，倍无射当变宫不用。"这样，就把整个中和韶乐的曲调定好了。舞生演舞时，不同的祭祀乐舞生人数及排列形式上也是不同的。南郊祭天大典的舞蹈是佾舞。所谓佾舞，即纵横八人，武舞之佾八，文舞之佾八，武功舞时六十四人，文德舞时也是六十四人。演舞时，武舞生先进，奏干戚之舞；武舞生退，文舞生进，再奏羽纶之舞。

南郊祭祀，乐舞祭天，祈谷一样，大雩则不同。"大雩则皂衣二八，歌而舞皇舞。"与皂衣为八列，皆持羽翳，按节而歌圣制（皇帝亲作）云汉之诗。

清代的祭祀乐章，一共有四章，即"平""曦""光""丰"。祭天用的"平"字乐章。圜丘祭天，一共有九个乐章，即始平之章、景平之章、咸平之章、寿平之章、嘉平之章、永平之章、熙平之章、清平之章、太平之章。每一乐章都相应有一个仪节，并填有相应的歌词。

以始平之章为例，其对应的仪节是迎帝神，其歌词为：

钦承纯祜兮于昭有融　　时维永清兮四海攸同　　输忱元祀兮从律调风
穆将景福兮逦眷微躬　　渊思高厚兮期亮天工　　聿章彝序兮夙夜宣通
云軿延宁兮鸾辂空濛　　翠旗纷袅兮列缺丰隆　　肃始和畅兮恭仰苍穹
百灵祗卫兮斋明辟公　　神来燕娱兮惟帝时聪　　协昭慈惠兮遄鉴臣衷

（据《清会典事例·乐部八·乐章》）

歌词大意正好表达了皇帝在迎接上帝过程中的思想，其中有对上帝的仰慕、渴望，对上帝降临的感激，祭祀场面的庄重华贵以及上帝来临时的吉祥瑞兆等等。其余每一章的歌词也都表达了与此相应的祭天仪节的中心大意。

颐和园八景

八景这种形式常见于我国各地。何谓"八景",来历话长。据考证,南北朝时期著名诗人沈约以浙江金华的"秋月、春风、衰草、落桐、夜鹤、晓鸿、朝市、山东"八景为题材,作"八吟诗"同时建"八吟楼",此为"八景"的雏形。北宋时期,湖南长沙建八景台,上摹北宋画家宋迪的"潇湘八景图",潇湘八景迅速流传,各地效仿。八景是对地方风景中突出景观的提炼和描述,用语多为四字,凡山川河流、日月万象、历史文化等皆为八景的反映对象。至于北京地区的八景当属"燕京八景"闻名遐迩了,虽其个别名称有所演变,但自金代至清代"燕京八景"已沿袭下来并深入人心。燕京八景的出现,对于后来的风景点建设产生了很大影响。从此之后,无论"十室之邑,三里之城,五亩之园,以及琳宫梵宇,靡不有八景诗矣"。现代园林、庭院绿化也借鉴八景的形式,建造景点,推动了园林建设的发展。

对于皇家园林颐和园而言,历史遗迹、园林景物、自然景观更可顺理成章地题咏、择选八景命名,以此弘扬传承景观文化,既可作为皇家园林景观的典型代表,或旅游景点的主要推介,又可使之成为颐和园的"名片",借此更提升这座"无双风月"所拥有的世界文化遗产的文化内涵。就让我们飞扬想象的羽翼,在山光水色、宝殿回廊的颐和园中来一次八景之旅吧!

寿山叠树

高下移栽五鬣松,郁葱佳气助山容。岩枫涧柳迟颜色,只觉森森翠意浓。(乾隆·新春万寿山即景)

颐和园是以万寿山、昆明湖为主体的山水园。万寿山凝重而多姿,四季皆有景。全山东西狭长,上锐下缓,遍山松柏,古建点缀其间,历史上曾称

◎寿山叠萃

瓮山、金山。乾隆帝为庆母六十寿诞，利用明代圆静寺旧址建大报恩延寿寺，遂称万寿山。沿山坡小路向上攀登，除满目松柏主要树种之外，花木芳草和楸树、栾树、榆树等树间杂其中，华盖如云，使人置身于团团的绿色之中，呈现"叠树张青幕，连峰濯翠螺"的景象。春夏时节的山景，山花娇艳，草木葳蕤，鸟鸣深树，松风阵阵。后山林木蓊郁，山路曲折，除中部的佛寺"须弥灵境"外，建筑物大多集中在若干处，自成一体，与周围环境组成小园林，并显出随地形地貌灵活布局的特点。

昆明湖光

背山面水地，明湖仿浙西。琳琅三竺宇，花柳六桥堤。高峰称
万寿，慈寿祝同齐。（乾隆·万寿山即事）

昆明湖是颐和园的主体和精髓所在，是湖光山色的前提，纵观浩浩湖光，佛香阁与南湖岛遥遥相望，东堤知春亭、文昌阁、铜牛、廓如亭诸景，西堤界湖桥、豳风桥、玉带桥、镜桥、练桥、柳桥一线，宛如宝珠熠熠嵌锦带，散布于昆明湖周边，通过十七孔桥、六桥及渡船相连，形成一个整体，营造出

◎昆明湖光

仙山琼阁的优美画境。

登上万寿山山巅，极目天舒，美景无限。八面三层四重檐的佛香阁，稳坐石砌须弥座台上，存睥睨八荒之态，有轩昂万象之势，彰显出皇家园林的囊括四海、包举宇内的帝王心理。奔来眼底的昆明湖水一碧万顷，波光潋滟，舟叶点点。站在寿山之顶翘望山映斜阳天接水，让人心清目开。

佛香撷秀

青鸳大兰若，堂殿八九重。铁镮界百道，铃铎半空响。(乾隆·《大报恩延寿寺碑记》)

佛香阁是颐和园标志性建筑，其琉璃瓦盖，金碧辉煌，临湖当风，气度非凡。佛香阁高度、体量与万寿山比例和谐，与排云门而上层层升高的中轴线的建筑表现出的端威，巧妙地掌控着山前一泓碧水乃至全园，成为整个前山和昆明湖总揽全局的构图中心，并与东西向728米的长廊互为呼应。从宏观意义上，由最初建宝塔而改建高阁，确能提携"三山五园"，使联成一体之妙。佛

◎佛香撷秀

香阁坐拥寿山，采撷"山色湖光共一楼""画中游""五方阁""转轮藏"等诸秀，又得西山群峰借景，阁仗山势，山因阁秀，登临远眺，前山景物和园外风光尽收眼底。

长廊流韵

　　昆明湖畔舞游龙，万寿山中动八风。四爪化为亭四座，佳留春夏与秋冬。昂首东方邀月影，尾衔西岭排云升。二百七十六殿宇，天光水色景无穷。（参五·长廊即景）

　　长廊不仅是我国廊建筑中最大、最长、最负盛名、两面透空的游廊，而且也是驰名中外的画廊，成为颐和园重要的景观之一。长廊横贯东西，蜿蜒曲折，似一条游龙将万寿山前山各景点自然地连接起来。从山上下来，信步走在这条观景线中，南可观湖光山色，北可望山麓诸景，或抬头仰看苏式彩画，或漫游长廊，步移景新，静心品味游廊中留佳、寄澜、秋水、清遥四亭代表的春

129

◎长廊流韵

夏秋冬之韵。正是：颐和画廊，好风光，妙得佳景本色！青山绿水翠可餐，解得游人饥渴。暑热消融，尘嚣忘却，功名亦淡泊。皇园神游，流韵难与君说。

六桥烟雨

界湖含练卧长虹，堤上肩舆路可通。何必留之资印老，偶然同耳借苏公。玉泉津逮溯洄始，西子春光想象中。耕织图犹近咫尺，勤民意富豫游丛。（乾隆·玉带桥）

流光闪耀的水边，西堤六桥的倩影倒映在湖中，撩动着江南的记忆，江南的影子浸润在皇家园林氤氲的水气间。走在西堤，万条垂下绿丝绦，春桃争艳妖媚娇，更有夏日清菡香溢飘，它们用粉纱和绿衣装饰了西堤，又在一缕秋风中逐渐远去。然而烟雨和薄雾最赋予六桥诗情画意，杨柳堆烟、烟笼六桥时，朦胧中隐约幻化出《白蛇传》里的白娘子在雨中游西湖，向许仙借伞的动人情景，那是多么富有浪漫色彩的画面啊！美哉！烟雨六桥，以画入园，因画成景。

六桥中玉带桥最美，单拱呈抛物线形，汉白玉桥身，形如垂虹，清风吹拂，涟漪微动，桥影若隐若现。桥，园林造景的元素之一，颇具文学气息。夹水拱桥都喜取意李白名句"两水夹明镜，双桥落彩虹"来为园林小品增色，西

◎六桥烟雨

堤第四桥取名"镜桥"就是例子。

谐趣诗怀

园写秦家墅，规模肖宛然。只输少古树，一例蔚春烟。暗窦明亭
错，消水流水鲜。南方停跸处，却说是前年。（乾隆·惠山园）

园中之园谐趣园，原名惠山园，仿无锡惠山的寄畅园建造，后改名谐趣
园。此园妙"趣"横生，归为八趣：时趣，四时有景；水趣，方塘碧波；桥
趣，诸桥各异；书趣，碑书众多；楼趣，瞩新楼奇；画趣，彩画满园；廊趣，
曲廊回折；仿趣，仿建创新。其实还应有一趣，谓之香趣。夏入此园，荷香四
溢，"浮香绕曲岸，圆影覆华池"。若坐于饮绿亭中，饮绿闻香，真是摄魂荡
魄，顿悟人世间原来如此美好。谐趣园闹中取静，极具江南风韵。这里少有繁
花艳卉的袭人，只有淡香幽影的缱绻。康乾皆钟情于园林，特别是乾隆帝的
"山水之乐、不能忘于怀"。他六下江南，去"眺览山川之佳秀"，不仅留下
大量诗篇，还命随行画师摹绘之后"携园而归"，为日后建园参考。只是当时
没有数码相机，苦了画工，但却转而诞生了仿中有创的巧若天成的名园。

乾隆帝甚爱惠山园，咏其诗达151首，并亲定惠山园八景：即载时堂、墨
妙轩、就云楼、澹碧斋、水乐亭、知鱼桥、寻诗径、涵光洞。八景各谐奇趣。

◎谐趣诗怀

◎耕织图画

耕织图画

> 玉带桥西耕织图,织云耕雨学东吴。水天气象略加彼,衣食根源
> 每勤吾。(乾隆·耕织图)

"耕织图"是颐和园内一处重要景区和组成部分,始建于清乾隆十五年(1750年),是一处具有江南水乡耕织情调的景区,它是我国古代重视农桑思想的园林式体现,已成为西堤玉带桥旁人们必看的景观。它由耕织图石碑、蚕神庙、延赏斋、水操学堂、澄鲜堂、水村居等组成。耕织图由来已久,最早上溯至新石器时代。以后随着农业生产技术水平的提高,逐步形成了适合我国农耕的生产模式。南宋楼王琦曾绘《耕织图》,上面详细描绘耕与织的诸多环节,真实记载了宋代生产技术的发展状况,被誉为是"我国最早完整地记录男耕女织的画卷"。南宋后,临摹、仿绘、印制楼王琦《耕织图》众多,以元代程棨所绘《耕织图》有名。现延赏斋的耕织图刻石(毁于英法联军),便是以程棨《耕织图》为蓝本摹刻的。当年,乾隆帝有诗赞美耕织图:"两岸溪汀夹长川,绿香云里放红船。"如今,随着景区的复建恢复,充满野趣的园林景观和环境气氛得以再现。

西山远影

> 何处燕山最畅情,无双风月属昆明。侵肌水色夏无暑,快意天

◎西山远影

　　容雨正晴。倒影山当波底见，分流稻接垅边生。披襟清永(记)饶真乐，不藉仙踪问石鲸。（乾隆·昆明湖泛舟）

　　伫立东堤西望，浩淼的昆明湖水和如画的西山远景奔跃万状般呈现于眼前，尽显波澜壮阔之美。山水是形成园林景观环境的基础。昆明湖是颐和园水面的总称，又是西堤以东水面的名称。昆明湖号称200万平方米，由西堤及万寿山山体将湖分成几部分水面：万寿山南和西堤东的广阔水面称为昆明湖，西堤以西总称西湖，万寿山后为后湖。昆明湖的秀丽不只在湖本身，它与北面的万寿山、西面的西堤六桥、景明楼一线以及湖面上画舫、游船点点形成湖上的近景；与玉泉山山峰及玉峰塔影形成中景；与西北绵延的小西山山峦叠翠形成远景，近中远巧妙结合构成更为壮丽秀美的画卷，从湖上或东岸西望，园外之景和园内湖水浑然一体。借景，这种古代造园艺术的手法在颐和园中被巧妙地运用，正所谓"巧于因借，精在体宜"。游人在东堤之上可以远观欣赏与品味，静读西山远影永借无还的美景韵味。

颐和园的"8"字缘

　　时下里，"8"是一个受人钟爱的吉祥数字，因为它与"发"谐音，凡是与编号有关的数字序列，人们不约而同地青睐这个好看又好听的"8"字。其实追求幸运数字，一直以来在中国的文化中都扮演着重要的角色，据说紫禁城就有9999间房，皇宫里最高级别的大殿也是9开间的房屋；再如中国传统文化中的"八吉祥"、满汉全席中的"八大碗"等等，无不体现着古代中国对吉祥数字的钟爱。近几年，当代人也对"8"这样的吉祥数字很喜爱，比如挑选住所、电话号码，甚至是在挑选生日的时候，吉祥数字都是要考虑的因素。北京奥运会开幕时间选择在2008年8月8日晚8点也绝对不是巧合。

◎廓如亭

颐和园作为中国古代皇家园林的杰出代表，它所蕴含的吉祥文化自不必说，竟然发现了一个让人不禁叫绝的现象——在时间概念上，颐和园前前后后发生的大事都与这个"8"有着割不断的联系。虽然我们自诩是对于非真理性规律不屑一顾的唯物主义者，但这种巧合未免令人瞠目和好奇，粗略浏览颐和园的历史，使我的信念有些动摇了。莫非冥冥之中真有一双上帝之手，在安排着人世间的万事万物？不然的话，为什么颐和园的兴旺发展、历史转折的许多重大事件都和"8"相联系呢？不信，让我们略举几例，以为佐证。

1758年9月10日，清漪园开工8年，在建的万寿山延寿塔工程遵乾隆皇帝意旨停修，并全部拆除。尔后，在原址之上建造了佛香阁。虽然今天我们看到佛香阁已非乾隆时期的。据资料记载，佛香阁系以杭州六和塔为原型的再创造，依山而建，俯瞰昆明，雄伟壮观，八面玲珑，成为园林之精品。同时也成为时称清漪园的标志性建筑。乾隆赞曰："青鸳大兰若，堂殿八九重。铁锁界百道，铃铎半空响。"

1888年清漪园更名为颐和园。3月18日慈禧以光绪皇帝的名义发布上谕："万寿山大报恩寺，为高宗皇帝侍奉孝圣皇太后三次祝嘏之所，敬锺前规尤征祥洽，其清漪园旧名，谨拟改为颐和园，殿宇一切亦量为葺治，以备慈舆临幸。"

1898年，光绪皇帝下诏变法，实施"新政"，并在仁寿殿召见康有为、张元济商讨变法事宜；同年在玉澜堂召见袁世凯，任命袁为侍郎候补，专办练兵事务；8月6日，慈禧太后发动政变，戊戌变法失败，光绪皇帝被囚禁。

1908年光绪皇帝和慈禧太后仅一天之隔先后驾崩于中南海。

1928年7月1日，颐和园结束了近200年的皇苑旧制，作为向公众正式开放的公园，掀开了历史新的一页。

1948年，解放军第41、48军驻守颐和园，文物古迹未遭受战火袭击，得以和平解放。次年成立了颐和园管理处，颐和园各项管理工作逐步纳入正轨。

1998年，颐和园发生了两件非常重大的事件。一是当年被慈禧划出清漪园的重要景区耕织图重新回到了颐和园的怀抱，使颐和园的景观和版图更加完整、周边环境更加优美；二是这一年的12月2日，颐和园被联合国教科文组织第22届世界遗产全委会列入《世界遗产保护名录》，为颐和园的历史增添了新的光辉。世界遗产全委会给了颐和园高度的评价和定位。指出："北京的颐和园，是对中国风景造园艺术的一种杰出展现，将人造景观和大自然和谐地融为一体；颐和园是中国的造园思想和实践的集中体现，而这种思想和实践对整个东方园林艺术文化形成的发展起了关键性的作用；以颐和园为代表的皇家园林是世界几大文明的有力象征。"

2008年，第29届奥运会在北京举行，届时，颐和园将作为北京最著名的旅游胜地接待世界各地的游客，将以悠久的历史、灿烂的文化展示一个文明、现代的中国。

屈指数来，2008年是佛香阁建立250周年，颐和园定名120周年，颐和园作为公园开放80周年，颐和园解放60周年，申报世界遗产并成功被列入世界文化遗产名录10周年。

2008年是颐和园的好日子！是值得纪念的日子！这也许是巧合。但是，它是否也预示着颐和园的事业永远兴旺发达，预示着这颗闪烁着人类文化艺术光华的明珠将永远放射着耀眼的光芒！

和合之美
——品读天下第一园

颐和园——天下第一名园!

北京有公园200多个，全国有公园5000多个。论大小，颐和园的面积302万平方米，不算是最大的。比如北京的朝阳公园320万平方米，圆明园350万平方米，沈阳的北陵公园550万平方米，南京的玄武湖公园493万平方米。

论年龄，颐和园建于1750年，距今258年，不是最长的。比如北海建于1179年，已近830岁了。

论公园开放时间，颐和园作为公园开放是1928年，今年正好80周年。中国第一个公园是无锡的锡金公花园，现名城中公园，建于1905年；齐齐哈尔的龙沙公园建于1907年。这些都比颐和园早。在北京它也不是第一个，北京第一个公园是北京动物园，建于1906年，1907年开放。

然而，颐和园却赢得了比其他公园更多的荣誉和桂冠。人们送给它"天下第一园"的美誉。

人们不禁要问，这是为什么?

我想，大概源于颐和园的一个"和"字，以它和合之美的特点，促成了它独占鳌头，独领风骚。"和"者，谐也，即相辅相成。以羹作喻，五味相调谓之和羹。《乐记》有"五色成文而不乱，八风从律而不奸。"《国语·郑语》："声一无听，物一无文"，杂多的事物共同组成和谐而有机的整体。颐和园千座宫阙，万木峥嵘，众多景点，一个和字将其融为一体，体现了大美。

第一，山水之和。讲到颐和园的园林，最大特点当是它的山水之美。颐和园万寿山是西山一支余脉，在京西北一带占有得天独厚的优势。《天府广记·瓮山注》记述道："瓮山在都城西三十里，清凉玉泉之东，西湖当其前，金山拱其后……然玩无嘉卉异石，而惟松竹之幽，饰无丹漆绮丽，而惟土垩之朴……西望诸山，则崖峭岩窟，隐如芙蓉，泉流波沉，来如白虹，渺乎若是其旷也。"当年这里泉水丰沛，湖泊罗布，昆明湖当时称瓮山泊，西湖，是西山一带泉流汇聚而成，历史上逐步形成人文胜迹，名曰"西湖景"。《元一统志》中有这样的记载："泉自西山出，鸣若杂佩，色如素练，泓澄百顷，鉴形万象，及其放乎长川，浑浩流转，莫知其涯。"明万历时人沈榜在《宛署杂记》中记载：西湖一望无际，每夏秋之间，湖水泛溢，鸥雁往来，落霞返照，寺景如画。至乾隆十四年，改造水系和湖域，并更名为昆明湖。经过整治的湖面比原来扩大了许多，已是"湖光千顷碧"。与万寿山形成山环水抱的景观，碧波涛涛，绿树茵茵，亭、台、廊、桥神韵无尽。乾隆皇帝十分赏识自然的天斧神工和自己的独具慧眼，对万寿山和昆明湖钟爱有加，其游山玩景之诗篇达1512首，堪称名园之最。《三月三日昆明湖中泛舟揽景之作》："新蒲嫩芷昆明水，淡日轻烟上巳天。次第已教披奏牍，逍遥便可放游船。刚欣宿雨滋塍畔，又看重云起岭边。南淀飞来凫雁满，笑予未免近生怜。"《昆明湖泛舟至鉴远堂》："一勺玉泉惠泽敷，昆明胜境迈西湖。寿山巍焕凌云汉，梵寺庄严入画图。松障印波青偏低，柳堤枕渚翠相扶。虹桥系揽崇祠叩，鉴我远怀时雨濡。"

第二，北南之和。颐和园地处北京西北郊，其西面和北面依西山翠障、瓮山与玉泉山交相辉映，山前水网纵横，湖光荡漾，一望无际，可谓"峰明湖秀诚双绝"，成为营建园林极佳的地域。"园地惟山林最胜。""地势自有高低。涉门成趣，得景色随形，或傍山林，欲通河沼。""第园筑之主，犹须什九，而用匠什一，何也？园林巧于因、借，精在体、宜，愈非匠作可为，亦非主人所能自主者，须求得人，当要节用"。（《园冶》）

颐和园的建造是巧于因借的典范，乾隆皇帝六下江南，将许多的江南名胜克隆到颐和园，融北方山水和南方园林景观为一体，成就了一座北方江南的名园。"莫道江南风景佳，移天缩地在君怀"，正是对颐和园绝妙的描绘。清漪园的主体构思是以杭州西湖风景为摹本，追求"天人合一"的自然之趣。乾隆十五年，皇帝命画家董邦达绘制《西湖图》长卷并亲笔题诗，诗中已透露欲在近畿摹仿杭州西湖的意图。乾隆的御制诗《万寿山即事》中有"背山面水地，明湖仿浙西，琳琅三竺宇，花柳六桥堤"的诗句。西堤及西堤六桥均效仿苏堤及苏堤六桥；万寿山西部的长岛命名小西泠源出孤山西麓西泠桥；湖畔的睇佳榭仿西湖蕉石鸣琴，园内主体建筑佛香阁仿杭州六和塔。这些摹拟绝非抄袭，而是略师其意进行的艺术再创造。昆明湖与西湖，妙在似与不似之间，佛香阁仿六和塔不只限于仿其八角形平面，更重要的是仿其高大雄伟稳固的气势，佛香阁立于陡峭的石基之上，也与杭州西湖的六和塔不同。转轮藏仿杭州法云寺的藏经阁修建，但两边配亭中的木塔结构又似西藏一带喇嘛教诵经的转经桶。西堤六桥，虽仿苏堤六桥，只是仿照以

◎颐和园昆明湖

苏堤六桥分隔西湖为内外水面，以增加水面的空间层次。西堤在原湖与新扩水面之间随其弯曲，更具天然情趣。西堤六桥中，除玉带桥外，其余五桥均设形式多样的重檐桥亭，西堤上有楼阁亭房，点缀于六桥之间，最突出的便是颇具岳阳楼意趣的景明楼。西堤西面还有仿江南水乡建造的耕织图等处，整体景观与苏堤大不相同，昆明湖以西堤及支堤分离成3个大小不同的水域，分别置三大岛屿，这三岛或与桥相通、或与堤相连、或孤立水中，岛上各建造形不同的楼阁，有着各不相同的变化，其景观与西湖各具特色。

清漪园的造景不仅摹拟了杭州西湖的景观，而且移植了全国各地的名胜。昆明湖上的凤凰墩摹拟无锡的黄埠墩，乾隆帝在它的御制诗中明确写到："渚墩学黄埠，上有凤凰楼""楼阁肖黄甫，画图传虎儿"。若把这两个地处江南和北方的景观加以比照，黄埠墩的西面隔湖屏列着惠山、锡山及山顶的龙光塔，凤凰墩的西北面隔湖屏列着西山、玉泉山及山顶的玉峰塔，不仅岛屿的大小位置很相像，周围的环境也颇有神似之处。著名的园中园谐趣园（原名惠山园）仿自无锡的寄畅园，但这座小园林的外貌并不像寄畅园，只是仿其江南园林的妙境。买卖街仿照苏州水街市景特色，以一河一街与一河二街分建两处，而建筑却是北方店铺的式样。四大部洲仿西藏的一座古庙桑鸢寺，望蟾阁

仿湖北的黄鹤楼，邵窝仿河南的安乐窝等，亦均为仿其意而建。经过高度的提炼和艺术概括，以达到"一峰则太华千寻，一勺则江湖万里"的神韵（《颐和园志》）。北方的山水地理，南方的名景胜概，经过艺术的创新，成为一个和谐统一的境域。

第三，宫园之和。这是颐和园的最大特点。乾隆十六年（1751年）在明代好山园的基础上兴建了清漪园。清漪园以自然的山水为基本骨架，拓湖补山，既保留了北京特有的山水田园风光，又着力营造了江南清雅娟秀的园林风韵。亭、台、楼、阁、宫、殿、庙、宇、廊、桥、舫、榭等掩映在绿水青山之中，主体建筑佛香阁宏伟壮丽，耸立在万寿山前山中央，俯看万顷碧波。如诗如画，状如仙境。正是："何处燕山最畅情，无双风月属昆明。侵肌水色夏无暑，快意天容雨正晴。倒影山当波影见，分流稻接埝边生。披襟清永饶真乐，不藉仙踪问石鲸。"（乾隆诗）

清漪园建成后，成为风景园林胜地，弘历以庆祝母后寿辰为名，它不仅是皇室贵戚消夏避暑和生活起居之所，而且也是后期慈禧太后与光绪皇帝从事内政、外交活动的重要场所。东宫门内的勤政殿（仁寿殿）为中心建筑是其临朝理政的主要地方。据史料记载，清朝10个皇帝中，先后有乾隆、嘉庆、道光、咸丰、光绪五朝的许多政治活动都发生在颐和园。特别是慈禧，她几乎每年夏天都在颐和园执掌朝政、消遣娱乐。自光绪十八年到光绪三十四年，除光绪二十七年慈禧太后未到颐和园外，其他年份她每年都到过颐和园。在清朝漫长的历史中，许多大事与颐和园的历史相关联，在某种意义上说，了解颐和园也就了解了半部中国近代史。现在人们游赏颐和园，除了陶醉于这里的湖光山色之外，其宫殿的余辉和宫殿中的那些逸闻趣事成了人们咀华回味的美餐。

第四，兴废之和。颐和园（原名清漪园），于真山真水之间进行了大山、大水、大园林的挥洒泼墨，凭西山峰峦叠翠，借玉泉塔影横云，因山就水构筑园林景观，使优美的自然环境与浓郁的人文环境融为一体，造就了一个景致如画，美不胜收的天下奇园，曾辉煌一时。其规模宏阔，建筑精绝，辉煌富丽，风光秀美，自然典雅，形成了独有的皇家气派和园林风格，堪称世之精品。100多处自然和人文景点，处处精美绝伦，晨昏雨雪，春夏秋冬，四季风光迥异，神韵无穷。徜徉其间，犹若仙境。正是："春湖落日水拖蓝，天影楼台上

下涵。十里青山行画里，双飞白鸟似江南。"（明·文征明）

但是就是这样一座人间天堂，在其建成后的110年，也就是1860年10月18日，颐和园连同圆明园等北京西北郊的全部皇家园林被英法联军一炬淫火焚毁。现在我们所看到的颐和园是光绪十二年（1887年）重建的。祸不单行，1900年颐和园这座历史名园再次遭八国联军洗劫和破坏。这是颐和园历史的悲剧，是颐和园身上永远抹不去的伤痛。

但兴毁都是历史。兴创造美，毁制造悲剧。美受到摧残，更激发人们的一种特殊的审美感情，人们在审美愉悦中产生一种痛苦之感，使心灵受到巨大的震撼，更加彰显艺术的魄力和光辉，陶冶道德情操。颐和园从建造、焚毁到重建，不仅诠释了清王朝兴衰发展的历史轨迹，而且为颐和园的气韵增添了庄美的情愫和起伏跌宕的律动。也许人们从颐和园的兴毁之中能学到些什么。

第五，**建管之和**。颐和园是全国重点文物保护单位，是世界文化遗产，有极高的历史价值、艺术价值。1998年12月，联合国教科文组织给予的评价是"北京的颐和园是对中国风景园林造园的一种杰出展现，将人造景观与大自然和谐地融为一体。颐和园是中国的造园思想和实践的集中体现，而这种思想和实践对整个东方园林艺术文化形成的发展起了关键性的作用。以颐和园为代表的中国皇家园林是世界几大文明的有力象征。"

颐和园之所以成为著名于世的园林文化遗产，其先决条件是由于有了乾隆皇帝。250多年前，时值康乾盛世，经济繁荣，国库充盈，乾隆皇帝钟爱园林，不遗余力地进行园林建设。特别是对清漪园的建设，倾注了大量心血，正如前文所述，他六下江南，自带画师，描摹胜景奇观，在颐和园创造性的规划建设，全部建设工程他始终亲自过问，成就了一个绝世珍品。虽然后世历经两次劫掠，但重修时基本保持了原有的基调和韵味。

作为一座园林，颐和园的规划设计和建设是创造历史、创造艺术价值的过程，历经15年，它创造了辉煌灿烂的园林之花。今天人们能够欣赏到这样一座美轮美奂的园林，我们应当感谢颐和园的规划者、设计者和建设者，同时我们更不可忘记建管同样重要。因此，我们也应当感谢在漫长的岁月中颐和园的看护者、管理者。他们默默地为颐和园"看家护院""拂尘掸土"。他们为颐和园续写着历史，增添着光辉。

　　管理是一条射线定律，是有始无终的、是长期的。管理不仅是规划设计建设的延续，也是再创造的过程。颐和园的管理，他们以文物保护和安全为中心，以规章制度为基础，从卫生这个基本功抓起，树立勇夺第一的精神，进行科学化的管理，取得了同样的辉煌。新中国成立以来，获得的国家级荣誉称号就有7项8次：1958年全国卫生先进单位，1982年全国城市园林绿化环境卫生先进单位，1987年全国五一劳动奖状，1988、1989年全国建设系统思想政治工作优秀单位，1991年全国职工教育先进单位，1997年全国精神文明先进单位，1998年全国文明风景旅游示范点。荣获国家级桂冠三顶：1961年列入国家第一批重点文物保护单位；2007年被评为第一批国家重点公园和全国第一批5A级旅游景区。世界级桂冠一顶：2000年列入世界文化遗产名录。从颐和园赢得的荣誉和桂冠上我们仿佛看到了"天下第一园"的另一层奥秘。

　　相辅相成的统一与相反相成的统一，共同组成了颐和园整体的和谐。《史记·乐书》曰："故闻宫音，使人温舒而广大；闻商音，使人方正而好义；闻角音，使人恻隐而爱人；闻徵音，使人乐善而好施；闻羽音，使人整齐而好礼。"颐和园的山水之和，北南之和，宫园之和，兴毁之和以及建管之和，如同五音相谐，谱写了颐和园和合之美的乐章，也让人们品味了"天下第一园"的风骨雅韵。

两个人的公园

2008年10月18日，我应邀到江苏省无锡的江阴市，为19日在这里召开的第六届全国中山公园的联谊会讲课，有幸接触了江阴公园的管理情况，颇有感触。

江阴市是个地级市，人口135万多人，面积987.5平方千米，地处"江尾海头"，在长江的南岸，自然条件极为优越，经济发达，年GDP1200亿元，财政收入190多亿元，在全国百强县中排名首位，著名的天下第一村华西村就在这里，曾获全国文明城市、园林城市等荣誉称号。这里人杰地灵，是"亘古奇人"徐霞客、刘天华、刘半农、刘北茂的故里。历史上，姜太公"独钓寒江雪"的钓鱼处，至今钓鱼村尤存；伍子胥几经磨难后，遇害被抛入江中，现在鹅鼻嘴公园建有子胥过江口亭。现代名人朱穆之、沈鹏也出生在这里。由于这里的长江较窄，比邻长江是十分重要的战略要地，当年，著名的渡江战役就发生在这里，这里不仅有烈士陵园，还有"渡江第一船"在街头展览。1999年这里修筑了"中国第一、世界第四"的江阴大桥，也成为当地人的骄傲。

江阴市有9座公园，做为一个地级市，真是难能可贵。这9座公园是：鹅鼻嘴公园、中山公园、兴国公园、黄山湖公园、朝阳公园、五星公园、天鹤公园、百花园、大桥公园。总面积约149.14万平方米。一座座美丽的公园如同一块块翡翠镶嵌在城市的霓裳上。

中山公园是全国94座中山公园之一，因为1912年孙中山先生在这里发表重要演说时，提出了"叫全国的文明从江阴发起"的号召而闻名。这座公园原为江苏学政衙署的后花园，始建于北宋初年，名"万春园"，明代改名为"清机园"，清代先后称"季园""寄园"，光绪年后期改为"寿山公园"，1930年更名为"中山公园",面积几经扩充,现约8万平方米,可以说是一个著名的历史名园。这次中山公园联谊会之所以在这里召开,正是为了纪念孙中山发出号召96周年。

黄山湖公园,面积为35万平方米,其中水域面积为15万平方米,是2005年建成开放的新公园。整个公园以自然生态为重要主题,将田园诗意和现代科技完美结合起来,不仅有樟树大道,烟雨廊桥,还有金色沙滩和音乐灯光喷泉。开会期间,我们集体欣赏了这里如梦如幻的水幕电影和音乐喷泉,大家啧啧赞叹!

这里的公园看上去很干净,各项管理都比较到位。最让我惊奇的是,他们全部采取了社会化的管理模式:绿化、卫生、安全、游艺活动等推向了社会。全市设一个公园管理处,管这9座公园,总共才18人。偌大的黄山湖公园只有两个正式职工管理。大桥公园和天鹤公园的负责人(或者叫园长吧)须建平告诉我,这两个公园面积约72.3万平方米,就他和一个助手两个人管,他们就负责检查,发现问题按标准扣分扣钱。他说:"我管着这几个公司的头,比过去管几十个职工好管多了,说话灵,效率高,还省钱。"他说:"我们这是学

◎江阴黄山湖公园

的深圳模式！"

我问园林旅游局的韩映红副局长，过去的职工是怎样消化的？她说，有的转到公司，许多新公园从一开始就实行新办法，管理起来很顺畅。江阴市的公园全部实行免费开放！所有的养护经费都由政府买单，管理者真正成为了管理者！

顺便说一下，我感觉鹅鼻嘴公园最好看，它南枕君山，北临长江，因有一山体延伸至江中，形同天鹅的鼻子，故称鹅鼻嘴公园。据说，当年鹅鼻子很长很美，森林茂密，野趣浓郁。"鹅鼻积雪"是无锡著名的八景之一，另外还有看云听潮、澄江古渡、渡江第一船、森林木屋等20多个景点。天下第一桥的江阴大桥，横卧在公园东侧的长江上，成为公园重要的借景。从市中心到江边，可以爬一个小山过去，也可以穿过一个曲尺形叫鹅鼻洞的大约200米长的隧洞到江边。据说这个洞是当年国民党修的工事。长江在这里有一个奇怪的现象，主河道自中心线以北水是向东流，主河道以南则向西回流，很是奇特，我询问当地人，他们说是江南岸的山体延伸到江中挡住了东逝水而生成的这一奇观。19号傍晚，我在黄山湖公园张健峰陪同下在这里转了一圈，灵感忽来，寄情于山水之间，小吟一首《江阴即景》：

> 大江东去欲回头，鹅鼻山下数风流。子胥身后无遗骨，姜翁独掷钓鱼钩。清音一曲流日月，亘古奇人立江头，更有画师泼绿彩，香满城池花满楼。

福满恭王府

坐落在北京市中心区什刹海南岸的一座豪宅。

门外：

游人排队购买门票；

旅行社参观需事先预约；

不宽的街道上车水马龙，汽车、独具北京特色的人力黄包三轮车在人流中缓缓爬行；

周边布满了商铺，个个买卖兴隆；

从豪宅里出来的游客，大都抱着一轴"福"字画，兴高而采烈……

门内：

游人熙熙攘攘；

红砖绿瓦的王府建筑掩映在碧树花丛之间；

排队摸"福"字；

排队买"福"字；

抬头赏"福"字；

怡神所里从早到晚歌舞升平，一场接一场演出；

　……

这就是恭王府。

这就是当年权倾朝野的乾隆皇帝的宠臣和珅的宅第。

这就是当年道光皇帝其六弟恭亲王的居所。

这就是时光延续了2个多世纪的地方，仍称恭王府。

近些年来恭王府，成为北京一处重要的旅游参观"胜"地。

◎恭王府花园

　　恭王府建于1776年，其面积只有6.1万平方米。为前府后园式建筑。在老北京近百座王府建筑中不是最大的，也不是最老的，却是保存最为完好的。据统计，北京现如今仍还留存有部分建筑的王府只有十几座，且多被挪作它用，只有恭王府现在作为历史遗迹对外开放。

　　早年，恭王府部分建筑曾一度被辅仁大学、北京艺术学院等单位长期占用。在党和政府的积极努力下，实现了恭王府地基本完整。同时借2008年北京举办第二十九届奥运会之机，斥资4亿多元对恭王府的建筑和设施进行了全面的整修，于奥运会前正式揭开了神秘的面纱，以其雍容华贵的身姿和幽雅清丽的神韵，迎来了八方游客。

　　恭王府的"盛"应该与一部电影有关。《铁嘴铜牙纪晓岚》曾在全国风靡一时。经著名演艺人王刚塑造的活灵活现的和珅形象，妇孺皆知。他不仅官至极品、才气横溢，而且贪欲疯狂、横征暴敛，让人恨之切切，而有充满神秘的好奇感。应该说恭王府的管理者是高明的，善于而且"抓"住了这股社会思潮的脉动，及时推出与和珅身世相联系的历史文化旅游产品，使外因与内因擦出耀眼的火花。

　　恭王府的管理者的高明，还在于他们"抓"住了当前社会上人们对进一步提高幸福指数的渴望，发挥恭王府自身的文化优势，在"福"文化上做大文章，一方面满足了旅游者心理的需求，另一方面，开辟了一条成功的经营之路。众所周知，恭王府的建筑、园林是围绕一个文化主题展开的，这个主题就是"福"文化。在这里抬头见福，低头见福，似乎让人们沉浸在福的海洋中。"延禧堂"是府邸重要的会客厅，是当年丰绅殷德的居处，里面的装帧充满了福字。福有幸福、吉祥之意。在恭王府时期，名多福轩，是奕䜣的会客厅。恭亲王做军机大臣28年之久，每年都得到皇帝和慈禧太后御赐的"福""寿"斗方，所以这屋里到处挂满了"福寿匾"。后花园部分以康熙皇帝御书的"福"字石碑为中心，有"福"（蝠）池、"福"（蝠）厅、"福"窗、"福"门、"福"画、"福"装饰等。就连恭王府的座椅上都有蝙蝠的精美雕花。从山水园林、建筑到各种设施，均以"福"字为主题，植物也选用与福有联系的品种，比如榆树、牡丹、都寓意富贵吉祥、有钱多福。特别值得一提的是康熙亲书的"福"字，不知是构思巧妙，还是恭王府人巧妙解读，这个福字集多寿、多田、多才、多子为一字，称为"天下第一福"字。恭王府人用巧手"抓"住这一优势，从策划到宣传，从管理到经营，均在康熙的这个"福"字上下大功夫，下巧功夫。进了恭王府，就会让你听福、看福、摸福、享福，进入"福"的最高境界。到参观景后一个环节，要是不让谁买个"福"字，他会跟你急！恭王府人真会做买卖，一年光一个"福"字的经营收入就达3000多万元，约占总收入的1/6。

一个"抓"字，大有学问，显示了恭王府人的智慧和敏锐。世界上，要成就任何一项事业、办成一件大事，都离不开一个"抓"字。要善于抓机遇，抓脉动，抓优势，抓人才。抓住了商机你就发财，抓住了战机就出战果，抓住了人才就出成果，抓住了工作就出业绩。中国人不吃鸡蛋也要造原子弹。如果现在中国没有核武器，照样受欺负。因此，伟人说过，两手抓，两手都要硬，要抓紧，抓而不紧不行。抓的学问，在胆识、在谋略、在眼光。

日本有这样一个故事，学生的升学考试异常残酷，于是便催生出"考试信仰"的社会思潮。日本的名古屋东山动物园，栃木县宇都宫动物园利用园中人气最旺的考拉和大象的"粪便"制成"运粪"纪念品去销售，大大地发了一把。在日本"粪"与"运"同音，人们迷信得到"粪"就能"高中""走

为园而歌

福满恭王府

◎ "福"字景观

红运"，于是千百万参加升学考试的孩子争相去动物园求"考试合格符"，祈求神灵保佑不落第。据说，他们动物园是将考拉和大象粪煮沸过滤出纤维，制成环保纸，再加工成20厘米左右的护身符，取名为"高中大象符""永不落地符"，每个100日元（约7元人民币）。他们抓的是人们的迷信思想，是不科学的，但是这项创意使该动物园每逢社会的考试季前，游人大增，生意兴隆。

修缮后的恭王府，其实就是一个建筑空壳。这些年恭王府的管理者善于抓住改革开放的大势，致力于考古、保护、科研、原状陈展、环境整治等一系列艰苦的工作，使恭王府成为一部活生生的教科书和故事汇，为文物科学保护合理利用，为北京的旅游事业，为北京公园行业的发展，都作出重要的探索和贡献。恭王府管理中心主任孙旭光说：恭王府，既是一处保留了完整清代王府建筑的全国重点文物保护单位，又是一个包含了丰富文化内涵、优秀民族文化遗产的文化空间和展示平台。作为这份珍贵遗产的守望者，我们是幸运的，赶上了好时候。我们当抓住大好机遇，以百倍的虔诚和无限的敬畏，孜孜以求，恪尽职守，把恭王府保护好、建设好、发展好，将恭王府完好地传承给后人，并不断地发掘这一宝贵资源的内涵，创造新的辉煌。

数百年的历史积淀，特殊的地域环境，科学而智慧的管理，归结为一个"抓"字，成就了恭王府在该文化生态区的中心地位，不仅自身在日益激烈的旅游市场竞争中独树一帜，而且繁荣了周边地区经济，促进了地区社会的和谐与发展。

堪称楷模！

"三近一远"说公园

"大哥，大哥！"他紧走几步追上我。

"哎呦，大春呀！"我一看。

"怎么好久不见了？"他乐呵呵地说。

"那咱们没碰着呗！"我说。

这是一天晚上，我在紫竹院公园遛弯时的一幕。叫我大哥的这位，是前两年在荷花渡码头旁广场上跳舞的舞友，姓字名谁都说不清，大家都称呼他大春。大约40多岁，原来体重104.5公斤，脸大、短寸头、肚大腰圆，看上去像个弥勒佛。这人性格开朗，见面亲切着那。自打去年，改跳舞为走步了，每天晚上围着紫竹院快走3圈，无论冬夏一身汗。你别说，这一招还真灵。你看他现在可精神多了，腰也细了，脸也瘦了，敢情一问，足足减了一袋面的重量，体重减到80公斤上下。现在仍坚持每天3圈。

我们一边走一边聊，他得意地说，去年检查身体时，我是重度脂肪肝，可现在这一走，您猜怎么着，体重轻了不说，脂肪肝也没有了。我听了很高兴地说，真佩服你的坚持精神！他说，我现在连上班坐公交车都提前四五站下车，走着到单位。现在精神头也足了，晚上也不贪吃了，真体会到了锻炼的好处。

后来我们走到平桥处分开了，我一边走一边想，这就是公园，它带给了人们健康和快乐。

记得前几年，也是紫竹院公园，在东门内草坪广场的小路上碰到一位老人，无意中我搭讪了一句，老先生每天到公园吗？他高兴地说，每天不只一次到公园来，他反问我一句："你知道我们离退休人员的心情吗？"那时我还

◎紫竹院公园镜游亭

在岗上，我说我现在还不知道。他说，我们这些退下来的人，最大的痛苦，就是失落感。所以我们到公园来不光是锻炼身体，而更重要的是结交朋友，沟通感情，重新找回失去的东西，所以我们总结，人退下后要"三近一远"。他神秘地一笑，看我有些疑惑，然后风趣地说。三近一远就是家离医院要近，因为人老了难免有个大病小灾；要离商场购物近，老了腿脚不方便了；第三是离公园要近。这一下我明白了老先生的意思，我问那一远呢？他狡黠地朝我一乐说：离火葬场可以远点！说完后，我们相向而乐。笑声振飞了临近树上的一群小鸟。

2002年，在市人大常委会讨论《北京公园条例》的会议上，园林局根据要求制作了一个DVD短片，大约15分钟，在会上放映，引起了强烈的反响。会议结束后，于均波等四位人大主任、副主任走到会场后面同时任园林局局长的王仁凯亲切握手，祝贺园林局做的这个短片做的好，情景交融，称赞这个片子的词好、解说好、景好、摄像也好。应该说这个短片在公园条例最后被通过发挥了一定的作用。其中解说词中"三近一远"的话语深深地印在与会人员的心目中。

2009年8月份，在市公园管理中心主办，公园绿地协会承办的《北京公园60年》展览上，郑西平主任陪市领导牛有成常委审查展览，我有幸作为展览的设计和策划者担任讲解，当我介绍到有位市民游客讲的"三近一远"时，牛常委也高兴地乐了，但他风趣地说，这三近，应该首先是公园要近，公园近了，锻炼身体，心情也好，就不得病了。

这使我联想到人们对公园的种种说法：公园是一部书，一座学校，一个展示的舞台，是改善教养的场所，是城市的绿肺，是大氧吧，是城市有生命的基础设施，是百姓乐园，是市民的第三度生活空间，是生活的必需品，是交往的纽带，是文化遗产，是城市形象，是城市的尊严，是城市的名片，是旅游目的地，是养生所，是天堂，是客厅，是锻炼的场地，是和谐社会的催化剂，是社会的平衡器，是休息空间，是无声的诗，是立体的画……

公园是什么？是公园，又不是公园。似乎我更赞成牛有成常委的说法：公园是文化，是幸福指数。严格意义上讲，公园是园林，公园是具有良好园林环境和较完善设施的供人们休闲娱乐的开放空间。而园林是人们将人文因素和自然因素相结合，以生态为本，以文化为灵魂，经过立意造景，创造出来的，适宜人类生活的一种境域。因此，公园是区别于绿化、绿地、森林、林场的一种文化场所。

城市，正是因为有了公园才有了灵气，才有了韵律，才有了和谐，才有了灵魂和尊严。试想，如果北京没有那么多美丽的公园装扮，没有气势磅礴的皇家园林，那该是个什么样子？毫无疑问，那将是一座暗淡无光的城市。改革开放以来，在市委市政府的正确领导下，北京新建了1000多个公园，特别是进入新世纪，建设了以奥林匹克公园为代表的数十座现代城市公园。它们同弥足珍贵的数十座历史名园在一起，掩映着红墙黄瓦和高楼大厦，使北京的天更蓝了，水更清了，空气更甜了，城市更美丽了，老百姓气更顺了，社会更和谐了。

现在，北京的公园里有一种现象，和前面说的大春单打独奏不同的，这就是"非正式群体"的大量存在。每个公园里唱歌的、跳舞的、打拳的、练剑的、抖空竹的、舞彩绸的等等，他们自觉或非自觉地形成一个个松散的群体。他们在一起互相交流、互相学习、互相关心，不仅起到锻炼身体的作用，而且，舒缓了人们的情绪，解决了人们特别是离退休老年人的失落感和孤独感，起到了社会稳压器的作用。在创建和谐社会中具有举足轻重的作用。据了解仅北京市市属公园这种"非正式群体"就有100多个。

原来，我在紫竹院公园参加一个练大悲拳的群体，大约男女老幼有二三十人，最长的80多岁，以一位姓董的师傅为核心，除每天早晨上午坚持练拳之外，他们每年都组织春游秋游等活动，大家感情笃深。去年，这位董师傅不幸去世了。他的徒弟们在他病重期间不仅在医院陪床侍候，还为他开追思会，出纪念册。像这样的事例在公园"非正式群体"中就有很多。

◎董师傅的大悲拳

这种现象，我们可称之为"公园和合"现象，即在和谐的公园环境中创造和美人际关系。这足可证明这种"非正式群体"的作用，证明"公园近"不仅是老百姓的生活需求，而且构成一种新的社会形态。在这个意义上我们把公园称之为是和谐的社会的催化剂，是社会稳定的平衡器。

公园喇叭工

春天到了！

桃花开了，迎春花开了，樱花开了，杏花开了，玉兰花开了，地上的野花也开了。黄的像火，绯红的似霞，粉的如彩云，一丛丛，一片片，一层层，一抹抹，伴着左右摆动的嫩柳新芽和鲜亮亮的草地，整个世界都有了生机和活力。

你听，小鸟唧唧喳喳，湖水里的青蛙也开始呱呱地叫起来了，万物生机盎然。人着实有了精神。经过漫漫的冬眠，谁也在家待不住了，纷纷走出家门。到哪里去呢？远的到外阜到郊区，近的自然是座座坐落在城市中的公园里。

春天的公园，到处人头攒动，许多"花节"上更是人海如潮，每逢休息日，一些有"节"的公园周边塞车、排队、拥挤几乎是普遍的现象。公园里既使这些年都在所谓的"扩容"，增绿了不少的道路，广场等活动场地，但仍然是杯水车薪。因此游人践踏草坪草地的现象，在草地上支帐篷、搞聚餐、打地铺等等现象随之而来。"小草茵茵，踏之何忍"的牌子难以阻挡数以万计游客的脚步。

面临这种现象，许多公园束手无策。虽然《北京市公园条例》有专门条款制约这种现象，但是公园人为了不扫游客的春兴，宁肯采取更加放任的态度。嫩嫩小草、茵茵草坪也因此遭了劫难。

然而，我在北京的紫竹院公园，看到了一种新气象：工作人员身着工装、肩带袖章、手持电喇叭，不停地在草坪周围劝阻游人，保护他们心中那片神圣的草坪和美丽的景观，以保证公园的可持续发展。据我观察，这种办法很有效，许多游人往往是无意识或下意识地走进草坪，一经工作人员提醒就会退出草坪，两全其美，既达到了保护的作用，又比等践踏成为事实，然后再去制止去处罚好的多。

这种防患于未然的管理方式值得称赞。我给它起了个名字叫喇叭工。

我之所以起这样一个名字，是一种赞赏，更是与我近日参加国家住房与城乡建设部的一个"国家职业大典风景园林职业工种审核专家会"的联想有关。按照这次修典，风景园林专业确定了8个职业，13个工种。8个职业是：风景园林技术人员、园林绿化人员、园林植物保护人员、观赏动物保育员、花艺环境技术人员、园林花卉人员、盆景工、假山工等；13个工种是：风景园林规划员、风景园林设计员、风景园林施工员、风景园林管理员（建议新增）；观赏动物保育员；园林花卉工、园林育苗工、园林绿化工、园林植保工；盆景工；假山工、塑山工等。专家讨论在观念上有新的突破，这给我留下深刻印象：一是将绿化前边加上了"园林"二字，去掉了园艺的概念；二是在风景园林技术人员中在原有风景园林规划员、风景园林设计员、风景园林施工员的基

◎柳荫公园

础上拟增加风景园林管理员。三是有专家提出了应增加讲解员和生态保育员的岗位问题。

绿化前边加个"园林"两字，不是两个字的问题，是对我们的行业的定位问题。绿化不等于园林，更不能包含园林。绿化是园林的绿化，不是荒山造林，更不是森林进城；生态是园林生态，而不是生态园林（这是80、90年代中国南北方争论的话题）。近年来，由于工业化、城市化的发展，生态环境受到社会各界的广泛关注。政府加大了投入，制定了一系列的政策，植树造林、城乡绿化、退耕还林、大造公园等，不仅改善了环境，同时也改变了人们的观念和生活方式，是值得肯定和称赞的。但是因此对于公园、对于园林的属性也发生动摇，以绿化、森林等代替园林的提法是值得商榷的。

我们首先根据辞书的解释，将几个名词加以比较。

森林，是指或疏或密互相连接的林木和其他木本植物占优势的植物与其他生物（包括微生物、动物、鸟类、昆虫等）及其环境构成的一个有机整体。是地球陆地上的植被类型之一。现代生态学把森林看成是生物圈的重要组成部分，是一种生态系统，具有多种重大的功能，是陆地生态系统的主体，在维护地球表面的生态平衡中起重要作用。

林业，是指以森林生态系统为经营对象，合理培育、管理、保护和利用森林的事业。随着环境问题的日渐突出和人们生态意识的觉醒，森林在保护环境、维护生态平衡中的重要作用，已由过去的以木材生产为中心、以发展经济为目的的传统林业向以保护建设生态环境为重点，全面发挥森林生态、经济、社会效益的现代林业转变。从主要抓发展林业产业，转移到重点抓造林绿化、林业生态工程建设、荒漠化防治、森林和野生动植物资源保护等生态保护建设上。

绿化，是指"在一定区域内保留和栽种绿色植物（树木、花卉、草皮等），以改善自然环境和人民生活条件的工作。可净化空气，减少环境污染和自然灾害，以及提供工农业原料和其他林副产品。在国防上还可以起到隐蔽的作用。"

园艺，是指农业的蔬菜、果树、花卉、观赏树木等的栽培和繁育的技术。

园林，是指在一定的地域运用工程技术和艺术手段，通过改造地形（或进

◎中山公园郁金香

一步筑山、叠石、理水)、种植树木花草、营造建筑和布置园路等途径创作而成的美的自然环境和游憩境域。

园林绿化，泛指园林城市绿地和风景名胜区中涵盖园林建筑工程在内的环境建设工程，包括园林建筑工程、土方工程、园林筑山工程、园林理水工程、园林铺地工程、绿化工程等，它应用工程技术来表现园林艺术，使地面上的工程构筑物和园林景观融为一体。

从以上解释可以看出，森林、林业、绿化、园艺等都是以生产或生态作为目的的，而园林则是以自然资源和人文资源为基础，以创造为手段的艺术活动，它所创造的是作品、是景观、是境域。生态是园林的一个重要功能之一，而不是全部。因此，在国家职业大典中有关风景园林职业和工种的称谓加上"园林"二字实在是一件可圈可点的事情。

在风景园林技术人员中加进风景园林管理员，是弥补了园林行业职业和岗位的重要不足。多年来园林行业存在重建轻管的现象，搞管理的人不仅没有职业标准，更谈不上评定职称，在大学里也没有相应的专业。要知道，一座园林的规划设计、施工建设是很重要的，但是这两个阶段是相对有限时间的过程，3年5年，即使说像颐和园，乾隆皇帝建了15年，也是短暂的。然而建成后运行管理则是有始无终的。一座园林建成后可能永远延续下去，它存在一天就要管理一天，所以管理是长期的任务。同时管理也是再创造、再发展的过程，在某种意义上说，管理和规划设计、建设施工同等重要。如果这一次"修典"，把风景园林管理提到应有的地位，无疑，对风景园林行业将是一个极大的促进。

专家建议在大典中增加风景园林讲解员（在国外叫解说员）和生态保育员，我以为也是完全必要的，是时代和事业发展的需要。关键要看人们的认识是否能够适应这种发展和需要。

至于公园的喇叭工，是归入园林绿化人员还是管理人员另当别论，现在作为昵称还叫喇叭工吧，以此向他们表示敬意。

羊上房了

　　一天早晨，我走出办公楼进入动物园园区西侧，远远看见食草动物展区西头的房顶上站着两只羚羊，还有一只正踏着用圆木搭建的坡梯向房上走。走近一看，是动物园最近刚为羚羊搭建的栈道。这栈道呈"U"字型，从地面可以分别走到两间兽舍的房顶上，同时两个房顶之间还架了一座木拱桥。羚羊在两座房舍之间上可以自由自在地通行玩耍。那一天我分明看到了这几只羚羊在乐。

　　羚羊自从进了动物园，就世代生活在狭小的兽舍里和兽舍前不大的空地上。现在它们可以登高远望了。就像孩子得到了心爱的玩具，它们一会儿上、一会儿下，血脉中的天性和能力被激发，庞大的身躯和轻盈的步履，传递出它们的喜悦。仿佛我看到了它们先辈祖亲在陕、甘、藏、川地区那2600～4000米的高山上的身影！游客们也都啧啧赞叹羚羊上房。一对拿着"长枪短炮"的夫妇说："他们（动物园）设计的真好！"

　　一个为了羚羊用圆木搭建的栈道，看起来没有什么了不起。但仔细思考，其实还是很了不起的。了不起的是管理者的创新构思；了不起的是传达出的管理者对待动物的关爱理念；了不起的是通过这样的小事让游客感受到社会文明的进步。

　　当今国际上对待动物有一个新词，叫做"动物福利"，这个词比"动物保护"有更进一步的含义。其所到之处，持此理念的人士蜂拥成立保护组织甚至党派，形成社会运动和潮流。所谓动物福利，就是让动物在保持天性的状态下生存，其基本原则是：让动物享有不受饥渴的自由；生活舒适的自由；不受痛苦伤害的自由；生活无恐惧感和悲伤感的自由以及表达天性的自由（称之为五大自由）。在英、美、加、澳等国家都有为动物福利的立法。世界上第一部与动物福利有关的法律出台于1822年，由爱尔兰政治家马丁说服英国议院通过了禁止残酷对待家畜的"马丁法案"。"马丁法案"虽然只适用于大型家畜，但它是动物保护运动史上的一座里程碑。而在这之前，英国政府已分别于16世纪末和17世纪禁止了捕熊和斗鸡行为；其时，斗鸡和斗蟋蟀的风气正横扫中华大地。

1876年，英国通过了《禁止残酷对待动物法》。1850年，法国通过了反对虐待动物的《格拉蒙法案》。1866年，在享利·贝弗的努力下美国通过了《禁止残酷对待动物法》，法律禁止马车超载、虐待马和家里的其他动物。随着时间的推移，愈来愈多的美国人成了享利·贝弗的支持者，连《汤姆叔叔的小屋》的作者斯托也写信表示，准备做"任何有益于善待动物的事情"。1900年，美国通过了禁止在各州之间贩运被非法猎杀的野生鸟类的《勒西法案》。

1824年，马丁和其他人道主义者成立了世界上第一个民间动物保护组织：禁止残害动物协会。1845年，法国也成立了动物保护协会。1866年，美国外交家贝佛成立了"禁止残害动物美国协会"，并发表了《动物权利宣言》。1892年，世界上第一个自然保护组织"塞拉俱乐部"成立。美国最早的鸟类保护组织"奥杜邦协会"也于19世纪末成立。如今"绿色和平组织"成为世界上最著名的动物保护组织，拥有280多万名会员。1998年丹麦议会通过了一项关于妊娠母猪和青年母猪的法令，要求母猪在配种后4周内应散养，直到预产期前7日为止。同时猪舍内应安装淋浴系统或类似装置以调节室温。猪舍地面应铺设草垫，不能铺设粗糙的材料。在英国法律规定，遗弃宠物将判虐待罪，对牛、马、骆驼等工作动物实行"退休制度"，工作动物享有"非超负荷工作的权力""享有每天工作时间限制的权力"等，在猪舍里需要为猪提供玩具。

究竟动物会不会乐？动物有没有情感？据我观察，任何动物都有喜怒哀乐，都有它们那个世界的语言，只是我们还没办法读懂罢了。试举一例：在北海公园太液池东岸，有一处非常典雅秀美的景点，叫濠濮间。有点景房一座，游廊29间，山石连绵成峰，屋前有静池一方，青砂石湾桥一架，占地4416平方米。濠濮间额曰：壶中云石，联云："昉林木清幽，会心不远，对禽鱼翔泳，乐意相关"。又："画意诗情景无尽，春风秋月趣常殊。"池北面的石坊上南北横向皆有书："山色波光相罨画，汀兰岸芷吐芳馨。"其石刻联南北向曰："日永亭台爽且静；雨余花木秀而鲜。""蘅皋蔚雨生机满；松嶂横云画意迎。"如果你没有去过濠濮间，你看了这几幅额联的描绘，一定是神往了。这个景点是依据一段美丽的传说建造的。《庄子·秋水》上说，庄子和惠子游于濠梁之上，庄子说："儵鱼出游从容，是鱼之乐也。"惠子问他："子非鱼,安之鱼乐？"庄子反问道："子非我,安知我不知鱼之乐？"中国类似知鱼的古建景点在各地都有，表达了不同历史时代人们的道德观、价值观。中国园林的灵魂是文化，通过意韵、意旨和意境，讲求的是世界观，从而创出造耐人寻味的艺术魅力。庄子和惠子的观鱼知鱼争论给人们留下了无限的遐想和哲思，我观羊上房，联想庄子观鱼，"子非我,安知我不知羊之乐？"这话信不信由你，不过我信，而且是我亲眼所见。

从古至今，人们认为动物园的存在是为人服务的，换句话说，动物园中的动物是为人服务的，当我们对自然的认识更加科学，社会更加理性的时候，我们应当认识到，动物园存在的价值是为了物种保护和公共教育，动物园中的动物是为了自然和谐，为了人类科学认知自然而人为的被牺牲了自身的自由，难道我们不应该为它们多做些什么吗？

中国关于动物福利的立法尚处讨论阶段，但有关动物保护、生态道德、生态文明等方面的法规和宣传早就提出并不断修改完善。比如，2003年1月1日起实行的《北京市公园条例》第四十六条（二）规定：在公园内，禁止游人"恐吓、投打、伤害动物或在非投喂区投喂动物。"违者将"责令其改正，并可处以50元以上，100元以下罚款"。我相信，随着国家发展、社会进步，文明的、先进的理念和价值观必将被越来越多的人们所重视和接受，从而转化为社会发展的动力。

近些年来，北京动物园在关爱动物、提高动物福利方面做了大量而有成效的工作，得到社会普遍赞赏。比如狮虎山的改造，美洲动物区的改造，大猩猩馆的改造等，普遍改善了动物笼舍的绿化环境等，不仅是让"人"看得舒服了，更重要的是让动物们更高兴了，许多动物都偷偷地乐了。

令人遗憾的是，据报道：2012年4月29日北京动物园的一只可爱的金丝猴"泉泉"死亡，经临床检查疑似消化不良性胀气、胃粘膜出血所致。因为正值社会上的公休日，不排除游客投喂致死的因素。如果是这个原因，属于游客伤

◎连接地面和房顶的木栈道

害动物的行为，损害了"动物享有不受伤害的自由"，理应受到谴责，同时，也是动物园管理的缺失。

终归是羊上房了，但是，北京动物园里也是几家欢乐几家愁，人们也看到不少的兽舍空间狭小。大象、犀牛、河马等，在局促的"房间"里焦急的转来转去，你看那大象怒目圆睁，恨不得冲破牢笼奔向人群，报复那些将它们"终生监禁"的人们。在它们这里绝看不到"乐"，而是痛苦。也许它们的愤怒能够唤醒那些兽舍的设计者和管理者的良知。但愿动物园的保育员（正在修订的《国家职业大典》对动物饲养员的新称谓）们通过他们的关爱，尽可能给动物们带来欢乐。

将来，羊在房上会看到麋鹿和斑马在模拟的小天地里奔跑了，大猩猩也呲着大牙乐了。或许大象、犀牛们也相信，它们看到希望了。

最后，我要用奥地利诗人里克尔的诗歌《豹——在巴黎动物园》做个结尾：

　　　　它的目光被那走不完的铁栏缠的这般疲倦，什么也不能收留。
它好像只有千条的铁栏杆，千条的铁栏后没有宇宙。强韧的脚步迈
着柔软的步容。步容在这极小的圈中旋转，仿佛力之舞围着一个中
心，在中心一个伟大的意志昏眩。只有时眼帘无声地撩起。——于
是有一幅画像入侵，通过四肢紧张的静寂——在心中化为乌有。

为园而歌

"我家住在公园旁边，打开窗户空气好新鲜。我每天在这儿散步遛弯，她每天在这跳舞打拳。公园里姹紫嫣红花盛开，公园里绿树如盖草如毯，公园里青山碧水鸟儿歌唱，公园里一步一景别有洞天。"

这是我2003年为公园写的一首歌，名字叫"公园，一年我爱你365天"。提起这首歌还有一段小故事：我长期在公园行业工作，对公园情有独钟。我很想为北京的公园写一首歌，于是通过时任北京市园林局的刘秀晨副局长找到著名作曲家石顺义先生，他先是答应了，后又提出他对公园不是很熟悉，还是由你们自己写比较好。于是我抱着试试看的想法写了歌词，给石顺义先生寄过去请他批评指正。他看了后很快给我回复："你这首歌写得很好，一个字不用改，完全可以用。"之后刘秀晨局长为这首歌增加了一段并谱了曲，2003年6月由石顺义先生主持，请专业乐队伴奏，"黑鸭子"演唱组郭祁演唱，录制成盘流传到社会上。

我写这首歌的灵感就来自紫竹院公园。那是我真情实感的迸发，也是我平生第一次、或许也是唯一的一次写歌词吧！

紫竹院公园就在我家旁边，有人戏称我们的家是"公园里的家"，这种说法也不为过，我的家下了楼就是公园，离公园5分钟的路都不到。半辈子在公园工作，现在就住在公园旁边，紫竹院公园成了我家的后花园，心里别提多美了。你说住在这里，满目青绿，鸟语花香，清风拂面，河湖荡漾，能没有灵感吗？

知莫如熟，熟莫如爱。要说我爱紫竹院公园，那是有理由的。一是她美，二是她好。美在哪儿？好在哪儿？我给她总结为十全十美。四季长春，鸟语花香，设施完备，道路通畅，文化建园，科技领航，文明游览，服务优良，优化管理，安全无恙。

　　紫竹院是华北第一竹园，这在我国北方地区极为少见，据统计有竹子100余品种，100余万株。这个数我估计是个大概齐的数字，究竟有多少株，就如同天上有多少颗星星一样，谁也数不清。尽管每年都有一些"馋嘴猫"叼去不少竹笋，但新长出来的也是不计其数。如果说在北方能做到四季常青的唯有松柏和竹子了，这么一个大公园，47.35万平方米，除了水面和道路，遍地竹林，到了冬天，万木萧条之际，在这里却是满目翠绿。风敲竹歌，如琴如瑟。再赶上大雪压翠竹，那真是美极了。在沿长河的堤路上有一个亭子叫菡萏亭，北边的一副对联道出了这里的奥妙和境界："月移竹影疑仙苑""风送荷香度画廊"。

　　说到鸟语花香，那是名不虚传的。几乎每天早晨我都是被公园里传来的鸟叫声唤醒的，甚至有时几只小鸟好像专门飞到窗台前的大树上，负责把我叫醒，每年五六月还能听到布谷鸟的叫声。今年的雨很多，不到夏季，就听到了

◎紫竹院雪景

湖边青蛙"唱歌"，每当人们欣赏莲湖上的荷花，深深吸纳幽幽荷香的时候，就会不时听到"扑通、扑通"青蛙跳水的声音，有时也会是水中的大鱼突然跃起撒个欢儿。公园里最享福的莫过于莲桥边广场的那一群鸽子，几乎每天定时定点就有一群人喂，它们个个长得膀大腰圆，吃饱了就飞到旁边的两棵大柳树上，眯上眼睡个小觉。我都怀疑鸽子天天饱食饱饮，会不会得高血压、心脏病！就连周围的麻雀和湖里的鸳鸯、鸭子也跟着沾了不少光，个个都吃得兴高采烈、叽叽喳喳，给来公园玩的孩子们平添了许多乐趣。

紫竹院是个平民公园，没有皇家园林的那种霸气和傲气，更多的是人性关怀。自打2006年7月1日免费以后，更是胸襟大开，敞开胸怀接纳八方来宾，不仅是周遭四面八方的市民，还有很多人从很远的地方坐车来。公园里唱歌的、锻炼的、交友的、谈情的、聚会的，还有不少外宾成团成团地来这里参观游览，听听这里的琴声，看看那边的太极，个个举着相机拍个不停，用钦佩的眼神和疑惑的表情品味着中国人脸上的表情和内心的快乐。你说这些人怎么能不快乐呢？不仅门票免了，厕所是免费的，还免费提供手纸、洗手液、供应开水，我看只差提供免费午餐了！有一次我看到一座公厕前的道路刨了重修，就问一位看厕所的阿姨，我说，原来的路不是好好的吗，为什么重修呀？她告诉我是为了方便残疾人，要把有台阶的道路改成无障碍的坡道。公园免费了，但门口依然站着穿着工装，年轻美丽的服务员，笑迎天下客，为游客解难释惑。

竹子是紫竹院公园最突出的特色，公园的管理者费尽心思打造竹文化的品牌。亭、台、桥、廊全是竹子的形状或材质，就连路椅、栏杆、花架也都装饰成了竹子的造型，铺就的道路、广场上镶嵌的石板还是竹叶的形状。每年一度的竹荷文化节连续办了20届，届届有创新，每届都精选历代的咏竹、荷诗词供游客欣赏，还吸引了许多人为紫竹院的竹文化或挥毫泼墨，或吟诗赋词。如果把这里比作竹子的王国，竹子的海洋，恐不为过。

近两年，紫竹院公园管理者同国际竹藤协会合作，开拓竹文化的更深领域，引领了竹文化向更深的层次发展。建起了竹韵茶楼、竹韵餐厅、竹文化用品商店、竹藤文化论坛等。人们在优美的竹篁深处，坐而论道，品茶吟诗，享受着无尽的生活乐趣。

福荫紫竹院在紫竹院公园的西北隅。是昔日慈禧皇太后的行宫，依河而

◎紫竹院有贤山馆

建，坐北朝南，殿宇高敞，院落整肃，大殿前有两株百年以上的银杏树，枝繁叶茂，似乎记述着福荫紫竹院的往事今情。据说当年慈禧每年往返于紫禁城和颐和园之间，都要在此驻足小憩。但是后来由于历史的变迁，这里被冷落了，长期处于荒废状态，或给外人改做他用。2012年公园斥巨资清出了租客，重整了规制，扶桑添竹，使其面貌更新，为游客增添了一处回看历史、阅览沧桑的场所。在门前的大湖边添修了码头，桅杆高矗，步石接水，清波盈门。倘若你站在福荫紫竹院的月台上，往南眺望，碧水蓝天，远处的中央电视塔倒映在千顷湖光之中，两岸绿柳垂堤，水草肥美，几位仙人正抛杆入水，或喜获肥鱼，此情此景让人迷醉，是在人间还是天堂。

　　说起紫竹院，我似乎有说不完的话，还是用我写那首歌的副歌做结语吧："美丽的公园，我的家园，公园把城市融入大自然，美丽的公园让我尽情游玩，一年我爱你三百六十五天。"

园林文化
与管理丛书

公园随想录

续写北京公园之最

秋高气爽，万木清新。又是一届精品公园评选的时候了，这是北京的第六届精品公园评选。到目前为止，北京已评选出精品公园60个（如果今年的8个都能入选的话）占注册公园的35.2%。这60个公园代表了北京公园的水平和迎08奥运的努力，真是件可喜可贺的事。60座精品公园绘京城，可称得上是北京公园之最！

说起北京公园之最，我得从今年的精品公园检查说起。每年的精品公园评选，都有不少的闪光点丰富着北京公园的内涵，给我留下了深刻的印象。就拿今年来说，有3个公园依河而建很有特色。延庆的妫川广场，是京郊城镇形象的代表，它占地10万平方米，由东关村拆迁改造而建，一座名为"妫川情"的大型现代雕塑矗立在广场中央，气度恢弘，成为延庆的标志。雕塑四周鲜花和绿茵绘就各色图案或圆或方，别具匠心。妫川广场依妫河建成，据妫川广场管理处的同志介绍，妫河是北京唯一一条由东向西流的河流，现在这里栏坝成湖，叫妫河公园，400多万平方米，与广场公园遥相呼应，互为借景，使这里成为一块风水宝地。

丰宣公园位于菜户营桥东北角，东临护城河，西接西二环，南北长690米，东西宽72米，面积4.98万平方米，是城区中少见的下沉式公园。公园地跨丰台和宣武两区，2002年两区政府共同拆迁整治建成公园，取名为丰宣公园。该公园以节约型园林的理念，建造了集雨型绿地，采用透气透水铺装，选用了乡土树种，栽植宿根花卉，建太阳能光伏电站和数控装置生成净水泡沫厕所，并应用先进技术手段，实现了公园的远程管理。公园隶属滨河公园管理处，形成"两园一处"的管理模式。

朝阳区的北小河公园，毗邻望京西北隅，西至京承高速路，一条小溪北小河从公园穿过，总面积24.8万平方米，号称是近年来建造的最大的社区公园，2006年5月1日正式开放。公园分为滨河休闲区、儿童活动区、森林剧场、雕塑广场、体育健身区及山林活动区等，非常具有现代园林气息。据说由于该园的建成，周边的房地产价格猛涨，公园建成后房价由原来的7000多元／平方米，上升为19000元／平方米，创造出日销售亿元的纪录。

有几个公园是近些年政府斥巨资改造提高的，如玉渊潭公园、月坛公园、玲珑公园、丰台花园等，真是"三日不见，当刮目相看"了。经过改造这些公园特色更加鲜明，景观更加美丽，环境更加友好，给人耳目一新的感觉。在检查丰台花园时，我有感而发，写了几句抒情诗，表达了我的感受："花园两游只半年，惊见凤凰已涅槃。玉溪流出和谐曲，芳洲香远诸君前。"

最耐人寻味的是东城区的北二环城市公园。2006年市政府决定，对北二环路南侧危旧平房进行改造，完善北京二环"城市项链"工程。东城区负责西起鼓楼大街东至雍和宫一线，以旧城墙为线索，沿线种树铺草，绿化造景，营造了"和谐""城市中轴线""安定祥和""旧城一隅""望雍台""健康乐园""国事承贤"和"季风"8个各具特色的景点。在公园的设计中，采用花岗岩在绿带北侧砌筑挡墙，并每隔100米勾勒出城墙马面的形象，勾起人们对于北京城的记忆（只可惜没用城墙砖砌筑）。公园南侧沿线的平房区采取了文化性修复，作为公园的背景，实现了和北京历史文化风貌的和谐统一。公园刻意保留了具有京味京韵的枣树、国槐、椿树、石榴等167棵大树，又新植乔木3080株，灌木3000余株，竹子一万余株，色带和花卉一万多平方米，草坪两万平方米，形成乔、灌、花、草多层次结构，运用植物营造了"子孙平安""二乔锦带""硅木红花""槿花千堆"和"玉兰春雨"等10多处景观，与建筑小品、雕塑、道路、广场等形成了独具特色的古都风貌展示区。

北二环城市公园面积约5.4万平方米，全长2千米，宽仅25米。在考察过程中，东城区的同志们不无自豪地说：我们的北二环城市公园还创造了一个北京公园之最呢——北京最窄的公园。一句话说得我心动，他们在那么狭长的地段，创造出那么精美的园林景观，续写了北京公园之最，令人叹为观止。同时也使我联想到，北京的公园中有许多先人的不朽杰作，也有许多当

◎北二环城市公园

代人的著名创造，确实有不少个公园之"最"，值得我们骄傲哩，粗略数来起码也有20多个：

以世界上最大的祭天建筑群著称的公园——天坛，面积273万平方米，祈年殿是北京乃至中国的标志，列入世界文化遗产名录；有保存最完美的、最大的、以皇家园林著称的公园——颐和园，面积320万平方米，建筑9000多间，有馆藏文物4万多件，新建成的文昌院作为专门的文物展馆，展出文物2000余件，定期或不定期更换，列入世界文化遗产名录；北京最大的现代城市公园——奥林匹克公园，近700万平方米，连接奥运场馆——鸟巢和水立方，成为北京奥运会的标志；北京园林历史最长的公园——北海公园，它建于金大定六年（1166年），至今已有841岁了，其中仙人承露盘传说为秦代文物；北京开放最早的动物种类最多的公园——北京动物园，建于清光绪三十二年（1906年），1907年正式向公众开放。现在饲养展出动物487种，4836只（头），其中海洋馆亚洲第一；北京最长的公园——元大都城垣（土城）遗址公园，地跨朝阳海淀两区，全长6.8千米，面积85万平方米；北京最小的公园——三里屯幸福二村小花园或北大地小区花园，面积均为0.16万平方米，比苏州的环秀山庄的0.17万平方米还小些；北京最大的遗址公园——圆明园，面积350万平方米，建于1709年，1860年遭英法联军抢掠和焚烧；北京民族风情建筑最多的公园——中华民族文化园，各民族不同的风情文化归于一处；北京世界各地著名景观最多的公园——世界公园，占地46.7万平方米，有50个国家著名景观110个；北京古树名木最多的公园——香山公园，有古树名木5896株，其中一级古树300株，二级古树5596株，黄栌8万多株，香山红叶节已举办28届，闻名遐迩；北京植物种类最多的公园——植物园，现有乔灌木1万余种、160万株，建有牡丹园、丁香园、集秀园、绚秋园、月季园、树木园等，特别是万生苑大温室，面积9800平方米，植物3100种，居亚洲第一；北京寺庙最多的公园——八大处，从一到八处分别是：灵光寺、长安寺、三山庵、大悲寺、龙泉庙、香界寺、宝珠洞、证果寺，灵光寺保存的佛牙舍利名扬世界；北京景亭最多的公园——陶然亭公园，以亭为特色，共有各式亭子36座，慈悲庵位于中央岛西南的高台上，又称观音庵，康熙三十四年（1695年），工部侍郎江藻在此建亭，取名"陶然亭"，并作《陶然吟》；北京竹子最多的公园——紫竹院公园，以竹取胜，有100个品种的竹子，100万余株，以竹命名的景点有10个；北

京樱花最多的公园——玉渊潭公园，以樱花见长，自1973年日本首相田中角荣赠送大山樱花苗起，经30多年培育发展，已有樱花10个品种，近2000株，形成以樱花为特色的公园，每年举办樱花游园会；北京开展春节庙会最早的公园——龙潭公园，以庙会著称，已举办庙会24届；北京水面最大的公园——妫河公园，由妫河拦洪形成，水域面积440多万平方米，两岸风光旖旎，独具特色，是郊游野渡的好去处；北京最具特色文化活动的公园——红领巾公园，连续4届举办双

◎北京通州西海子公园古塔

◎月坛公园

胞胎节，2007年双胞胎节有600多对来自全国各地的双胞胎参加，热闹非凡；最早建应急避难防震减灾功能的公园——元大都遗址公园，有11种应急避险设施，避难场所面积38万平方米，可容纳253300人，疏散231043人。

　　朋友，你还能说出几个北京公园之"最"吗？

百花齐放春正浓

——公园文化活动浅议

2013年4月15日，中国公园协会在武汉召开理事扩大会议，隆重地为评选的2012年度全国优秀文化活动颁奖。这是全国公园行业的一件大事、喜事、好事、盛事。给了我们许多启示和思考。

记得5年前，我编著《公园工作手册》时，向全国各省市做调查，结果显示：当时能成规模的公园文化活动仅有22项，其中北京10项。而这次中国公园协会颁发的优秀公园文化活动达54项，是从所有申报的76项当中选拔出来的。应该说各具特色。纵观最近几年的发展，全国公园文化活动归纳起来有如下几种类型：

一是节庆活动。以春节公园文化活动为突出代表。全国各地的公园在春节期间举办丰富多彩的文化活动，吸引了广大的当地游客。据北京市2013年春节统计，有18家公园开展活动，吸引游客509.97万人次，占全市367座公园春节期间游人794.6万人次的64%；占2月份全市公园游人量的1526.07万人次的33.4%。游客最盛的地坛公园庙会游人量达110万人次，居京城18家公园春节文化活动之首。

"十一"黄金周也是文化活动的高潮期，特别是北京。作为全国的首都，每年国庆期间，公园文化活动丰富多彩。特别是"五年一小庆，十年一大庆"，更是光彩纷呈。2009年60年大庆时，北京组织了"十、百、千"公园文化盛典，创造了公园文化活动历时上的辉煌。其中十大公园文化活动得到全国各省市的大力支持，内容丰富，形式多样，品质高雅，盛况空前。

二是花事活动。公园是美丽园林的集中体现，园林是以植物为基本素材的。公园人凭借公园这方舞台栽花种草、育林养英、献瑰纳奇，直弄得百花争艳，四季沐芳，勾起千万万人的心驰意骋。于是产生了以花为媒的各种花会、花节、花展活动。著名的如北京植物园的桃花节；玉渊潭公园、鼋头渚的樱花节；无锡梅园的梅花节；洛阳的牡丹节等。洛阳牡丹节时，各大公园竞花斗艳，全城乃至全国人心向往，成为传统。

三是文化展示活动。大凡成为名园的公园，都有自己独特的文化内涵，这种文化底蕴是其生存乃至发展的源泉。公园人往往凭借这种深厚的文化资源，创造出得天独厚的文化经典，成为人们了解历史，了解地域文化的窗口。比如北京天坛、地坛、日坛近些年开展的以昔日皇帝祭天、地、日为模本的祭祀演示活动，击中了人们渴望了解封建王朝礼仪和文化的神经，每每吸引众多的游客观赏与参与，乐在其中，从中领略了一种社会边际文化信息。杭州的印象西湖走出了"白娘子"，北京大观园的省亲，九寨沟的晚会上演了松赞干布和文成公主的故事，避暑山庄的"皇帝"盛装登场。西安市的大唐歌舞等无不精彩纷呈。

文化展示活动的形式是多种多样的，比如有的是仪式再现，有的是展堂陈展，有的是歌舞表演，有的是"福"文化的画卷，有的是"爱"主题的盛宴。

四是特色活动。不少公园利用国内外的优质资源，经过精细策划，办出独具特色的公园文化活动项目。比如各地曾经办的灯会，除了自办外，大都与四川自贡等专业团队合作，为当地引进耳目一新的活动项目。景山公园多次举办的恐龙展，很受广大游客的欢迎。北京的红领巾公园连续9届举办的"双胞胎节"，也是别出心裁，每每办出新意，吸引了国内外众多双胞胎及相关人士的参加，非常有特色。

五是游乐活动。以游乐场、游乐园或主题公园著称的公园，以游乐机械和趣味项目为主体，寻求刺激和冒险，满足青年人"勇敢过才活过"的猎奇心理。这类公园机械设备要求高，风险大，具有较强的互动性和参与性。穿插其中策划的巡游等大型活动具有互动价值，主题不确定性是游乐项目的重要特点。

六是园俗活动。公园是人们的第三度空间。特别是随着社会休闲时代的到来和老龄化趋势的发展，公园里的当地居民游客，根据各自的兴趣和爱好，结成了大大小小、形形色色的非正式群体，或跳舞、或唱歌、或练剑、或打拳、有的是踢毽子、有的是打柔力球，形式不同，内容各异。但他们形成松散而固定的群体，除一般在公园组织活动外，还兼有情感交流、生活互助的功能，起到了解决人们的群体依靠心理、发挥社会稳定的作用。这种现象我们称之为"园俗"活动，是公园文化活动的重要类型，近些年许多公园将游客的这种园俗活动加以引导，或开展同类形式的比赛，激发了他们的高度热情。北京的紫竹院公园、日坛公园、地坛公园组织的这种活动已形成传统节日，深受游客欢迎。

七是公园节。举办公园节是一个城市将众多公园资源整合起来，选择一个时间段，根据每年不同的主题，开展广泛的宣传、咨询、科普宣传和文艺演出活动。北京公园节，自2006年借庆祝北京公园（即北京动物园）100周年之际，开展起来，每年一个主题，发动全市100多座公园开展公园宣传咨询服务活动，每年8月18日，举办大型文艺演出，或论坛活动，有时还邀请国内外同

◎日坛祭日表演

行参加，形成了广泛的交流平台，据统计，北京公园节期间，游人参与数在100万人次以上。目前已办了七届。取得了良好效果。目前在全国，已知的深圳和澳门有类似的公园节。

公园文化活动如雨后春笋般发展起来，是游客文化需求不断提高推动的结果，是受时代特征和历史传统影响的结果。党的十七届六中全会提出了文化大繁荣大发展的号召，促使公园人不断创新，不断挖掘公园的文化内涵，努力向游人提供文化的素养。从根本上说，公园开展文化活动是公园的属性所决定的。公园的灵魂是文化，公园除了向游客提供境界文化信息，即园林境界之外，有传播文化传播文明的责任，发挥窗口的作用，这是公园的社会责任。许多不收门票的公园举办活动纯粹是为了广大游客的需求，每次活动都是自筹资金，自担风险，体现了公园的公益性质。许多收费的公园通过举办活动，增加收入，增强自身发展的能力，也是合理的，是国家给与公园的经济政策。

把握公园的文化定位和自身特色，创造具有高品位的文化项目是公园文化活动的重要经验。北京在2003年春节期间的公园文化活动中出现了"三帝一妃"闹京城的现象，即天坛、地坛、圆明园的皇帝和大观园元妃省亲的表演，许多人议论纷纷，认为这是一股复古之风，也有的认为不应当再现清朝的历史，甚至有人挑剔天坛扮演的皇帝没有胡子，不符合历史真相。我倒以为以上几个公园的文化活动恰恰是文化定位准确，自身特色突出。至于天坛所扮演的皇帝究竟有没有胡子并不重要，毕竟这不是一场真正的祭天，而是一种演绎。其实是一种以历史史料为基本素材的文化创新，不可拘泥于百分之百的真实，不仅不必要，实际上也做不到，现在毕竟不是皇帝时代。我曾经在美国的迪斯尼看他们的巡游表演，恰逢中国日，他们扮演出场的是花木兰，形象完全卡通化了，站在巡游的车上，人足有3米高，给人留下了深刻的印象。现实中不可能有这么高大的人物，但作为表演适度的夸张和演绎是合乎文化规律的。我们应当鼓励创新。在美国的佛罗里达州的一座公园里，有一座仿照中国北京天坛的祈年殿建筑，里面办了有中国内容的展览，其中的解说员扮演成李白的形象，风趣可爱，使人耳目一新。这种做法都是值得我们借鉴的。

◎文化表演

公园文化活动的策划者和管理者应当特别注重文化的社会效果，讲求社会效益。即使是为了赚钱，也要讲求取之有道。不能片面追求刺激，把公园的文化活动庸俗化，有的地方搞露骨的性文化活动，有的将僵尸、阴曹地府之类的迷信东西搬进公园，实在是不该提倡的。公园的一切文化活动都应当以娱乐为手段，以文明健康的精神素养为目的。无论是雅还是俗都应当注重高品位、高档次。讲求经济效益是应然中的必然，但不能一味追求经济效益而不顾社会影响和公众形象。文化是公园的灵魂，这种灵魂应当是以境界文化信息为基本内容，丰富多彩的高尚的灵魂。

安全是公园文化活动的最高标准，也是一条底线。无论什么形式的文化活动都要百分之百注意安全。人命关天，安全为天，应当是每个活动组织者的座右铭。历史上公园办文化活动出现过多起群死群伤的大事故，至今想起来都使人心悸。记得有一年我参加国家住建部组织的春节安全检查，到东北的长春、吉林等市去检查，我印象最深的就是给吉林市西山公园春节文化活动把脉时，把地域狭窄的地方视为重点，要求设立专人负责，设立单行线，防止人多拥挤造成事故。不巧回到北京，在北京的正月十五的公园文化活动中，有的地方出现了群死群伤人的重大事故，惨不忍提。当我听到消息时，正陪领导在燕山看灯会，我立即判断出事发该公园的事故发生地点应当是一座桥，后来证实我的判断没有错。实际上公园文化活动的安全是完全可控的。关键是人，是组织者，要有清醒的头脑，要周密布置，加强防范，责任到人，不可有任何麻痹思想，任何事故都是出自一时的疏忽上。

厕所断想

厕所，人人离不开，天天离不开了。

最近，看到一篇文章，说美国有一项厕所的评选活动。由美国信达思公司于2002年发起，全美无论公司、餐厅、还是书店内的厕所都可以参加。程序是企业在网上提交申请，评选小组根据其资格、设计风格以及顾客对其的评价进行综合考量，最终在每年8月份选出10个公厕参与决赛，经过公众网络投票进行排名次。主办方认为，厕所的豪华程度并不重要，主要看重装修风格和给人带来的便利。一尘不染的环境是受青睐的重要因素。华盛顿一位理财人士说，美国厕所的卫生标准可堪与办公室相媲美，如果你带着午餐上厕所，把饭菜放在洗手池旁，绝不用担心卫生问题。跻身前十名的好莱坞室外剧场卫生间以其设计简洁明快方便、节能的创意获得好评。

类似的评选活动，我在台湾也见过。在花莲的高速路旁的一座公厕里，设施齐全，很干净，墙上挂着由马英九签发的评选证书。

似乎许多人过去不太重视这个难以启口的厕所设施。虽然我们的祖先3000多年前就发明了厕所，但是，从整体上看，长期处于落后的状态。记得早年去山东一农村，住在一个老乡家，其院子里的厕所是一个四方大坑，周边爬满蛹虫不说，坑里面积满了大半坑屎尿，且不知深浅，离坑一侧约30公分搭一根木棍。如厕时须一脚踩在边缘，一脚踩在木棍上。若稍一不慎，脚一滑，就会掉进坑里。我第一次进去如厕，实在恐惧，唯恐自己"技术"不佳，如同公元前581年晋景公姬獳一样，掉进粪坑里"陷而卒"，只好跑到村外的庄稼地里解决问题。在我印象中，世界上最脏的厕所莫过于一次去新疆看一座风力发电场路边的一座厕所，三面半矮墙，里里外外遍地屎尿，根本无从下脚。至今想起来不寒而栗，恶心依现。北京公园里的厕所，在不远的过去也是需要踩着砖头跳着进的。现在想来都是笑话了。

改革开放以后，厕所发生了巨大变化。变化之一是厕所免费了，出差兜里不必因未带零钱烦恼了；变化之二是有的城市的厕所免费提供手纸，出门似乎不必带许多手纸了；变化之三是大多数厕所干净多了。这不能不说是时代的进步，是改革开放的一个重要成果。

干净、方便是厕所的基本要求。许多公园里的厕所达到了这个标准，很干净，服务也很好，颐和园的厕所洗手都有热水。北京奥运会期间北京公园风景区提出"三有四无一同时"的厕所基本标准，即有手纸、有洗手及时冲厕水、洗手液、有照明；无恶臭味、无蝇蛆、地面无积液、无乱写乱画；与公园同步开放。当时很多人反对，说：如果公园的厕所提供手纸得用汽车拉。事实上确实如此，现在北京市属11家公园每年花费在手纸、洗手液上的费用达500多万元。在公园行业带了个好头。

要说厕所豪华，谁也比不过广州番禺的南粤苑旅游景区的"舒心阁"。他们投资800万元，用金子一斤，建起一座六星级厕所。其建筑装饰十分华丽：其外白麻石墙脚，丝缝水磨青砖墙，墙上镶着18幅彩瓷壁画，玉包金的琉璃瓦顶；室内大理石地面，酸枝木的木屏风，隔断板是贴了金箔的画，处处显露出金碧辉煌的效果。这哪里是厕所，简直是一座艺术馆！

说到厕所无臭味，真得说谁也比不了四川成都浣花溪公园。这个公园实行酒店式管理，有一次我们在总经理带领下参观公园里的厕所，总经理毫不犹豫地伸手抓起厕所小便池斗里的堵漏，让我们看，上面没有聚集的尿液。他说，保洁员要每天定时擦洗，这样才能保证厕所没有臭味。这让我们看得目瞪口呆。我也当过公园园长，我做不到。试问哪一位公园的园长能做到这样？哪一个公园里的厕所能达到这样的管理水平？恐怕没有。

土耳其的厕所给我留下了深刻的印象，无论在宾馆还是在其他地方，所看到的厕所都有便后冲洗身体的设备。虽然水十分凉，但是洁身设备自然让人是最惬意的。

现在许多公园的厕所设施设备不成问题了（当然只是许多，而不是全部，有一些城市的公园厕所还相当地有问题），但是干净度还不是尽如人意。关键是管

◎紫竹院公园

理的人的素质问题。我曾遇到过这样的一位厕所管理人抱怨说：我收拾的厕所都比我们家的厨房都干净了，他们检查还说不行。据我观察，这些厕所管理人员来自农村，他们的标准虽然不是"大方坑"，但是用农家的标准进行公园厕所的管理实在是不行的。我们有的公园的厕所没有管好，不是资金问题，而是观念问题。公园主任坐着几十万元的汽车，厕所却配不起手纸，厕所却脏乱差，实在是说不过去。

近来，看到北京动物园的保洁工身着洁白的工装，挂着对讲机，使我眼睛一亮。如果不仔细打听还以为是什么行政机关的工作人员呢！动物园的园长告诉我说：公园的保洁工是公园接触游人最多的员工，他们的素质和形象直接影响公园的形象。对于从农村来的这部分临时工，必须加强对他们的培训，提高他们的素养，这是提高整个公园软实力不可或缺的重要环节。我认为，动物园的这种认识和做法，是高明之见，明智之举。

公园厕所属于"三末"之端，即人员之末，岗位之末，管理之末。当然我们不可能让研究生去管厕所。在"文化大革命"时代，著名作家杨绛管过

181

厕所，于是她就置备了几件有用的工具，如小铲子、小刀子，又用竹筷和布条做了一个小拖把，还带些去污粉、肥皂、毛巾之类和大小两个盆儿，放在厕所里。不出十天，她把两个斑驳陆离的瓷坑、一个垢污重重的洗手瓷盆和厕所的门窗墙壁都擦洗得焕然一新。瓷坑和瓷盆原是上好的白瓷制成，铲刮掉多年的积污，这样虽有破缺，仍然雪白锃亮。三年后，翻译家潘家洵的太太对杨绛说："人家说你收拾的厕所真干净，连水箱的拉链上都没一点灰尘。"杨绛回忆说："收拾厕所有意想不到的好处"：其一，可以躲避红卫兵的"造反"；其二，可以销毁"会生麻烦的字纸"；其三，可以"享到向所未识的自由，摆脱"多礼"的习惯，看见不喜欢的人"干脆呆着脸理都不理""甚至瞪着眼睛看人，好像他不是人而是物。决没有谁会责备我目中无人，因为我自己早已不是人了。这是'颠倒过来'了意想不到的妙处。"

话说回来，厕所是文明的重要标志，是管理水平的重要体现。正如北京市领导称赞市属公园配手纸、洗手液之举是花钱买文明，值。我以为，到一个公园或单位去检查工作，只要看一看他的厕所管理水平就够了。一个连自己的厕所都管不好的领导，能管好他的公园或单位吗？

细节小议

下午。

《景观》编辑部办公室。

编辑部主任正俯在办公桌前鼓捣电脑。

我推门进去，劈头便问："干吗哪？"

他蓦然回首看了我一眼，说道："你看，昨日一场春雪，把颐和园打扮的多漂亮！"

我凑过一看，就知道天赐良机，他又有了新作：一幅"名园雪霁图"跃然屏上，如诗如画，我不由得喟叹："真棒！"

他接着说："只可惜，你看，在这张照片的左下角，有一根固定船只的桩头，和画面很不协调，我正用电脑修图呢！"

我站在旁边，一边看他熟练地操作程序，一边陷入了沉思：如果我们的公园管理者都成为摄影家、艺术家该多好哇，在公园建设和管理的过程中，不留下这些"桩桩"，公园这幅图画岂不就是完美的杰作了吗？

公园是什么？公园是有形的诗，公园是立体的画。公园一词英文称"Park"，原意为天堂。英国前总统希思，一次在颐和园宴筵之后，感慨地说：人们都梦想天堂，我今天看到的颐和园，就是人间的天堂。当然，天堂什么样？谁也没见过。不过，许多传说中天堂是完美无瑕的理想境界："蓬莱咫尺沧溟上，瑞气氤氲接上台""春阴欲下清虚殿，朝彩先浮最上峰。瑶管声中迷去鹤，金根影里护飞龙"。《北京市公园条例》给公园定义列了三个必要条件：其一是"具有良好的园林环境"。所谓"园林"，应当是艺术加科学的代名词，是自然因素加上人文因素乘上创造的艺术品。因此必须讲究"五色成文

◎画面左下角留有铁桩的颐和园雪景

而不乱，八风从律而不奸""有无相生，难易相成，长短相形，高下相盈，音声相和，前后相随"。如吟诗作画，"肇自然之性，成造化之功"，体现和谐的原则，公园的环境不仅要"园林"，而且要"良好"。

时下，人们常说"注重细节""细节决定成败"。其实，这也是公园管理的秘诀所在。前些年，我们搞公园管理，讲求"六不见""八不乱""三不外露"，实际上是从细节入手抓"管"和"理"的，经过数年努力，理清了，管好了，公园的"美育"水平提高了。但是，现在有的公园中仍然存在许多美中不足，比如摄影中遇到的问题。诸如此类还有：路面上的"牛皮癣"，草地上的"秃头顶"，破损的围栏，残缺的灯杆，歪斜的牌子，乱挂的标语，刺眼的电子屏幕等等。这些看上去都是"小节"，却给公园这幅美丽图画增添了许多瑕疵，实在是憾事。

记得当年天坛公园，将制作精良的青蛙、熊猫造型的陶制果皮箱放在祈年殿门前，把"禁止吸烟"的白塑料警示牌钉在祈年殿的红柱上。很长时间，自以为这就是"管理"，这就是美。有一次时为副市长的何鲁丽去视察时，善意地指出公园的各项设施要讲求艺术性，注意和谐，才给我们上了一课。

"追求完美，创造和谐"是公园人应该有的素养。公园管理的"理"，应当在你的、我的、他的心中、眼中、手中。通过有审美情趣的公园管理人的努力，消灭公园中那些种种的美中不足，使公园达到无可挑剔的程度。那，公园就称得上是一座人间天堂了。

文明一步

一、文明一步

据我观察，许多公园厕所（当然指男厕）内的小便器上方有一个很规范的小牌牌，上面写着："向前一小步，文明一大步"。提示男士慎行"方便"，维护卫生。虽然，据我看来，效果并不很明显，但这个提示也许是很有意义的。

近几年，北京市的厕所，特别是公园里厕所有了"革命性"的变化，环境改善了，设备齐全了，有的厕所还安置了沙发、婴儿椅什么的，解决了当年有些厕所污水横流，人们需要踩着砖头跳着走的"臭"闻。许多厕所都挂上了星级的牌子，并且全部免费。这不仅是政府为百姓、为旅游事业办的一件好事、实事，而且，确实是"向前一小步，文明一大步"了。

但是，不知您注意没有？许多很高档、很豪华的公园厕所内卫生纸架、洗手液瓶都是空的，有的洗手池的水管是坏的。这给群众的"方便"带来很多不方便。就这个问题，我请教过一些公园的管理者：为什么花这么多钱修了这么高级的厕所，而不配备手纸、洗手液呢？这不是买得起马配不起鞍吗？他们的回答很简单：配不起。我一想，也是，您配了手纸，有的人不仅使用，还可能给卷走（不能说是偷）。一个公园一天有成千上万的游人，一个公园光手纸不得不用汽车拉呀。看来，这个问题要和国际接轨，还真是个难题呢！

近日，有两件事对我有启发。一件，2006年度"感动中国"十大人物颁奖晚会上，介绍霍英东先生，改革开放之初，在广州建了全国第一个五星级白天鹅宾馆。自开业起允许百姓自由参观，第一天进去的人就不计其数，踩

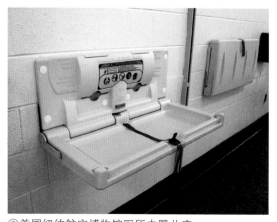

◎美国纽约航空博物馆厕所内婴儿床

坏了地毯不说，光卫生间的手纸就供应了400多卷，工作人员请示霍先生，是不是采取措施不放手纸了。霍先生说：不要紧，记在我的账上。他说旧中国时，有一些地方就不让老百姓进，现在改革开放，应当让老百姓有这个权利（大意）。这件事虽小，它反映了霍先生崇高的思想境界。

另一件，有一次我路过南二环，因"方便"去了马路边一个公共卫生间，无意间发现一个牌，上边写着服务规范，其中一条写着，免费为使用人提供长80公分，宽10公分手纸一条。出得厕来，果见服务窗口中摆着两摞手纸，一摞是无偿供给的，一摞是卖的。从质量上看过去，供的纸又黑、又窄、又薄，而卖的纸则要白些、宽些、厚些。我试着要了一份白给的，回家将纸的折皱抻平了，薄如蝉翼，用尺子一量，长只有60公分。不过，我想，北京的公厕总算跟"国际接轨"了。

以上这两则故事似乎对我们或有些许启示，如果公园里的厕所都有了手纸，那真是"向前一小步，文明一大步"了！

二、特殊留念

不久前，北京市风景名胜区协会组团赴云南考察，43人的大团，浩浩荡荡。但是对于我，已是"六下云南"了，说实话，已无多新鲜感和激情。

到达的第二天，就安排去石林国家风景名胜区参观。是日，日不早朝，天气阴凉，乘车两个多小时，方到达石林国家重点风景名胜区管理局。下得车来，薄雾冥冥，细雨霏霏，石林管理局的领导亲自率队夹道欢迎，游客中心大门前，两排穿着少数民族服装的俊男靓女，长号短笛，鼓乐齐鸣，大家很是有点受宠若惊，我心中也平添了几分惬意。

"上车睡觉，下车撒尿"，似乎是人们旅游总结的第一条定律。由于我们头一天出来，大家都在兴头上，坐车来时好象还真没人睡觉。可下车"方便"之事却是不能少的。下了车大家顺着广场上牌子的指引，几十人排着队，沿着绿茵小道向一个方向急进。走到绿树掩隐的厕所时，大家似乎忘了小解了，这哪是厕所呀，简直是座小宫殿。园形的建筑，装饰得既庄重又现代，穿过玻璃自动门，映入眼帘的是门内广阔的大厅，大理石漫地，迎面是园林造景的影壁，叠石流水，疏木繁花，含露吐芳，修竹绮绮，流水潝潝。两侧和后面环行建有便位，洗手液、手纸、衣镜、干手机、吹风机、残疾人专位等，不仅一应俱全，而且看上去都很高档。蹲便位里边的设计很讲究，有手持洁身器，墙上装有书画、壁镶式小电视，没有废纸篓，而是在一侧墙设有一个不锈钢带活动门的洞口，收集废弃物。整个厕所清新整洁，达到了无可挑剔的地步。据主人介绍，建这个厕所就用了几百万元呢。

许多同行也不知"方便"与否，只见他们掏出照相机一通狂拍，更有几位朋友，站在厕内互相拍照留念。有的说：这是我走遍国内外，所见到的最漂亮的卫生间了。有的说：这真比一流还一流，干啥老说和国际接轨，以后

◎石林厕所内景

得说让国际给我们接轨啦!

这座厕所确实是高档极了。但是,不知怎的,我脑海中突然忆起了一句老话:"把猪圈修成金銮殿,母猪也不会变公主。"

厕所,总是厕所。

三、小事变大事

到颐和园游览,仿佛进了天堂,如诗、如画、如梦、如幻、如人间仙境。人们无不惊叹那"虽由人做,宛自天开"的园林艺术,同时也会感受到这里的文明的春风。卫生那叫个干净,可以说达到了无可挑剔的境界。特别是卫生间,你进一次就会留下深刻的印象,它不仅清新整洁无异味,而且还为游客备了卫生纸、洗手液、干手器等,有为病残游客准备的坡道、坐便器、洗手池,有的还安放了休息的坐椅,供人们方便之余小憩。公园管理者把如此之小事做得竟如此之精致,真是令人叹为观止。

世界上许多事情看起来是小事,但实际上是大事。小事中蕴含着大事,在一定条件下小事可以变成大事。比如公园里的厕所问题,记得20世纪80年代,旅游事业刚发展起来,北京公园里的厕所管理卫生跟不上,有的厕所甚至脏得不堪入目,不能下脚。外国旅游者望而却步,报纸上一登,成了大事。之后,引起各方面的重视,投资改造,评选星级厕所,终于使问题得以解决。一些重要公园的厕所建造得各具特色,成了公园的一道亮丽的风景线。

2007年,北京的11个市属公园在市公园管理中心的领导下,对厕所进行了改造升级,制定了《厕所管理规范》,特别值得一提的是:厕所全部都配上了免费的手纸和洗手夜,受到广大游客的欢迎和赞扬。因此,在2007年北京市评选北京年度园林绿化的十件大事(这是自2004年开始的第四届评选)的数十件候选条目当中,"北京市属公园的厕所首次提供手纸"一条被评选为十件大事之一。这不仅反映了北京市属公园卓越的工作,而且反映了人们对公园厕所的关注。

2008年之初,在北京市公园管理中心年度工作会议上,牛有成副市长发表了一篇重要讲话,其中讲到两件具体事,提出来给予表扬,一是公园中心开展了游人满意率的调查,调查结果表明游人满意率达到94%,另一件就是公园厕所管理和免费提供卫生纸、洗手液。他说："去年公园管理中心出台了厕所管理规范，召开了两次厕所专题的大会，这看起来是小事，其实是大事。那是体现以人为本，体现公园管理水平的环节、空间，是公园管理的重要组成部分。厕所管理服务到位了，说明管理水平到一定程度了，特别是还配备了免费的洗手液和卫生纸，这点我表示坚决的支持和赞成，我希望你们继续坚持住。刚开始这纸是一卷一卷地丢，现在很少丢了，这是以人

◎美国纽约航空博物馆厕所长唇小便池

为本，是文明，是迈向文明、提高文明所需要付出的成本和代价，我们花点钱，但是买回了文明，提升了文明，值！"

　　牛市长的这番讲话提出了小事和大事的辩证关系，同时讲了"两个体现，一个说明"："体现以人为本，体现公园管理水平的环节，是公园管理的重要组成部分，说明管理水平到一定程度了。"我想这是对公园这项工作的最高评价，是值得我们细细回味的。

　　一个公园，规划、设计、建设和管理四门功课，门门都需要领导者花心思谋划，花力气运作。特别是管理工作有始无终，日复一日，年复一年，有许多都是平凡的小事，"看起来是小事，其实是大事"。从这些小事做起，把它做好、做细，公园管理的水平就会得到不断的提高，这是关乎以人为本的大事！

青蛙没了

在北京大观园的水域中，曾经历夏喧闹的青蛙没有了！

这个消息，是最近在北京市公园绿地协会信息交流委员会会上，听大观园副主任刘俊德讲的。乍听了，心中不免一紧。

刘主任告诉大家：近几年，由于公园使用中水，生态环境发生了很大变化。水质明显下降。有时在夏天，湖水呈黑绿色，发出阵阵臭味。为了改善环境，改善水质，公园下了不少功夫，几乎什么招都用过了。什么生物的、化学的、物理的，但效果都不甚明显。光全市性的中水治理研讨会都连续三年在这里召开，谁也没有什么高招。有一年，一家美国公司试图用什么新方法帮助治理，进行了几个月，几无成效，只好扛着"白旗"打道回府了，说回去再好好研究研究，从此，不了了之。

由于水质下降，致使水中的鱼类生存环境受到极大影响，虽然勉强存活下来了，但是，有的身上长了大包，有的鳍长成畸形，一边大一边小，游起来歪歪着，有的身上则一片片的糜烂。可以想见，他们经历着多么痛苦的煎熬呀。在这里，已无"濠上之风"，更无"濠濮之想"了。

不管怎么说，这里的鱼类还是幸运的，还在艰难地活着，而这里的青蛙，已彻底绝迹了。刘主任告诉我们，过去，每逢夏季雨夜，公园里蛙声不断，一派和谐景象。现在这种景象再也没有了。想起来就叫人神伤，青蛙是人类的朋友哇！

公园绿地中使用中水、化学农药，大量种冷季型草等，已使不少地方的生态环境遭受不同程度的破坏，有的没了青蛙，有的没了蜻蜓，有的水中没了水草……这些生物一个个的没了，世界成了寂静的森林该不是人类的灾难？真

◎大观园

不知，下一个没了的该是哪一个？

　　营造良好的生态环境，为鸟类和昆虫保存或提供生存、栖息的场所，把鸟类和昆虫引入城市，让人们生活在鱼翔浅底，百鸟争鸣，万物峥嵘，自然和谐的环境中，不仅是公园管理者的使命，也是整个社会的责任。

　　祈望有合格的中水！祈望生态良好的森林！

　　祈望鱼乐、虫鸣、蛙叫！

　　祈望水清、草绿、天蓝！

娇软轻狂不再吹

　　在诗人的眼中，也许什么都是美丽的，可歌可泣的，可咏可叹的。比如杨花柳絮，让诗人一说，那就神了：似花非花，似雾非雾，似梦非梦；或飞，或舞，或粘，或搅，或扑，或翻；多情多思，颠狂堕泪，春霁柳花垂，来送青春雾。经过他们这么一形容，杨花柳絮简直成了琼花仙葩，柔情女郎，令世人神往。

　　然而，在现实生活中，"柳絮年年三月暮"（周济），"不管人愁高下舞"（朱彝尊），不但"满庭堆落花"（温庭筠《更漏子》），"窗纱处处粘"（朱彝尊），人

◎北京社区公园一景

们骑车走路都要不断蒙眼捂鼻，挥手驱赶，不然就迷了鼻眼，真是"无情似多情，千家万户去"（白居易），它"万转千回无落处，随侬只恁低低去"（周济《蝶恋花》），"圆欲成球还复碎"（王之道《南乡子·用韵赋杨花》），有时还会招引来重大火灾。如此种种，着实给人带来诸多烦恼，实在让人厌而无奈。据有关部门的统计，北京城八区就有杨树350万株，柳树150万株，且大部分是雌株，每逢春季，它就不请自来，且而"杨花漫漫搅天飞"了。

"忽如一夜春风至，娇软轻狂不再吹。"不知怎的，今年春天，我在紫竹院等公园似乎少见了"似雾中花，似风前雪，似雨馀云。本自无情，点萍成绿，却又多情"（宋·周晋《柳梢青》）的柳絮杨花。经询问紫竹院公园副园长赵康先生才知道，今年北京市公园管理中心所属11家公园，正式启动了杨柳飞絮治理工程。他们采用北京市园林科研所的最新科研成果——"抑花一号"，在杨柳树上打小孔，将药液注入树干内，药液随树木蒸腾作用扩散到树体各个部位而发挥作用，可控制90%以上的杨花柳絮的产生。

听了这则消息，也许有人觉得没了杨花柳絮不可思议，但对于我实在很振奋。都说科技是第一生产力，这不就是活生生的案例吗。不光人类能计划生育，现在我们连树木也实行"国策"了。因此我盗用了宋人王之道"娇软轻狂不待吹"的词句改"待"字为"再"字，作为本篇的题目，献给为"科技兴国"而辛勤工作的人们。

从一则报道说起

一则《园林科技》引自《大连日报》的报道称：作为17个建设科技重点改造项目之一的《宿根花卉的栽培繁殖技术及应用研究》，正式通过技术鉴定及验收。18种园林效果较好的品种，开始在我市园林绿化、美化中推广，为"创佳增彩"。报道指出："由于缺水和独特的季风性气候，我市每年在绿地灌溉、养护和管理方面都要投入大量的人力、物力。因此，选用耐旱、耐害、绿期长、易养护、少虫害的植物，对保持、发展和优化城市绿地环境尤其重要，而曾在我市唱主角的一年生草花已不能满足这些要求"。

记得当年一提起园林学习考察，全国各地的同行不约而同地奔大连。大片大片的平整碧绿的以冷季型草为主力军的大草坪，以及草坪上盛开的鲜花，令世人啧啧赞叹，也令大连人骄傲。在全国刮起了一阵不大不小的风——冷季型大草坪之风。但是，经过数年的时间考验，冷季型草有点变冷了，盛开的鲜花似乎也不那么骄人了。原来，这些东西消费水平太高了，有点养不起了。就拿冷季型草坪来说，一年中要浇水、喷药20多次，返青前要施有机肥$50g \sim 150g/m^2$，或施$10g/m^2$尿素或$10g/m^2$磷酸二铵等，生长期还要增施磷、钾肥；晚秋，施氮、磷、钾肥或纯氮肥$2 \sim 3$次。同时在生长期还要每周修剪一次，使之高度保持在$8 \sim 10cm$之间。再说一年生的草花，大多是花盆栽植的，从播种、育苗、上盆、养护、修剪、整形到使用，需要大量的人力物力。据有的公园测算，养一盆菊花大约成本在$50 \sim 60$元/盆，一盆串红在$20 \sim 30$元/盆，一个城市一年成千上万盆花上街，堆成山，排满街，该是多大的耗费呀。

近年来，北京的公园出现了许多值得称道的新事物，现仅举几例与您

◎北京社区公园一景

分享：用可呼吸铺装代替水泥、沥青铺装，有利于渗水和透气。市公园管理中心所属11个公园，可呼吸铺装率达40%以上；全市大部分公园绿地采用微喷和滴灌技术，节约大量水资源，据2005年统计，城八区（包括市属公园）完成微喷1416.6万平方米。未改造前绿地用水量为$1.03m^3/m^2$，改造后为$0.67m^3/m^2$，一平方米节水$0.36m^3/m^2$。一年可节水$5099760m^3/m^2$；通过建集水网络，收集大量雨水用于园林浇灌。月坛公园在改造中，利用和改造了一段废弃的人防工事做雨水收集池，将南园4万平方米的雨水收集地下蓄水池，每年可集雨水$500m^3$，用于浇灌和冲厕；景山公园的景山改造建了集水系统，每年可集水$100m^3$；人工草坪和自然草地相结合，人工草坪具有整齐美、绿色期长的特点，是园林的重要景观表现方式，还是可以适当运用的。但有条件的公园如天坛、香山、江水泉、玉渊潭公园等大公园，在保留一定数量人工草坪的同时，利用地理优势，发展自然草地，少量人工干预，形成自然的景观，是难能可贵的；采用麦门冬和苔草，月坛公园在改造时，全部采用麦门冬做地被，效果非常好，而且还可以修剪，没有虫害，管理费用低，也很美观。天坛、景山还采用苔草做地被，虽然粗旷一些，但在山坡和偏僻处效果是好的；发展宿根花卉，在紫竹院、海淀公园连续两年的奥运花卉展览会上，推出了宿根花卉系列品种，深受园林工作者欢迎，现在已在许多公园推广；环保厕所，宣武区的丰宣公园的厕所，采用收集洗手水自动清洗排粪管槽，利用数控装置生成净水泡沫，节约用水，减少粪便抽运；景山公园采用中空纤维膜技术，将所有污物进行截留，消毒转化，节水80%～90%；推行生物防治技术，如北小河公园、丰台花园等采取悬挂黑光灯、诱捕器、施放害虫天敌草蛉、瓢虫防治蚜虫，喷施白僵菌防治草坪蛴螬，施用阿米西达防治草坪病害，释放周氏啮小蜂和赤眼蜂防止美国白蛾等鳞翅目害虫；建中水处理站，南馆公园和柳荫公园在全市率先建起中水处理站，将周围居民生活用水收集起来，分别经过化学物理处理，经菌（厌氧菌）处理加工，然后用于景观用水和浇灌，为国家节约大量自来水资源，南馆站设计能力为1000吨/天，现在运营达200～300吨/天左右；宣武区万寿公园建节能型公园。利用太阳能供电，一年可节约电2万千瓦，建集水网络、改冷季型草为苔草，可节水一万吨左右。

这些变化说明了什么？说明公园在进步、在发展，说明公园的建设者和管理者观念在悄然发生变化，说明科学发展观不是一句空话，人们建设和管理公园开始由注重美观向注重生态转变，由注重豪华向注重节约转变，这是一件非常令人高兴的事。出不了几年，一个环境友好型、资源节约型公园网络就会呈现在人们面前。

怎解识天然图画

最近看报，有两则消息很是打动了我一下。

一则报道，北京市公园管理中心的11家公园雪后清扫时刻意保留雪景。报道称"公园树木打雪主要抖落的是古树名木及路边的枝条，以免给游客造成危险和不便，其余景区未出现折断危险的树木不做打雪处理。"注意给游客留下雪后赏景、拍照的空间。

另一则是《北京晚报》记者拍摄了一张北京动物园的"虎卧晴雪图"照片。照片的说明是：今天上午白雪覆盖的北京动物园，一幅"虎卧晴雪图"吸引游客驻足观看。

这两则报道很是耐人寻味，也让我想起了宋人赵师侠一首词：

同云幂幂，狂风浩浩，激就六花飞下。山川满目白模糊，更茅舍、溪桥潇洒。

玉田银界，瑶林琼树，光映乾坤不夜。行人不为旅人忙，怎解识、天然图画。

多少年来，公园管理有一条不成文的规定，"下雪就是命令！"一下了雪，公园的全体职工都要立即拿起"武器"上"战场"，推、铲、扫、撮、打，一通忙乎，把整个道路、广场、桥梁、处处打扫得干干净净，为游人的游览创造条件。这当然是无可厚非的。现在公园管理者，手下留情，雪不全扫了，留下雪景供游客赏、玩、照。虽然是个小小的举措，但折射出的却是管理者管理意识的增强和管理水平的提高。

公园管理看似简单，实则是一门园林艺术。它的任务是要协调人与人、人

◎虎卧晴雪图

与自然、人与社会的关系，使之达到和谐的境界。这也是园林区别于林业、森林、绿化、绿地、园艺的重要标志。园林讲求的是境域的创造和美的塑造。什么地方，什么样的条件，栽什么样的树木，摆什么样的花卉，造什么园林小品，采取什么形式等等，都要讲求艺术的追求和科学的态度，通过一系列的造景、配景、框景、借景等艺术手段，创造出一种诗情画意般美的景观，营造有品味的生活空间，给人们的生活增添兴趣和韵味。而许多园林景观的营造要借助于天象、气候、风、霜、雨、雪等自然因素。因此，公园管理者要用美的思维洞察事物，在管理过程中不仅要有爱美之心，而且要有惜美之情，还要有造美之术，莫要把"美"给管没了、碰坏了。例如下了雪，苍天着意刻画的万物更加灵动美丽，你稍不留意，美就在你的脚下或手上失去了。

记得有一个摄影师给我讲过一个故事，雪后去拍一张雪景，非常漂亮，惟有桥头柱上的雪，不知让谁给胡撸了，看上去很不协调，想抓把雪撒上，但怎么撒也不如"老天爷"撒的那么自然和匀称，只得留下些许的遗憾，一张摄影杰作未能出世。

还有一个故事。在一个非常重要的会议上，一位中央美院的教授给公园提意见，说现在我们都没法带学生到公园写生了，因为公园里的许多老树给锯秃了，栽的都是尖尖的树，一点韵味都没有了。她的话虽有些夸张，但确深深地触动了我。

这使我想起了马志远的《天净沙·秋思》的词句："枯藤老树昏鸦，小桥流水人家，古道西风瘦马，夕阳西下，断肠人在天涯。"如果没有了这些枯藤、老树，怎见得古道的沧桑瘦马，怎么能勾勒出如此美丽的图画。

我在故宫、泰山以及许多风景名胜区看到，古树死了，任其苍枝枯干屹立在那里，记忆着时空的变化，任人们远眺近观。它昭示着一些生命的哲理：人们不必为树死而悲怆，也不必为夕阳西下而伤感，这就是自然，它一样展示着一种别样的美丽。

雪该不该扫？枯树该不该锯？落叶要不要清除？怎么扫？怎么锯？怎么清除？这虽然不是哥德巴赫猜想，但却是公园管理者需要认真思考和面对的问题。

很欣慰，北京公园管理中心的管理者们已经给了我们一个令人振奋的答案！

欣看"回归潮"逐浪

——从一条新闻看北京历史名园的保护与发展

2013年11月4日《北京青年报》报道，北京市少年宫预计于本月从寿皇殿搬迁到龙潭湖新址，57岁的老少年宫上完"最后一课"。报道称，北京少年宫最早成立于1956年，坐落于景山公园北面，占地5万平方米，是隶属北京市教委的综合性校外教育机构。1954年原北京市长彭真批示，将寿皇殿辟为北京市少年儿童校外活动场所。出于文物保护的需要，2004年市政府决定在龙潭湖畔为少年宫和青少年科技馆建设新址，日前新址已建设完工。

这条新闻给人们带来许多思考和启示。俗话说，30年河东，30年河西，从1954年到2004年不是30年，而是50年。50年的变化折射出时代的发展和社会的变化。应当说当年彭真市长代表市政府作出决定将寿皇殿辟为青少年校外活动场所是正确的，是对青少年的关怀，也是在当时条件下，对文物古迹合理利用的一种尝试。50年，整整半个世纪，人们的文物保护意识提高到一个新的高度，这就是北京要建设世界城市，建设高度的生态文明，建设美丽北京，文物古迹要得到严格保护和科学利用，历史名园要恢复其真实性和完整性。为此，市政府2004年做出了新的决定，将青少年校外活动场所搬离寿皇殿，此举不仅是文物古迹保护的需要，而且使景山公园的一部分回归景山公园，实现景山公园的完整性，并且对公众开放，将发挥更大的社会效益。这是北京市在历史名园保护进程中的又一个重大举措，是历史名园资源和价值的又一次回归，必将以其伟大的历史意义和深远的社会影响被载入史册。

北京有众多历史名园。所谓历史名园，"是指有一定的造园历史（一般界定为50年）的突出的本体价值，在一定区域范围内拥有较高知名度的公园。历史名园具有稀缺、脆弱、不可复制、不可再生的特点和属性，因此，保护是历史名园的第一要务""历史名园保护的核心是本体价值的保护。本体价值是指代表历史名园本质属性的基本要素体系，即一切具有历史文化价值的物质存在。应维护历史名园本体价值的历史原真性和完整性，实行最少干预原则，最大限度地避免建设性破坏和维护性损毁（灭失），最大程度地传承历史名园的物质遗存、人文信息和可辨识的历史时序信息"（摘自2009年《中国历史名园保护与发展北京宣言》）。

寿皇殿少年宫的搬迁将使景山公园向着完整性迈出重要的一步。如果把历史上由于种种原因而致历史名园丧失的土地或文物重新回归历史名园的怀抱称做"回归潮"的话，那么这种"回归潮"从改革开放之日起30多年来，一波接着一波，每一波都给人们留下了深刻的印象。

我们不妨概略回顾一下：

1980年，市水利局勘测处将占用的动物园内重要的文物古迹畅观楼归还给动物园，这是当年慈禧太后修建的唯一一座西洋式行宫。

北海公园是北京最古老的皇家园林，始建于金代，有800多年历史，1978年3月1日，经中央同意，重新对外开放。

1979年2月26日，玉渊潭公园划归市园林局统一领导，3月5日玉渊潭管理处正式成立。

1981年7月2日，北海公园管理处给中共中央总书记胡耀邦写信，支持尽快开放静心斋，7月17日，国务院机关事务管理局通知国务院参事室和中央文史研究馆尽快腾出静心斋，同年11月30日，在静心斋召开了"归还北海静心斋交接仪式大会"，静心斋正式回归。

1983年，无线电学校从天坛公园南神橱搬出。

1983年12月15日，香山公园收回香山饭店租用的部分家属宿舍和占用的汽车库。

1990年6月5日，北京市园林古建公司仓库从北京动物园迁出，腾退出占用北京动物园的用地；同年7月3日与国家气象局幼儿园迁出北京动物园问题，双方达成搬迁协议。

1983年7月，总参三部幼儿园迁出紫竹院；1993年3月29日，紫竹院公园内总参三部家属搬迁工作结束。

◎回归后的天坛神乐署

　　颐和园耕织图是原清漪园中一处具有江南水乡情调的重要景区，在昆明湖西北处。1949年后一直被某工厂占用。1998年经市政府多方协调，于1998年回归颐和园，并作出规划逐步恢复历史原貌，于2004年正式对外开放。

　　2004年，在北京市政府的大力支持下，颐和园晚清外务部公所重回颐和园怀抱。清外务部公所建于1908年，是清政府外务部的派生机构，1949年后成立颐和园小学校舍。

　　1988年3月，圆明园遗址公园被国务院公布为第三批全国文物保护单位，并于6月29日正式对外开放。1999~2000年，长城锅炉厂及农户650多户从圆明园遗址公园内迁出，公园开始整治山形和园容园貌。

　　2000年，原属于北京市园林局的北京市花木公司、中山公园天坛花圃、北京市园林学校相继从天坛迁出，进一步恢复了古坛的神韵。

　　2001年，市药检所和130多户居民从天坛神乐署迁出。2002年2月5日天坛神乐署回归。2004年天坛公园神乐署修缮竣工，投资5000万元，修缮古建4850平方米。之后进行中和韶乐的展览和展演活动。中和韶乐被列为非物质文化遗产。

2006年11月，中央音乐学院从恭王府迁出。

经市规划局、市房地产管理局及海淀区四季青乡政府同意，北京植物园收回规划范围内四季青乡果林地1.01万平方米，正白旗农民占地6.76万平方米。

……

◎归还的天坛鎏金铜编钟

这一波又一波的"回归潮"不仅限于国内，也波及世界，当年中国丧失的文物也源源不断地回到祖国的怀抱——

天坛的鎏金编钟在1901年八国联军侵华时被英军少校道格拉斯抢走，后作为战利品放在印度骑兵团。印度陆军参谋长乔希上将一入伍即在此兵团服役，他认为印度不应该保留不属于印度的东西，应该物归原主，1994年7月22日乔希访华期间，向中国人民解放军总参谋长张万年上将交还了这口鎏金编钟。

1993年，由AIG大佬莫里斯·格林伯格起主导作用的斯塔尔基金会花51.5万美元购买了1860年被八国联军盗取的中国铜窗扇中的十扇，然后把它归还给

◎圆明园遗址公园

中国，回到颐和园宝云阁。

1996年1月，法国友好人士米歇尔·伯尔德向颐和园捐赠宝云阁铜窗芯一扇。

1860年，圆明园海晏堂的12个人身兽首生肖铜塑被英法联军掠夺流落四方，其中牛首、猴首、虎首、猪首铜像先后回归中国，收藏在保利艺术博物馆；马首铜像于2007年被澳门爱国人士何鸿燊购得，目前在澳门新葡金赌城展出；鼠首与兔首由法国皮诺家族无偿捐赠中国，入藏国博。截止2013年5月，据可靠消息称，龙首在台湾收藏；蛇首、鸡首、狗首、羊首则下落不明。

◎北海见心斋

……

这一波又一波的"回归潮"发生在改革开放之后，说明了什么呢？

这说明，改革开放促进了人们观念的转变。从过去社会各方占、外敌抢，历史名园的土地、房屋、文物、资产流失，到改革开放后，纷纷迁出占用历史名园的土地房屋，归还资产文物，时势让人们普遍认识到历史名园是北京历史文化名城的重要载体，是北京的灵魂和尊严，保护其真实性和完整性是文明社会的责任，开明政府的责任，是良知公民的责任。在迁出者和归还者中，也许对某些人来说是痛苦的，但是这种"阵痛"正如新生儿降生一样，预示着新生命的到来，是值得庆贺的。

这说明，改革开放后，我们国家强大了，经济发展了，有了这种胆识，有了这种能力，有了这种气魄。我们的政府从关注GDP到关注环境，关注民生，关注历史名园的保护和发展，这是时代的进步，社会的发展。北京市逐步建立起以历史名园为核心的公园体系。想当初在改革开放之始，北京只有42座公园，如今已发展到1000多座，其中注册公园就有近400座，形成了公园城市的基本框架，这种发展，如果没有强大的经济做基础做支撑是办不到的。

这说明，正确的观念，加上强大的经济基础，是历史名园得以保护和发展的必要条件。观念是决定性的，社会的观念进步，特别是政府决策者观念的进步，是一浪高过一浪历史名园文物资源"回归潮"的根本保证。

我们有理由相信，随着观念的不断提升，经济不断的发展，政府保护力度的不断加强，历史名园的这种"回归潮"必将一浪高过一浪，包括天坛医院、口腔医院、仿膳饭店等，以及被建筑设计大师贝聿铭自认为是一生设计败笔的香山饭店，终将都会搬出历史名园。目前天坛已经回归一枚编钟，我们相信终将会迎来全套24枚编钟的全家福；圆明园的兽首也终将会齐聚一堂再现于圆明园，北京历史名园的真实性和完整性的目标终将实现！

这是我们共同的美丽中国梦！

附录1 北京历史名园文物古迹、土地房屋已回归统计表

一、颐和园

1. 耕织图始建于清乾隆十五年（1750年），是清漪园中一处极富江南水乡风情的景区，1860年被英法联军焚毁，1886年兴建水操学堂，解放后此处兴建造纸厂和三利机械厂，景观环境遭到破坏。1998年回归154190平方米。

2. 清外务部公所建于1908年，为清外务部的派出机构，1942年后成为学校，2004年在北京市政府支持下回归。占地8300平方米。

3. 东宫门外官厅清外务部公所的门房。居民占用，于2009年回归，占地808.82平方米。

4. 东宫门外官厅44号院，居民占用，于2009年回归，占地1520.78平方米。

5. 东宫门外北朝房部分房屋2013年回归79.2平方米。

二、北海公园

1. 静心斋始建于乾隆二十一年（1756年），乾隆二十三年（1758年）竣工，中华民国二年（1913年），陆征祥携家眷移居静心斋，民国三十年

（1941年）九月中国留日同学会进驻静心斋办公，1949年北京图书馆存放书籍，1951年3月移交中央文史研究院，1967年国务院参事室迁入，1981年11月30日静心斋移交北海公园，回归面积9308平方米，建筑面积1912.87平方米。

2. 阐福寺北京市少年宫归还借用阐福寺全部房地产，1952年3月拨给团市委成立少年之家。1970年3月24日回归，占地11560平方米，建筑面积828.8平方米。

3. 阳泽门民国三十七年（1948年）出借，1956年14月16日红十字会。结核病院将各类房室144间连同阳泽门交还。

4. 1955年9月14日文化部迁出团城，1955年9月29日团城对外开放。占地4553平方米。

5. 庆宵楼、悦心殿、静憩轩于民国十四年（1925年）11月28日，被国立京市图书馆租用，1950年收回。占地2968平方米，建筑面积1048.41平方米。

三、北京动物园

1. 1989年北京市园林局建筑器材库，在长河北占地4200平方米，1995年5月回归，动物园在器材库原址建北京动物园科研楼。占地4200平方米。

2. 国家气象局幼儿园在新中国成立前为中央气象局华北气象台农事试验场观测所。新中国成立后，为军委气象局中央气象台延用。1983年底，与国家气象局达成协议，由北京动物园另拨土地迁建其幼儿园，1990年正式达成协议，用长河北岸五塔寺以北80米处，毗邻国家气象局的1.14万平方米土地，为国家气象局新建幼儿园。1991年底，国家气象局幼儿园全部迁出。占地14000平方米。

3. 北京市园林古建公司1955年，迁入园内西南角处。1988年12月12日，与市园林古建公司签订搬迁协议。1989年，经北京市园林局决定1990年6月全部迁出。占地20576平方米。

四、圆明园遗址公园

1. 1962年6月市园林局与海淀区签订移交协议，移交土地1809亩，树木72万株。

2. 1977年10月圆明园管理处从北大校园运回西洋楼观水法巨屏：石雕巨屏5件，石塔2件。

3. 2013年7月由位于北京田村山南路的解放军总参信息化部某单位捐赠须弥座4件，石柱4件。

4. 1993年以国家形式回收全部三园土地使用权，圆明三园满园423.5万平方米。

5. 2000～2002年园内住房搬迁785户2000余人。

6. 2001～2008年3月，13个住园单位14万平方米房屋外迁（北京101中学暂缓搬迁）。

五、香山公园

1. 霞标磴防空洞原为静宜园二十八景之霞标磴遗址；1949年，中共中央进驻香山，此处为朱德、刘少奇、周恩来、任弼时四大书记使用的防空洞；1975年3月，被中国地震防御中心借用作地震观测使用；2013年10月3日被公园收回，约30平方米。

2. 松堂建于清乾隆十四年（1749年），为乾隆于团城阅兵时休息用膳之所，曾在此为征伐平定大小金川叛乱凯旋的将士设宴庆功，敞厅后有数十株白皮古松，松堂之名即由此而来。长期被空军占用，2011年收回，未来将作为社区公园对外开放。回归面积2.23万平方米。

六、月坛公园

1. 2004年具服殿回归451平方米。

2. 2004年钟楼回归156平方米。

3. 2004年北天门回归1座。

4. 2004年东天门回归1座。

七、天坛公园

1. 2000～2001年花木公司（搬迁还绿），拆除建筑，搬迁天坛花卉市场商户，实施还绿工程。占地约10万平方米。

2. 2001～2002年园林机械厂（收回），归由天坛公园管理处，再利用于库房及职工休息室。

3. 2001～2004年神乐署（腾退再利用），腾退占用文物建筑，搬迁住户，进行两轮修缮及陈展。

4. 2007～2008年园林学校（搬迁），利用现有教室改造为办公房，进行办公区绿化。

5. 2012年10月13日园林学校苗圃（搬迁）。园林苗圃位于天坛东北外坛内，由园林学校管理养护，作为教学实习基地，不对外开放。占地约1.3万平方米。

八、陶然亭公园

1．1983年5月1日瑞像亭从宣武门外南横街西口圣安寺迁建公园东北山顶。

2．2005年6月21日宣武区政府开始对陶然亭公园西门外〝城中村〞进行拆迁，部分占地归还公园绿化。

3．2007年8月14日京园综函［2007］227号文件，〝同意妥善解决因太平街道路拓宽工程涉及园林古建工程公司占用房屋被拆除等有关事宜的经济补偿问题〞，之后园林古建公司占用的房、地回归陶然亭公园管理。

九、文化部恭王府管理中心

1．1978年恭王府花园开始搬迁腾退，1988年7月向社会开放，面积25544平方米。

2．恭王府府邸2005年开始修缮，2008年8月开放，占地27563平方米。

附录2　北京历史名园文物古迹、土地房屋尚未回归统计表

一、颐和园

1．銮仪卫　清廷掌管皇帝仪仗.车驾的机构所在，消防支队长期占用（1950年至今），建筑面积765.9平方米，占地2828平方米。

2．如意馆　清廷书画制作的机构所在，颐和园派出所长期占用，建筑面积477平方米，占地1096平方米。

3．藻鉴堂　始建于清乾隆十八年（1753年），1860年被英法联军焚毁，1886年复建，1937年拆除残留建筑，1955年遗址上新建二层楼房一栋，现为北京市委老干部疗养所。北京市委长期占用，建筑面积2125平方米。

4．军机处　颐和园历史文物景观建筑，二炮长期占用，建筑面积1273平方米。

5．西宫门南北朝房　居民长期租用、占用，建筑面积162.8平方米。

6．升平署　清代掌管宫廷戏曲演出活动的机构，中央党校长期占用，占地1421平方米，建筑面积2670平方米。

7．养花园 宫廷养育花木的场所，中央党校长期占用，占地167796平方米。

二、北海公园

1．先蚕坛 1949年，蚕坛全部房屋借给北海实验托儿所。占地17160平方米，建筑面积1520平方米。

2．大圆镜智宝殿 民国十四年（1925年），辟为北海公园体育场，占地9360平方米。

3．琉璃阁院落 1954年起，被北京市文物研究所占用。

三、北京动物园

1．中国科学院植物分类研究所 新中国成立前为国立北平研究院动植物研究所借用农事试验场地。新中国成立后为中国科学院植物分类研究所及昆虫研究室。包括陆谟克堂，占地18000平方米。

2．北京动物园派出所 1950年，派出所设在西楼南侧的2间平房内。1965年，迁至水禽湖西南对面。均为平房。占地1000平方米。

四、圆明园遗址公园

1．北京101中学暂缓搬迁。

五、香山公园

1．香山饭店 原静宜园二十八景之虚朗斋，被香山饭店（首旅集团）长期占用。2.9万平方米。

2．小白楼 原静宜园二十八景之绿云舫，被香山饭店占用。0.048万平方米。

3．橡胶厂 土地归香山公园所有，由香山橡胶厂（盲人化工厂）租赁。0.63万平方米。

4．旭华之阁 为乾隆仿五台山殊像寺建立的宝相寺的主体建筑，也是北京仅存几座无梁殿之一，此阁历经二百年风雨和侵略者焚掠而幸存，被空军占用至今。10.91万平方米。

六、月坛公园

1．祭台 中央电视台占用。

2．祭器库 中央电视台占用。

3．宰牲亭 中央电视台占用。

4．神厨 中央电视台占用。

5．神库 中央电视台占用。

6．乐器库 中央电视台占用。

七、北京植物园

1．卧佛寺后山林 占地5860平方米。

2．通讯兵哨所 占地850平方米。

3．养蜂所 占地10600平方米。272平米的广慧庵属国家文物卧佛寺的一部分。

4．南营村外单位及民宅占地 占地89000平方米。

5．北营村拆迁户占地 占地43636平方米。

6．正白旗村 占地43636平方米。

7．正白旗（加油站） 占地2987平方米。

8．峒峪村住户 占地3436平方米。

9．西山林场管理区域 占地323万平方米。

10．北京市公安局 占地1162.6平方米。

11．北京市安全局 占地2695.4平方米。

12．香山合作社 占地1946.8平方米。

13．香山大队 占地832.4平方米。

14．总后干休所 占地3160.6平方米。

八、地坛公园

1．地坛医院原属地坛外坛，于1940年起成立。占地32426.2平方米。

2．派出所原属地坛外坛，园林局审批同意于1979年建成。占地1398.8平方米。

3．北门人防原属地坛北门外房屋，由市人防，市建委于1975年成立人防工程。占地74.4平方米。

4．门球场原属地坛三区，于1992年建成，为退休老干部服务。占地4184.9平方米。

5．武装部原属地坛18号院，于1958年被解放军公安军征用。占地1127.2平方米。

6．家属院原属地坛外坛，由市房产管理局于1957年占用。占地5137.7平方米。

九、宋庆龄故居

1．社科出版社在故居西北角圈出3000平方米，建国后建盖两座楼房，作为办公用。应收回故居，但现在仍未启动。占地3000平方米。

十、文化部恭王府管理中心

1. 司铎书院位于花园西北角，本是花园一部分，即花神庙和花房所在地。现为天主教爱国会办公地。

2. 福善寺位于恭王府西侧柳荫街，原为恭王府家庙。

3. 恭王府马厩位于恭王府南侧前海西街，现为郭沫若故居所在地。

4. 鉴园位于恭王府北侧小翔凤胡同，原为恭王府别园。

国外公园掠影

去国外参观考察，少不了逛公园，少不了去游山玩水，因为这就是我们的工作。在异国他邦看了人家的公园的建设和管理，颇受启发，总像一面面镜子，时时和我们的公园加以对照，引起许多沉思和遐想。于是，我不揣冒昧将这些点滴记忆从脑海中和相册中调出来、整理出来，同大家分享。不过，都是些只言片语、细枝末节，不成大统，也许还有井底之蛙、管中窥豹之见，万望海涵。

走进"雾区"

在2005年，紫竹院公园第12届竹文化节上，公园内的一个演出广场上，出现了一个新事物，就是搞了一个高空喷雾设备。一开始，很多人担心，七、八月份，正是大夏天，骄阳似火，在300多平米的广场上搞活动，让观众在这里欣赏节目，谁待的住呀！没想到公园管理者引进了一套喷雾装置，在6～7米高的空中架几条细细的管线，雾就从这里喷洒下来，不仅起到了降温作用，而且成了文化节的一景，许多人在雾幕下驻足看节目很惬意，有很多孩子在这里嬉戏玩耍，特别高兴。

这使我想起了日本东京的昭和公园。昭和公园是昭和50年修建的纪念公园，180万平方米，是非常现代化的公园。这也使我联想到了日本50年搞纪念活动不是搞别的，而是建公园。昭和公园有几样东西给我留下了很深的印象：一是广阔的草坪和生满野花的草地，二者相得益彰，既有景观效果，又有生态效果。二是垃圾回收场，日本政府投资350亿日元在公园内建起垃圾处理场，回收场分两部分，一部分是将不可再利用的废物用封闭式炉焚毁，另一部分是

◎日本金阁寺

将树枝树叶粉碎，高温处理后制成有机肥，解决公园的肥料问题，达到了"叶落归根、枝杆还田"的目的。第三个就是雾园景区，我们在公园的一个景区参观，事先主人没给我们打招呼，走着走着，突然被大雾包围了，刚才还晴朗朗的，一霎间成了雾海，十几米就看不见人了，真是惊奇的很，草地上、树林里到处是雾茫茫的一片。这时主人才向我们介绍雾景的情况，原来这是一个人造雾的设备，一是为了造景，二是为了周围的植物，是一个露天的"植物温室"。这时我们仔细一看，旁面的树上挂满了青苔和附生植物，仿佛置身茫茫林海之中。

以雾造景，好像是日本的一个特色，我在北海道带广市议会门前的广场上也看到有类似的喷雾设备，是一个雾景广场。雾景广场比起喷泉广场来更具人性化，人们可以进入雾景中游憩，别有情趣。

创造特色

以植物为特色的公园无论在中国还是在外国都不鲜见，比如紫竹院公园以竹为胜，北京植物园以桃花见长，玉渊潭公园以樱花著名，香山公园以红叶（黄栌）出名，还有朝阳区新建的郁金香公园等，在这些公园里每年都在应时季节开展节庆活动，很是受游客欢迎。每个节庆活动都聚集几万，甚至数十万、上百万人参加。特别是香山红叶这样的传统活动，每年园满路塞，人满为患，接应不暇，仅2005年红叶节期间游人就达几百万人，相当全年游人的三分之一，因为错过这个时间红叶落了，要看就得等明年了，所以季节性很强，时间很短，最长的也不过个把月左右。

然而在日本有个百合公园就不相同了。这里有各色品种的百合数十种，姹紫嫣红，分外妖娆。有陆地栽培的，也有温室养植的。为了应其百合公园之名，这里的公园管理者煞费苦心，能让来这里的游客在一年的365天都能看到百合花开放。我参观了他们的密招：原来他们建了一个低温窖室，里面将百合球根按次序装屉，一箱装40个球，储备起来，在-2℃储藏，等百合过了盛花期，他们定期拿出一定数量的球根，根据其生长发育的周期，计算好时间，放在适当的温度下培植，一年出窖26次，让一茬一茬的百合接连不断的开花，所以游人什么时间来，都能满足你看到百合花的愿望。这也许就是他们创造特色的高明之处吧！

千人长椅

说到创造特色，日本的公园有许多可以称道的地方。在扎幌市我参观过宫之森滑雪场、旭山公园、石山雕塑公园、农试公园、新和绿地、前田森林公园、国营泷之铃兰公园、艺术之森和百合公园等，应该说各有各的特色，都给人们留下深刻的印象。新和绿地就是很突出的例子，这是一块8万平方米的大型长方形绿地，整块绿地里修剪整齐的草坪，上面没有一树一花，一眼望去，好像一片绿海，一群穿着艳丽服装的儿童在草坪上踢球玩耍，给这片草坪增添了无限的生机和活力，草坪的四周边缘是高高的林木构成的天际线，广阔简洁，构成一幅美丽的图画。将这么大面积的绿地建成一块草坪，突出一个"大"字，这种除了在大草原上才能看到的景象，用人造的方式再现出来应该是一种胆识和创造，这种造园风格带给人们的是开敞的视野和广阔的胸怀。

"大"是一种风格，是一种艺术，是一种有灵魂冲击力的美的事物。这块绿地另一个突出特色就是有一把举世无双的大椅子，据说这把椅子是770人干了8天修建起来的，同时能坐1720人。整个椅子用木制成，椅面和靠背用木条，从局部看和公园里的靠背椅没有区别。椅子设在绿地边上，为了便于游人出入，长椅每隔几十米设有一个活动门，能坐也能开，很人性化。8万平方米的绿地配上能坐1720人的大长椅子，怎能不说是公园一绝呢。

木杆高尔夫

随着社会的进步和生活水平的提高，人们健康的愿望和对生活方式的追求也在不断发生变化。据日本朋友介绍，公园里的文体活动项目在20世纪七八十年代多是老三样：秋千、滑梯和沙坑，而到90年代就发生了变化，老三样渐渐退出了公园，球类项目，特别是日本人自己创造的木杆高尔夫大行其道，好多公园都有。这种项目场地要求条件不高，木杆也不像高尔夫专用杆那么贵族气。按规则布好洞就可以玩，既有健身功能，又有娱乐成分，一家一户，或亲朋好友相约比赛，既有游戏的情趣，又有争高下的氛围，由于活动量适中，特别受老年人欢迎。

北京的万方亭公园1998年将此项目引入公园，1999年北京市将此项目列入第二届全民健身体育项目，并在万方亭公园建立了木杆高尔夫培训基地，每届举办赛事，洋为中用，很受群众欢迎。

接地气的体育馆

在日本北海道带广市，我见到一个街区公园里的体育馆，建的很现代化，钢构玻璃装饰，里边有活动场和小卖部等设施。要说在公园里建体育场馆，供游客锻炼也无任何稀奇之处。稀奇之处在于在那么漂亮的体育馆里竟是"黄土铺地、清水泼街"，当然黄土给整理得整整齐齐状如畴亩，人们在这里打球、做操等各种活动。这使我很惊讶！后来一想，才想明白：中日两国有相似的文化传统，自古人们就有"接地气"一说，有的老人住楼房都愿意要一层，说能接地气。

这在北京的公园里也常遇到这问题。有的公园为了整齐美观有些地方要铺装，可游人就是不答应，他们说他们练功就得在土地上，为的是好接地气。于是，公园不得不在有的地区保持原生态，只将游人活动场所的土地整平，搞规矩些，满足这部分游客的需求。追求自然状态也许是我们公园管理者应该关注的问题，公园里过多的铺装，特别是水泥、大理石材料的铺装，看似整齐豪华美观，实则于游人无益。相比较，有些公园小广场用机砖或透气材料铺装更环保，更适宜于人的健康。君不见，连法国卢浮宫前长长的甬道都是沙石土道，这不是很发人深省吗？

墓地公园

在菲律宾首都马尼拉我看过3个比较著名的公园，一个是植物园，一个是由过去美国海军基地改成的公园，再一个是美军太平洋战争烈士马尼拉公墓公园。参观美军太平洋战争烈士马尼拉公墓公园之前，我心里还直打怵，因为我不太爱看埋死人的地方，总觉得恐怖兮兮的。可是在我使馆同志陪同下，到那儿一看，还真是大开眼界。公园中央有一个高耸的墓碑，记述着太平洋战争的历史，在墓碑一侧建有一条长约百米的弧型石廊，庄严肃穆，精美壮观，气度非凡，里面的墙壁的大理石上，刻着战争的场景和每一位在这次战争中殉难的将士的名字，人们在流连廊外的繁花碧树，古木芳草的同时，不免回忆起那场惨烈的战争。石廊的前面，分成若干个地块，里面密密麻麻地排列着洁白的墓柱，每个柱上都镌刻着烈士的名字和牺牲的时间地点等，一排排，一行行，有的墓柱前放着一束束鲜花，在碧绿的草坪地上显得格外圣洁和齐美。在石廊的后边是一片疏林草地，大树已有合围之粗，说明这已是一段沉重的历史了。在草地延伸出的远方，是一大片玫瑰，五颜六色，远远望去就像一片花海，微风时不时吹来阵阵清香。也许这是设计者在独特的艺术构思：玫瑰是和平的象征（Pice Rose）它寓意战争过后就是和平，昭示着人们渴望和平的愿望。整个墓地公园宁静安详，别有情趣，成为马尼拉的重要游览参观景点。

2001年我到卢森堡考察时，在那里看到了第二次世界大战欧洲战区的烈士墓园。面积比菲律宾的要小些，但形制有异曲同工之处，这里有一个大门，门内是一个纪念小广场，园内是草坪，上边也是一排排整齐的墓石柱，著名的巴顿将军的墓也安放在这里，墓地周围用玫瑰和大树围合着。特别引起我注意的是，一个工作人员正在用电动砂轮在维护每一个本不破旧的石柱，看上去是那样的认真和负责。

我很欣赏把墓地建成公园这种做法。试想我们北京有多少墓地，如果都按照公园的一些理念进行规划设计，不仅为故人提供一个安息的场所，也为世人创造一种可游玩的环境，岂不两全其美。不应当把墓地搞的阴森恐怖，杂乱无章，应当将其纳入城市总体规划，纳入大地园林化的规划。

公园城市

金门大桥是美国旧金山重要的标志，在北京世界公园内就可以看到它的微缩景观。毗连金门大桥有一个很大的公园就叫金门公园。金门公园面积约6000万平方米，相当于20多个北京颐和园的面积，或相当于北京100多个主要公园面积的总和。参观该园管理处时，看到会议室里并排挂着历届园长的照片，看出他们对公园管理和管理者的尊重。公园里各项工作井井有条地进行着。主人告诉我们：政府每年拨款6000万美元，用于公园的维护和管理，还动员社会人士参与公园管理和植物的养护。大概像中国现在实行的认建认养形式，我们在花坛旁看到，插着"认养者"的名字。

金门公园是个开放性的城市空间，形成绿廊和公园网络。道路四通八达，

◎纽约城市雕塑

周围是城市居住区，只在一些公园的游览路线上标有禁止骑车和滑旱冰之类的标志。有动有静，十分和谐。它把城市融入其中，是城市中的公园或公园中的城市。公园的绿地、树木、花坛、温室、湖面都维护的非常好，景观十分美丽。

1995年世界公园大会曾发出宣言，指出："都市在大自然中。为维护城市的自然特性必须建设绿廊和绿网。这种开敞空间的网络应当不仅为了舒适而设，也是预防灾害，保护城市生态系统所需要的。……21世纪的城市内容，应把更多的公园设想汇集在一起，这样才能创造新的'公园化城市'……按照地球是一个'公园'、城市是一个花园的构想，21世纪的"公园"必须动员社区参与，即动员公众因素和专业人员参与才能实现。"

西贝柳斯公园

芬兰是一个美丽的国度，面积33.8万平方千米，505万人口。它的资源极为丰富，森林覆盖率达69.8%，有18.7万个湖泊，17万个岛屿，有千湖之国的美誉。从飞机上往下看，在一片绿色汪洋中，大大小小的湖泊像打碎的镜子，在阳光照耀下闪闪发光。首都赫尔辛基市被包围在这绿色之中。

西贝柳斯公园座落在赫尔辛基市中心，公园里有大面积的绿地和湖泊，

◎凡尔赛宫苑

中心草坪广场上矗立着不锈钢材料制成的管风琴和西贝柳斯颇具艺术家风彩的头雕像，许多游客在这里流连忘返，追忆着这位艺术大师的光辉人生，西贝柳斯是芬兰人的骄傲，芬兰人以西贝柳斯、桑拿浴、圣诞老人为国粹。可见他们对这位艺术家的崇拜和景仰。

在我国云南玉溪建有聂耳公园，占地11.75万平方米，纪念区建有聂耳全身音乐指挥雕像，英姿飒爽。任人凭吊瞻仰，成为人们陶冶情操的好地方，与芬兰的西贝柳斯公园有异曲同工之妙。

凡尔赛宫的马车

法国的凡尔赛宫，位于巴黎西南22千米处，规划面积1600万平方米，如果包括外围林园，约6000万平方米。以其宏伟壮丽的建筑和精美绝伦的园林景观著称于世，其宫殿风格为巴洛克式的宫殿建筑群，完全是花岗岩石堆砌而成，与中国建筑相比，有其万年不朽之特色，是17世纪法国皇帝路易十四的行宫，功能恰如北京的颐和园。其园林是典型的西方古典主义，在建筑周围和中轴线上，除了美丽的神话雕像和喷泉外，林木、花卉、花坛都按几何图案，造型非常整齐美观，而在远处则是自然的森林和草地，构成自然美和人工美的和谐。代表了17世纪欧洲造园、艺术的最高水平，是名副其实的世界文化遗产。

由于凡尔赛宫面积大，游人参观周围的园林景致不得不坐上他们专为游客准备的马车。这种马车按照法国古代的风格装饰起来，上边安装上几排座椅，一个车大约都坐10几个人，由4匹大马拉着，坐在车上，随着车夫的鞭子声和吆喝声，在稍显不平的土路上，一颠一颠的前行，望着蓝的天空，绿的树，红的花，处处的景色，一种诗情画意般的愉悦心情油然而生。

这使我联想起昔日的天坛马车，五六十年代，天坛公园为方便游客，开行马车服务，嘀嗒嘀嗒的马蹄声敲击着大城砖铺就的"神路"。为天坛增添了许多情趣。也许当今的人们已经习惯了坐机动车、电瓶车了，但细细品位起来，也许坐马车是更有些韵味的呢。

不准接吻的公园

在北京市各大公园门口，都立着一块牌子，是前些年北京市园林主管部门统一制发的。上面用红色图案标识出12种禁例，这些图形有：禁止汽车、摩托车入园，禁止踢球、划旱冰，禁止掐花、践踏草坪等，这些禁止行为在《北京市公园条例》中都有明文规定，用图形标识出来，一目了然，其目的是维护公园的良好秩序，为游客创造良好的环境。想不到去国外考察，也有类似的做法，且有些禁例是我们闻所未闻的。

在马来西亚首都吉隆坡市一座城市公园参观时，我发现一块牌子，形制和北京的公园牌子差不多，但其中一个图案引起我的兴趣，我立刻用相机把它拍了下来。这是一对青年男女欲吻的头像，中间斜划一道红杠，意为禁止。我很好奇的询问陪同我们的小廖先生，他告诉我，在马来西亚的公园内不准有男女亲密接触的动作——不准接吻，如违犯者被发现了，则处以300马币的罚款（约合人民币1000元左右），搞不好还可能遭到起诉被拘禁。

登坛脱舄

在马来西亚的一座青年公园内，一块铺着精美石子的场地上，游人脱了鞋在上边做"足底按摩"，场地边上立着一块"禁止穿鞋"的牌子，提醒人们这里只能"登坛脱舄"了。登坛脱舄是中国古时祭祀时的一种礼仪，"舄"即鞋，祭祀时脱掉鞋然后行祭祀礼，表示对神的尊敬。在泰国皇宫内就有这样的规矩，虽不是祭祀活动，但进入殿堂游览参观要先脱鞋，门口有提醒的牌示和为游客专门准备的鞋架。

园林文化
与管理丛书

诗语风景

园林城市美如画

2005年9、10月间，我有幸随梁永基、唐学山教授和朱卫荣同志等参加了国家建设部园林城市考察。先后到了包头、焦作、徐州、郑州、廊坊、镇江、湖州、桐乡、湛江等9个城市。每到一地，看到城市的发展和园林事业的欣欣向荣，不由地兴奋和激动，从内心发出啧啧赞叹，因此即兴哼出了一些小诗。现辑起来与大家分享。同时，我用了较多的文字作注，以求把我的所见所闻都奉献给您。

◎包头市城市公园一景

鹿城①江南

百里长虹②衔日月，万顷碧波③百鸟啼。凤凰成韵琴弦上④，南海一曲九原霓⑤。八百年前逐鹿处，英雄⑥回首费猜疑：谁人借尔天公手？如画江南北国移⑦

2005年9月17日

①鹿城是包头的代称。相传当年成吉思汗逐鹿草原，追到这里鹿突然不见了，顺口说了一句"包尔图"，蒙语为鹿之意。后来人们就称此地为包头。

②包头有新、旧两城，东西相望，由一条50里长公路连接。

③指770万平方米的成吉思汗公园。

④"凤凰成韵"借颐和园中一对联"凤篁成韵"之谐音，意喻包头市中广场上的凤凰花坛和五条城中河流像五弦琴之韵律美，孕育着生机和活力。

⑤南海公园之水引入城中形成美丽景观。九原是包头的古称。

⑥英雄指成吉思汗。

⑦包头地处北疆，年降水仅200毫米左右，但是他们创造了恰似江南水乡的园林景观，令人叹服。

赞焦作

千载乌纱①抛天外，云台山水巧安排②。倒挂银河③成落瀑，翡翠霓裳用心裁。红石绿峰青龙舞④，凤尾兰⑤开一排排。竹林隐士幽居处⑥，龙源湖畔筑贤宅⑦。

2005年9月21日

①焦作市历史上以煤炭工业为主，经过几年努力，已由"黑色印象"之称转变为"绿色焦作"。

②云台山位于焦作市修武景境内，景区面积190万平方千米，飞瀑流泉，堪称北方之绝境。此处以云台比喻焦作市经过园林城市创建而改变面貌。

③借用李白《庐山谣寄卢寺御虚舟》诗中"银河倒挂"一词。

④指云台山中红石峡，青龙峡。

⑤凤尾兰在焦作开得非常好，用作道路隔离绿化带，非常美丽壮观。

⑥竹林七贤曾隐居云台山，此处泛指焦作。

⑦龙源湖小区是为焦作市为教师建的小区，非常有品位，体现了尊师重教的理念。

◎云台山红石峡一景

郑州半日印象①

三千年前古城中，生机盎然绿荫浓。当代愚公②挥彩笔，人民乐在花园中。

2005年9月22日

①郑州市是一个有三千多年历史的古城。然而通过近几年创建园林城

市活动，城市面貌发生了巨大变化。"人在园中，城在林中"已逐渐变成现实。郑州市的园林景观优美，特别是郑州的法桐，遮天蔽日，浓荫如盖，气度非凡。

②河南是愚公"故乡"。

希望城①

天边小镇耀新星，紫气东来绿染城。蹉跎十载成伟业，敢教明朝彩虹映。

2005年9月24日

①廊坊距北京60千米，是个建市只有16年的新兴城市。他们提出"为首都营造园林城，建设大氧吧"的口号和"以人为本，让市民回家进卧室，出门进花园"的理念，6年投资28个亿，建设城市园林。经过短短几年努力，已建成86个公园绿地，逐渐使廊坊成为"园林式、生态型、现代化"的新城。

◎廊坊市居住区绿化

225

到彭城①

烟雨濛濛楚汉风②，长龙③飞舞绿云中。戏马千年④争霸地，清音一曲动春容。羊群⑤一醉苏堤现，故道青葱起苍桐。

◎徐州群羊坡

村里杏花鹤逊雾，公孙帐下紫薇红⑥。

2005年9月29日

①徐州古称彭城，是彭祖文化的发祥地。
②徐州是国家历史文化名城，是楚汉文明胜地。
③云龙指有72座山峰的云龙山和比杭州西湖还大的云龙湖所形成的"山包城，城包山"的绿化景观。
④戏马台是项羽当年练兵戏马之地，现为重要旅游景点。
⑤龙山上的石头极似羊群，苏轼曾有诗云："醉中走上黄茅冈，满岗乱石如群羊"，徐州人按照1952年毛主席在这里做出的"绿化荒山，变穷山为富山"的指示，植树造林，这里已成为绿树成林的风景区。
⑥指徐州的市树银杏和市花紫薇。

镇江感怀

金焦山水墨香多①，伟俊雄杰贯星河②。吾辈再挥五彩笔，风光如画重描摹③。千秋古渡调雅韵，百年老肆④谱新歌。斗酒诗人今若在，旷古名篇塞江河。

2005年10月18日

①镇江是国家历史文化名城，人文底蕴深厚，文化内涵丰富，历史上留下许多脍炙人口的诗词名篇佳作，如《昭明文选》《文心雕龙》《梦溪笔谈》《园冶》等。焦山碑林存有王羲之的《瘗鹤铭》、颜真卿的《题多宝塔五言诗》、黄庭坚的《蓄狸说》、苏东坡的《观文同墨竹题记》、陆游的《观瘗鹤铭记》等460多块碑文。
②镇江历史上和当代豪杰辈出，如：刘裕、祖冲之、陆游、辛弃疾、刘勰、刘义庆、沈括、李岚清、唐家璇等。
③镇江经过五年努力，投资40亿元，建起沿江园林景观大道；投资4.7亿建起南徐生态大道，设置8个景点，与南山风景名胜区融为一体，形成"路在草中延，车在山中行，人在花中游，鸟在林中飞"的美好意境。
④指西津古渡和西津古渡街，泛指历史文物景观的保护。

湖州园林颂（外二首）

柳枝七寸①绘春秋，"三力"纬经织彩绸②。金凤凌空八百旋，一翅祥云落湖州③。

200年10月20日上午

观夜景

东海龙王水晶宫，只在神话梦幻中。但得月明星灿夜，仙人醉游茗溪④通。

2005年10月20日 晚

南浔⑤感怀

藏书楼前三劲吼⑥，佳颖园中饮美酒。南浔一游方半日，车轮欲飞心欲留⑦。

2005年10月21日晚

①在湖州市莲花庄公园内建有"中国湖笔博物馆"，内藏有长沙出土的战国时期用柳枝上缠综制的笔，谓笔之先祖。此句喻湖笔的辉煌历史和园林的发展。
②"三力"是湖州人将园林绿化视为"绿色动力""城市魅力"和"发展活力"的提法的简称。"彩绸"喻指五彩缤纷的园林绿化，同时也隐含湖

◎南浔水景

州市曾是历史上丝绸之路的源头之意。湖丝名誉海内外，曾同茅台酒一起获得过巴拿马国际展览会金奖。

③有了梧桐树，招来金凤凰。此句指湖州新建的凤凰公园，同时暗喻湖州是最适宜居住之地，"行遍江南清丽地，人生最宜住湖州"。

④苕溪是一条从湖州市内横穿而过的河流。湖州新区就建在苕溪河旁，夜间从远处望去，市政府大楼夜景恰似龙宫，非常美丽。

⑤南浔是湖州的一个县级市，是商贾繁华的历史文化名镇，京杭大运河绕镇而行，镇内河网密布，港汊纵横而市，是典型的江南水乡。曾有"四象八牛七十二金狗"之说，比喻他们的钱财可以铸大象，或牛、狗。古镇当年在除四害中是无蝇镇，号称饭馆如发现一只苍蝇吃饭不要钱，曾得到毛主席的赞扬。其院内有一太湖石，上有孔，用嘴吹响如虎啸。

⑥藏书楼是指"嘉业藏书楼"是重要文物古迹。解放战争时，战火纷飞，周总理曾亲自打电报，要求保护好它。

⑦吃罢晚饭就要随来接的桐乡市领导出发赴桐乡，以此表留恋之情。

山水桐乡

初入陶家①不见山，梧桐遍地似云烟。水乡信步闻韶乐，座座儒峰立身前②。碗大小城变绿川，筷长街巷似棋盘③。流连忘返归何处，"恨不移封向酒泉"④。

2005年10月22日

①陶家：桐乡古称凤鸣市，有"菊乡加绿网"之美誉，是杭白菊之乡。此句以陶渊明"采菊东篱下，悠然见南山"比喻。

②儒峰：意指桐乡是人文荟萃之地，曾有茅盾、钱君陶、丰子恺、金仲华、徐肖冰等一代名家大儒从这块土地上走出来。

③桐乡原是一个小镇，当地曾有"碗大梧桐镇，筷长一条街"的俗语。

④化用杜甫《醉中八仙歌》中诗句。

◎桐乡公园

天堂湛江（二首）

世人自古梦天堂，今日何必话苏杭。南国花雨椰风处，观海听涛在湛江。

2005年10月25日

百果飘香味不知^①，黄金遍地^②无人拾。绿城小住才三日，回到家中家妻不识。^③

2005年10月26日

①湛江地处我国大陆南端，属热带海洋性气候，一年四季瓜果飘香。在这里我们尝到一种比枸杞子大一点的小红果，吃了它之后，任你再吃什么水果，无论酸的、苦的，一律是甜味。因此，人们称此果为神果。

②指湛江用作地被植物的"野花生"，在阳光照射下，一片金黄，非常漂亮。此花是热心园林的市委书记徐少华从热带植物园中引入城市的，成为湛江园林中的佳景。

③湛江空气质量特别好，最适宜人居住。特别是湖光岩风景名胜区，山清水秀，气候宜人，栖居此地，健康长寿。据说：喝一杯这里的矿泉水，可以增寿一天；长期呼吸这里的空气，可以延年益寿。一位患高血压病的东北老人，血压的高压190多，在这里住了不到100天，高压降到110，实为神奇。此句比喻在这里居住可使人年轻，青春焕发，回家媳妇都不认识了。

成都园林赞——献给灾后重建的园林英雄

汶川地震，山摇地动。哀鸿遍野，世界震惊。蓉城内外，万民惶恐。苍天无泪，大地无情。公园绿地，首当其冲。二百万人，避灾躲风。安排生计，维护安定。不畏艰险，日夜兼程。为了抗震，一路绿灯。战胜灾魔，赫赫大功。感天动地，可亲可敬。

震后重建，百废待兴。喜逢盛世，大难重生。扶正大树，重铺草坪。呵护绿色，关爱生命。上至熊猫，下至昆虫。非是绿色，民心工程。花团锦簇，绿荫浓浓。山披绿色，碧水泠泠。蜻蜓点水，彩蝶舞风。百花齐放，百鸟争鸣。人与自然，和谐共生。

蓝天白云，气闲神定。规划见绿，绿线甫定。蓝脉绿网，"三绿"工程。公园棋布，灿若群星。古树名木，至尊至圣。拆墙透绿，"双百"工程。旧城改造，绿量大增。三环项链，外环彩虹。持续发展，后劲无穷。创造和谐，绿满蓉城。园林生态，惠及百姓。

2009年2月16日于成都

附录　国家园林城市名单

第一批（1992年）：北京市、合肥市、珠海市等3个城市

第二批（1994年）：杭州市、深圳市等2个城市

第三批（1996年）：马鞍山市、威海市、中山市等3个城市

第四批（1997年）：大连市、南京市、厦门市、南宁市等4个城市

第五批（1999年）：青岛市、濮阳市、十堰市、佛山市、三明市、秦皇岛市、烟台市等七个城市和（上海）浦东区1个国家园林城区

第六批（2001年）：江门市、惠州市、茂名市、肇庆市、海口市、三亚市、襄阳市、葫芦岛市、长春市、济南市等10个城市，石河子市、（苏州）常熟市等2个县级市和（上海）闵行区1个国家园林城区

第七批（2003年）：上海市、宁波市、福州市、唐山市、吉林市、无锡市、扬州市、苏州市、绍兴市、桂林市、绵阳市等11个城市和（威海）荣成市、（苏州）张家港市、（苏州）昆山市、（杭州）富阳市、（江门）开平市、（成都）都江堰市等6个县级市

第八批（2005年）：嘉兴市、泉州市、武汉市、湛江市、库尔勒市、徐州市、乐山市、长治市、遵义市、郑州市、伊春市、宝鸡市、许昌市、宜昌市、包头市、淄博市、廊坊市、镇江市、安庆市、岳阳市、邯郸市、南阳市、日照市、漳州市、晋城市等25个城市和（昆明）安宁市、（苏州）吴江市、（潍坊）寿光市、（泰安）新泰市、（青岛）胶南市、（无锡）宜兴市等6个县级市

第九批（2006年）：成都市、焦作市、黄山市、淮北市、湖州市、广安市、宜春市、景德镇市等8个市和（潍坊）青州市、（洛阳）偃师市、（苏州）太仓市、（绍兴）诸暨市、（台州）临海市、（嘉兴）桐乡市等6个县级市

第十批（2007年）：黄石市、石家庄市、四平市、松原市、常州市、南通市、衢州市、淮南市、铜陵市、南昌市、新余市、莱芜市、新乡市、株洲市、广州市、东莞市、潮州市、贵阳市、银川市、克拉玛依市等20个市，济源市、（唐山）迁安市、（铁岭）调兵山市、（无锡）江阴市、（金华）义乌市、（三明）永安市、（青岛）胶州市、（威海）乳山市、（威海）文登市、（平顶山）舞钢市、（昌吉州）昌吉市、（伊犁州）奎屯市、（郑州）登封市等13个县级市和（天津）塘沽、（重庆）南岸区、（重庆）渝北等3个国

家园林城区

第十一批（2008年）：沈阳市、长沙市、淮安市、赣州市、南充市、西宁市、新余市等7个城市和（延边州）敦化市、（绍兴）上虞市、（宜昌）宜都市等3个县级市

第十二批（2009年）：潍坊市、临沂市、泰安市、重庆市、承德市、太原市、铁岭市、开原市、宿迁市、泰州市、台州市、池州市、萍乡市、吉安市、洛阳市、商丘市、安阳市、平顶山市、三门峡市、鄂州市、湘潭市、韶关市、梅州市、汕头市、柳州市、遂宁市、昆明市、玉溪市、西安市等29个城市和（泰安）肥城市、（济南）章丘市、（邯郸）武安市、（长治）潞城市、（临汾）侯马市、（常州）金坛市、（郑州）巩义市市、（西双版纳）景洪市、（吴忠）青铜市峡、（哈密地区）哈密市、（伊犁州）伊宁市、（嘉兴）平湖市、（嘉兴）海宁市等13个县级市

第十三批（2010年）：信阳1个城市和（宁波）余姚市、（延边州）延吉市等2个县级市

第十四批（2011年）：张家口市、阳泉市、孝义市、本溪市、丹东市、如皋市、连云港市、江都市、江山市、温岭市、芜湖市、六安市、莆田市、龙岩市、九江市、上饶市、东营市、龙口市、海阳市、济宁市、聊城市、永城市、驻马店市、荆门市、荆州市、娄底市、北海市、百色市、丽江市、吴忠市等30个城市

第十五批（2013年）：佳木斯市、海林市、七台河市、保定市、咸宁市、介休市、泰宁县、长泰县、陇县

中国人居环境奖获奖城市一瞥

　　"人居环境奖"原来只是国际上的一个奖项。1996年我国参加了伊斯坦布尔的国际会议之后，也在我国设立了中国人居环境奖项，由住房与城乡建设部主管，受到各个省市政府的高度重视。到目前为止，全国已有25个城市获此殊荣。

　　"人居环境奖"有三级指标体系：一级指标包括居住环境、生态环境、社会和谐、公共安全、经济发展、资源节约6大项和1项综合否定项，即近2年内发生重大安全、污染、破坏生态环境等事故，造成重大负面影响的城市，实行一票否决；二级指标共有25项指标，包括住房与社区、市政基础设施、交通出行、公共服务、城市生态、城市绿化、环境质量、社会保障、老龄事业、残

◎杭州西湖

疾人事业、外来务工人员保障、公众参与、历史文化与城市特色、城市管理与市政、基础设施安全、社会安全、预防灾害、城市应急、收入与消费、就业水平、资金投入、经济结构、节约能源、节约水资源、节约土地等；三级指标是对二级指标的分解和量化，共有66项指标，几近涵盖了城市生活的方方面面。获得"人居环境奖"实属不易。

参加"人居环境奖"复查，既是一项重要的工作又是一种美好的享受。既感受到"人居环境奖"获得城市的发展和魅力，又领略了当地美丽的风光和良好的生态环境。我这个人，是个性情中人，钟情于山水，一座山，一条河，一个故事，一段历史，一丛竹，一片花，每每触动我敏感的神经，激发我情动的灵感，兴致所致，哼出几句歪诗来，概因自娱，也为同行者助兴，为严肃的会议添趣。有些城市碍于我是所谓的"专家"，把我的诗还登在当地的报纸上。即使是献丑，但是我还是满引以为自豪的。但不管怎么说，诗是重性情的，我即情即景，记事纪实，这是我的真情实感的表露。因此，我愿意奉献出来，与大家分享。同时，也表达我对所去过的城市的一片爱意。

晨游厦门园林植物园

小序：厦门真是个好地方。当北方被寒风凛冽的冬天包裹，这里依然春意盎然。住在厦门宾馆，离厦门园林植物园很近。连续三天早晨到那里晨练舒展腰身。

三上仙山听三声[1]，山青水蓝花正红。棕扇林中舞神剑[2]，幽径绕湖绿拥风。

[1]指园中的鸟声、水声和风声，是公园美的象征。
[2]在植物园的棕榈树下，捡一根棕榈枝当剑舞。

雨中白鹭洲公园所见[1]

绿为霓裳花为魂，珠玑满盘香宜神。一只白鹭婷婷立[2]，三五游客舒腰身。如雨挥洒绣绿茵[3]，绣罢香荷绣白云。何言女娲能补天，仙界修成公园人。

[1]白鹭洲是厦门首座大型开放式城市中心公园，面积约40万平方米，位于市中心的筼筜湖内，毗邻市政府行政中心、滨北金融区及繁华老城区。优

越的地理位置、良好的绿化景观与休闲文化设施，使其成为厦门城市的"磁心""绿肺"和"国家重点公园"，同时也是厦门市广大市民投票推选确定的"城市原点"。

②指公园水中的雕塑。

③草坪上的一堆草给我灵感，使我联想到园林工人的辛勤劳动。

南宁苏铁园感怀

小序：南宁是绿色之城、山水之城。南湖植物博览园投资200多万元的人造雾景和青秀山的苏铁园，给我留下了美好的印象。特别是50多万平方米的苏铁园，郁郁葱葱，蔚为壮观，堪称一流。参观苏铁园时，正巧碰上当年接待过我的文局长，彼此相见甚欢，特赋诗一首以记之。

清秀山上会佳朋，萧台似有神鸟声①。凤尾含情齐天老②，南天宫阙翠烟生③。

①青秀山上筑有萧台，传说当年一个壮族小伙子在这里吹箫，引来一只凤凰，结为连理，化作一座山。此处神鸟即凤凰。

②凤尾指凤尾松、凤尾蕉，即苏铁。青秀山的苏铁最古老的已1300岁。

③南天宫阙指南宁，我国的南大门。

日照的小石子

小序：11任市长"一张图"，高瞻远瞩的规划成就了日照市的今天和未来。城市的五条轮廓线①如同五线谱一样构成了宜居城市的构架。

玉露泠泠的清晨，穿过飘带般的绿林，金色的沙滩印满脚印，我弯下腰拣起颗颗石子，感受它们的神奇和浸润。虽然它们不是美玉宝石，但它们似乎牵动了我的心。因为它们有高山的品格，因为它们有大海的深沉，因为它们有亿万年的记忆，因为它们有高尚的灵魂。我常在掌中摩挲，舍不得丢掉它们，因为这是大海的馈赠，因为这是今生的缘分。

①日照市是一座带状城市，山、城、树、沙滩和大海形成五条彩带轮廓。

绍兴赞

小序：绍兴"北湖南山、山水相映、公园棋布、绿带纵横、组团相间、绿廊通风""金山银山更要绿水青山"是绍兴人的理念。绍兴和许多古今名人相联,古迹甚多,是"没有围墙的博物馆"。去绍兴自然要去喝喝绍兴黄酒,吃吃茴香豆嘞。

> 乌蓬悠悠荡古今,琥珀琼浆细细品。稽山竹径字一个[1],镜湖长天鹭几群。禹庙高耸入云端,越台千古任人寻。书香墨门深深见,水秀山青多贤人。

[1]兰亭景区门前入口有一座点景石,上刻一"竹"字。

西子来会(赞杭州园林)

小序:恰逢中秋节到杭州,万里无云,西湖赏月,次日钱塘江观潮,平生之幸。生机盎然的法桐蔽天遮日,触发了我的灵感。我把法桐比西子,西湖比作西子之眼睛。

> 听香闻涛两相宜,皓月苏堤。西子翩翩来会,素裙青衣。
> 明眸一笑乱心底,惹我神魂颠迷。东逝水,约如期,叹别离。

雷峰塔感怀

> 绕塔三匝寻故迹,铜栏铁壁[1]。长歌一曲千古吟[2],青山依依。借问西湖一抔水,瑞光宝气。清风拂面,醇香入心底。

[1]新建的雷峰塔用铜质栏杆,钢架结构,应该是万年牢了。
[2]意指白蛇传的故事。

毛泽东读书处即景

小序:毛泽东读书处在国宾馆的后山上。早晨散步路过此处,看到一位穿厨师白大褂的男青年,正坐在屋外墙角石阶上读英语,我冒昧开了个玩笑,说了一声"主席好"。

> 绿苔印阶桥,青藤缠树梢,黄龙现异彩[1],白衣倚栏早。问声"主席"好,弱冠讶然笑。试问廿年后,藤树谁更高?

[1]指用黄琉璃瓦复顶的建筑。

绿满威海

> 海天一色绿映蓝,大珠小珠落玉盘。玛瑙翡翠项链结[1],凤

凰欲飞初涅槃②。万木高擎欲蔽日，百花拥红更粲然。美景何须
斗酒满，雅韵高歌累万言③。

①威海市有46座山得以绿化，称之为绿核。大珠小珠、玛瑙翡翠皆指大大
　小小的绿地；结项链指沿海岸线的十几座公园。
②指历经500年，几经兴废，今又重建扩建，气势恢弘的环翠楼。
③指颜其麟长赋《威海赋》，其结尾诗曰："每观威海豁心胸，往事皆忘百
　虑空。碧海蓝天风物美，银滩金岭资源丰。绛脸葵花咸向日，龙颜皇帝亦
　来东。合家恨不移斯邑，金谷园中友石崇。"

烟台行

狼烟淡去绿烟浓①，山海情笃入芳城。点酒霑唇心欲醉②，
蓬莱仙阁会佳朋③。

①狼烟指当年烽火台的烟，烟台因此得名。
②参观张裕葡萄酒厂，领略酒文化，品尝精品葡萄酒。
③蓬莱仙阁泛指烟台，在这里见到老友，分外高兴。

237

◎威海之晨

青岛"八景图"

八十里路八大关①，"五绿"翠碧如云烟②。莫道海天成一色，一袭白裙照天仙③。穿地入海似游龙④，插翅凌云欲上天⑤。何不临风酒一尊⑥，醉眼登舟扬白帆⑦。

①近年，青岛沿海岸线修建了40.6千米的游览参观栈道，蔚为壮观，将八大关和众多景点联系起来。
②"五绿"即绿肺、绿肾、绿廊、绿环、绿景，是青岛生态建设的基本格局。
③在八大关和沿海有数不清的穿婚纱的照相者，成为一道亮丽的风景线。
④指从青岛至黄岛的长7千米的海底隧道。
⑤指胶州湾跨海大桥，长40千米，是人间奇迹。
⑥指红酒一条街。
⑦指青岛湾的一片白帆和白帆雕塑。

宝鸡赞

小序：宝鸡以大视野、大蓝图、大动作建设特大城市为目标，视园林绿化为生产力，着力打造山清水秀、环境优美的人居城市。该市某钢管厂凭借绿化和环境优势，吸引印度客商5.5亿美元的订单，成为美谈。

寻根问祖到陈仓，秋雨霏霏阅沧桑。凤凰振翅欲飞天①，金鸡昂首唱炎黄②。秦风吹皱渭河水，周韵染透秦岭梁。千年石鼓有真意③，万顷碧波著华章。

①市政府前广场上的凤凰雕塑，寓意凤鸣朝阳。《诗·大雅·卷阿》云："凤凰鸣矣，于彼高岗。梧桐生矣，于彼朝阳。""卷阿"就是岐山境内凤凰山麓的周公庙所在地。后以凤鸣朝阳比喻贤才遇时而起或以为稀世至祥瑞。
②金鸡是宝鸡市重要雕塑之一，谓之宝鸡。古代传说中的神。《汉书·郊论·志上》载："秦文公获若石云，于陈仓北阪城祠之。其神……光辉若星……若雄雉，其声殷殷云，野鸡夜鸣，发一牢祠之名曰陈仓"。公元757年，唐肃宗驻跸凤翔，闻听"宝鸡鸣瑞"，故以宝鸡代陈仓。
③石鼓是千古文物，几经波折沉浮的石鼓现藏于宝鸡近年新建的石鼓阁中。

石鼓阁放歌

今日重唱石鼓歌①，何须辩口如悬河。千年至宝重见日，高阁喜瞻轻触摸。问字猜画万古谜，蝌蚪依然费琢磨。一曲高歌颂太平，文公无须意蹉跎②。

①石鼓歌是韩愈一首诗的名字。
②文公即韩愈。

附录　中国人居环境奖获奖城市名单

"中国人居环境奖"由国家建设部于2000年设立，是全国人居环境建设领域的最高荣誉奖项。其目的是为了表彰在城乡建设和管理中坚持以人为本、全面协调可持续的科学发展观，树立正确的政绩观，不断加强城乡基础设施和生态环境建设，切实改善人居环境，努力构建资源节约、环境友好的社会主义和谐社会，为实现全面建设小康社会做出突出贡献的城市。2001～2012年，全国共有30个城市获得中国人居环境奖。

2001年　5个：广东省深圳市　辽宁省大连市　浙江省杭州市　新疆维吾尔自治区石河子市　广西壮族自治区区南宁市

2002年　3个：山东省青岛市　福建省厦门市　海南省三亚市

2004年　3个：海南省海口市　山东省烟台市　江苏省扬州市

2005年　1个：山东省威海市

2006年　2个：浙江省绍兴市　江苏省张家港市

2007年　3个：江苏省昆山市　山东省日照市　河北省廊坊市

2008年　2个：江苏省南京市　陕西省宝鸡市

2009年　1个：浙江省安吉县

2010年　5个：宁夏回族自治区银川市　江苏省无锡市　安徽省黄山市江苏省吴江市　山东省寿光市

2011年　3个：山东省潍坊市　江苏省江阴市　江苏省常熟市

2012年　2个：江苏省太仓市　山东省泰安市

逐梦宜居

东营①印象

只知此地涌黑金，②惊看盐碱变绿荫。③历经十载蛹化蝶，④一树竟发万木春。⑤珍珠翡翠连云碧，⑥天堂何必江南寻。"十大"皆空生一字，⑦壮"美"全赖拓荒人。⑧

2013年10月18日

①东营原只为一小村，"晴天白茫茫，雨天水汪汪。鸟无枝头栖，人无树乘凉"。因开发石油而发展成为一个城市。面积8243平方千米，建成区110.95平方千米，人口203万，建成区64.95万，辖两区：东营区、河口区；广饶、垦利、利津县。是孙武的故乡，山东吕剧的发祥地。GDP3000亿元，人均14.5万元。

②黑金：指石油，胜利油田是我国第二大油田，年产2700万吨。

③盐碱是东营的代名词。这块土地原为黄河的冲击平原，海水的侵蚀使这里的土壤平均含盐量达17‰，为绿化之"禁地"。东营人以科技为先导，探索了一套科学的绿化模式：即去除原土，加沙粒隔层，安置管网，上覆80cm的客土，然后植树。现在的东营已经是绿树成荫。

④东营1983年建市，今年是建市30周年。

⑤原来这里传说只有一棵树，一位爷爷带孙子去捕蝉，不想它飞走了。爷爷说不用急，这里就一棵树，一会儿知了就会飞回来，其他地方没处落。山东电视台有个节目，主持人问："哪个城市没有树？"抢答："东营。""加十分。"人们形容当年这里，电线杆子比树多，汽车比人多，石油比水多。

⑥珍珠翡翠：指大大小小的公园绿地计131处，如同珍珠翡翠般散落在城市中。

⑦"十大"：大河——黄河，大湖——清风湖，大海——渤海，大油田，大荒（原被戏称为山东的北大荒），大绿地，大水面，大空间，大湿地，大手笔。

⑧一字：指"美"字。壮美成为东营的特质。

长兴感怀

千顷碧色万栋屋，近水远山入画图。林间百鸟啼不断，村头雄鸡劲颈呼。高天腾起百叶龙①，异彩明珠照太湖。醉眼相看云和月，花气熏人魂欲出。

2013年10月21日

①百叶龙：长兴非文化遗产项目。

泰安感怀

蝘鳞寿鱼①天平水，神山雄峙古城美。谁弄秋影彩石溪，细雨金风别样飞。小镇揖别十五载，再见怎识大都会。老树新花带笑看，滴酒未沾心已醉。

2014年2月3日零点30

①蝘鳞鱼：同熊猫一样珍稀的生长在3000米海拔的泰山独有的鱼类。

昆明更美了

万顷晴沙，两行秋雁。红嘴鸥群①，春城名片。寸金之地，拓建公园②。绿荫匝地，大城风范。丛林山水，百花争艳。人居环境，面貌巨变。前所未有，地震天翻。

①红嘴鸥是昆明特有的候鸟，每逢秋季，成千上万只栖息在这里，市民倍加珍惜呵护。

②弥勒寺公园是在市中心黄金地段省政府机关搬迁后建的公园。

镇江颂

大江东去，天河北流①，交汇处，一曲华美乐章，一帧风景画轴。曾记否，多少英雄佳话，刻上铁瓮城楼。无数巨擘宏篇，写下江山锦绣。都溶入肌骨血脉，幻化为参天北斗。看今朝，四围青山②着意，宛若瑞云闲游，八方绿水③生情，恰似经年美酒。杜鹃④丛中彩蝶舞，谁人花间笑枝头。

①天河指大运河，北流至运粮河。

②26座山。

③8.8万平方米湖水。

④市花为杜鹃花。

参观宜兴紫砂博物馆感怀

陶片几枚说春秋，七千岁月未曾休。盛世佳话道不尽，名家名作名满楼。问君知否一抔土，大师妙手出锦绣。山清水美多奇俊，六宜之城最风流[①]。

2013年9月27日宜兴

①六宜：易居、宜业、宜游、宜艺、宜兴、宜健。

池州灵感

夜来宿池畔，梦境荡悠悠。推窗天平湖，海天一眼收。诗兴由此发，未敢吟出口。只因李杜在，风景化美酒。

2013年9月29日

京华撷英

京华百园

琼岛春阴太液风，桨声飞过浪千重。乔老爷子一首歌，唱的咱们都年轻。

瑞雪祈年圜丘音，古坛神韵沐春风。三山五园景致美，无限风光数昆明。

春日赏花去北植，夏天观荷莲池中。秋醉红叶在西山，冬里踏雪陶然亭。

玉渊潭水响叮咚，紫竹鸣凤多空灵。景山牡丹红似火，中山兰香飘满城。

一日能游一世界，民族园里九州风。红楼一梦成大观，文化园中腾巨龙。

小儿最爱动物园，虎啸山林百鸟鸣。群猴打斗乐开花，熊猫嬉戏憨态浓。

河边道旁楼群中，公园座座似繁星。北京公园数不清，座座连着老百姓。

2006年9月

明城墙遗址公园赏梅
——谢许联瑛盛邀品梅赏花

三月三日气象新，明城墙边多丽人。长枪短炮齐上阵，扶老携幼步芳芬。青草茵茵照暮春，古柯千枝似龙群。五瓣凝香酒入唇，箫客弄玉频转身[1]。就中黄山飞玉蝶[2]，人面桃花[3]俏美人[4]。台阁朱砂[5]粉迎春[6]，三轮玉蝶[7]绿萼真[8]。古城春晓[9]虎丘晚[10]，西岭香远[11]龙游吟[12]。屏展芳菲[13]洒金枝[14]，梅石大观[15]盖古今。角楼一座感鬼神，残墙里半古亦新。暗香天缘赐踏寻，南梅北开树成荫。百种梅品非痴梦，千株名园信芳心[16]。待等十年再看花，一曲高歌动地魄。

[1] 典故：萧史吹箫打动秦穆公的女儿弄玉，并以梅花为媒结为良缘。
[2]——[8][10][12][14]均为梅花品种名字，共10种，体现一个"赏"字。
[9][13][11][15]均为公园内梅花景区的名字。
[16]信芳是许联英的字。她怀有将明城墙遗址公园内梅花增至百种千株，建成北京精品梅园的宏志。

天上的宫殿

有一座宏丽的宫殿，不知在地上还是在天上？瑞烟袅袅在空中飘飞，祭天神乐绵绵绕梁。斗拱飞架流彩溢霞，金色宝顶迸发出万道光芒。兰色琉璃像蔚蓝的天空，崇基石栏把圣殿托在天上。

有一座宏丽的宫殿，不知在天上还是在心上？巍峨凝重是中华的气魄，灿烂辉煌是北京的形象。他系着民族五千年的文明，也连着中国奥运的希望。谋事在人成事在天，梦想成真就在我们心上。

古坛神韵

走在攸攸的丹陛桥上，天苍苍来林茫茫。穹坛飘瑞烟，圣殿闪辉煌。一年从这里开始，四季轮回在这里酝酿。

走在攸攸的丹陛桥上，地皇皇来草茫茫。回音壁传出欢声笑语，万顷松涛溢出醉人芳香。七星石痕斑斑驳驳，九龙柏诉说着古老幻想。

走在宽阔的丹陛桥上，天苍苍来林茫茫。祭坛蕴涵着古代

◎天坛祈年殿祭天礼仪演示

文明，圣殿凝聚着民族辉煌。我的心潮被激荡，我的胸怀更加宽广。

走在宽阔的丹陛桥上，地皇皇来草茫茫。沐浴在松风柏雨里，好一派瑰丽风光，我的心潮无比激荡，我的胸怀无比宽敞。

1993年7月29日

古坛情

瑰丽的祈年殿熠熠生光，洁白无暇的圜丘记述着历史的幻想。一声音回友谊传遍四海，万顷柏涛芳菲飘过五洋。每一个岗位都是一个音符，每一项工作都是一首诗章。献身这光辉的事业，无限幸福无上荣光。

1993年7月28日

毛主席光辉照天坛（组歌）

序曲

有一座宏丽的宫殿，不知是在地上还是在天上？白云瑞烟在空中飘飞，中和韶乐绵绵绕梁。

斗拱飞架流彩溢霞，金色宝顶闪烁着万道光芒。蓝色的琉璃像蔚蓝的天空，崇基穹坛把圣殿高擎在天上。

闪光的电令

中国历史是一部战争的篇章，春秋战国汉兴秦亡。一曲阿房宫赋，成了千古绝唱。二十世纪的东方，战火中飞出金色的凤凰；"保护北京的文物古迹"，毛主席一道电令，划破长空万丈。

黎明的曙光

难忘的一九四九年九月，北京到处撒满金秋的阳光。共和国的诞生，正在中南海日夜酝酿。

毛主席两度光临天坛，古坛生辉九霄飞祥。历史掀开了新的一页，黎明的钟声和着黎明的曙光。

鞠躬和奖章

美丽的祈年殿在阳光下熠熠闪光，引起领袖无限的遐想……昔日皇帝在这里跪拜上帝天，毛主席却对创造这历史文明的庶民——鞠躬敬仰。携来昨日对手同游，还要赠给将军殿大的奖章。一念之差敢教京师灰飞烟灭，一手之力竟使古都依旧辉煌。

笑语与期望

三音石上领袖欢快击掌，戏谑"苍天"有何回响？回音壁前同陈老总通话，谈笑中绽出胜利的容光。亲切同天坛职工交谈，慈祥中带着无限的期望：要保护好文物古迹，把悠久的历史文化弘扬。

圣殿在我们心上

有一座宏丽的宫殿，不知是在天上还是在心上？崔巍嵯峨是泱泱大国的气度，灿烂辉煌是古都北京的形象。它连着中华五千年的文明，也系着民族腾飞的希望。谋事在人，成事在天，庄严的圣殿就在我们的心上。

手——献给服务岗位职工

一手迎来万双手，连通四海和五洲。接过来友谊一片，递上去热诚九斗。莫道兰花枉自开，芳菲沁入客心头。相敬何须曾相识，情悠悠亦乐悠悠。

二月兰（外一首）

素娥抖落料峭春寒，低首羞向大地问安。柔情唤来春风绕林，丽质点燃生命火焰。小小身躯不怯孤单，星点闪烁绿茵中间。茫茫一片如雪似澜，不尚索取只有奉献。

一缕幽香令我神往魂牵，莫非是袅袅的燔柴余烟？还是万千松柏的清甜？蝶舞蜂飞花引路，丹陛桥下，祈年殿边，满目二月兰。兰一片，香一片，郊坛风光盎然。花一片，林一片，古坛着意春满。

如意图

我们中国人有个习俗，凡事都要图个吉利。常以文字的谐音寓事证人。天坛公园在外园规划中，拟将苗圃一处柏林和柿林定名为"如意庄"。恰在此时，偶见林中有一柏一柿连理同根，真是天赐奇景。现在此树已被苗圃班同志用护栏围起进行"特护"。借物抒情言志特撰小诗一首。

柏柿连根生，两心常相知。相依似兄弟，特色多共识。同在一方土，淡薄名与志，携手建伟业，内坛外园时。

冬月

近日见园艺、果树两队职工在寒冬中进行修剪树木作业，深为感动，故梦中吟咏歌颂。

古坛残雪凝冬，何处传出琴声？3 i i 3 | 2. 5 | ……，清脆

悦耳深情。忽见林中人影，挥剪舞锯攀登。似为花香果香，一阵沁脾清风。

1993年12月7日晨4时

恋——献给园林职工

撒下粒粒希望，栽上棵棵理想。雨水和着汗水，土香伴着花香。瑰丽祭坛像美丽少女，双手为她洗礼梳妆。圣洁中凝聚着圣洁，挚爱里集结着高尚。

恋歌

昨日同晓东园长谈妥《景观》第十期做天坛专栏，引起心潮澎湃，写此诗记之。

约会泰坛重九年，身经巨变自心甘。满园桃李曾相伴，不尽松涛升瑞烟。常在梦中寻旧事，情深无限落笔端。来生有缘还相聚，世世年年敬神坛。

2006年2月23日

紫竹院夜游

月夜无风桥自横，水光树影寂无声。万竿修竹滴鲜翠，石刻千言诉衷情。

2002年5月3日

贺颐和园桂花首展

仙子风飘落瓮山，万木着香更无边。谁人敢与秋风醉，金缕玉衣舞又翩。

2002年8月

绿色奥运赞歌

首都北京，历史名城。园林绿化，装点城容。一年四季，

◎绿色奥运

春夏秋冬。三季有花，四季常青。花团锦簇，绿荫浓浓。山披绿衣，碧水泠泠。人与自然，和谐共生。蜻蜓点水，彩蝶舞风。百花齐放，百鸟争鸣。改革开放，重获新生。

京华百园，灿若群星。风景如画，中外驰名。喜逢盛世，分外峥嵘。三山五园，美如天宫。燕京八景，气韵生动。坛庙园林，暮鼓晨钟。松柏滴翠，偃盖苍穹。古园新貌，旧迹新生。郊野公园，环市抱城。蓝天白云，气象清明。

二环项链，三环彩虹。百里长街，一路风景。拆墙透绿，惠及百姓。植树造林，护沙防风。干字当头，规划先行。全民参与，景观之星①。节约水源，少种草坪。大树为本，野趣横生。新优花卉，乡土树种。"兄弟"情深②，"姊妹"意浓③。

人文经典，世代传承。绿色奥运，精品工程。七年磨剑，一朝功成。无与伦比，盖世奇功。鲜花似海，绿卷香风。扮亮场馆，染透京城。金牌鲜花④，场馆辉映。古坛圣火⑤，点亮光明。沙滩争霸⑥，水上争雄⑦。绿色奥运，气贯长虹。

鲜花背后，方见真功。机器轰鸣，日夜兼程。挥汗如雨，苦战寒冬。挑灯夜战，伴月随星。设施再造，景观提升。服务奥运，一路绿灯。注重生态，关爱生命。上至人类，下至昆虫。创造和谐，科学践行。美哉古都，绿色北京。

①景观之星：北京评选出的社会上关注公园绿地、园林绿化的人士为景观之星。在玉渊潭公园建起一条独具特色的景观大道，将他们的手模和事迹镶嵌在巨石阵上。

②兄弟：指北京市树国槐和桧柏。

③姊妹：指北京市花月季和菊花。

④金牌鲜花：指园林职工为北京奥运会各项比赛精心准备的颁奖鲜花。

⑤古坛圣火：指天坛、地坛传递奥运圣火，天坛点燃残奥会圣火等。

⑥沙滩：指在朝阳公园举办的奥运沙滩排球赛事。

⑦水上：指在顺义区水上公园举办的奥运皮划艇等水上项目赛事。

秋雪伴雷鸣

昨夜惊雷伴雪飞，百年奇景第一回。壮观美景金镶玉，叶断枝斜可怨谁？

2003年11月7日

注：昨夜大雪30厘米，伴有雷鸣。据报道，150年仅见。雪压秋叶蔚为壮观，林木损伤百万株。

望京楼即景

檐挂冰凌三尺长，珍珠断线映灰墙。白云楼外悠悠绕，屋内酒肴细细香。登高远望八千里，玄鸟应天御太行①。阅尽人间沧桑事，惟见大地白茫茫。

2003年11月8日

①《诗·商颂·玄鸟》："天命玄鸟，降而生商"，此处借用。

《景观》小赞

景从心中溢，观者意亦浓。创造新天地，刊行时代风。品画见神韵，赏文悟真情。真境应无限，妙美满苍穹。

2004年7月

赞紫竹文化广场

不需要搭建舞台，不需要鼓乐铺排，不需要灯光幕帷，不需要霓装五彩。拣一个开阔地界，挂一面鲜红招牌。放一个简单音箱，支摊化妆演起来。热情和热浪比高，笑脸与鲜花齐开。奉献激情和汗水，换来掌声与喝彩。唱吧，唱吧，唱吧，唱出甜美的生活。跳吧，跳吧，跳吧，舞动金色的时代。

2004年8月8日

游园感怀

清风梳柳绿，艳阳洒青州。白鹅唱金曲，锦鳞自在游。杖剑林中舞，徐步岸边走。相对忆岁月，时光逐波流。

2005年1月8日

梦腊梅

寂寞佛门万点星，幽香入梦怨东风。冰肌玉骨婷婷立，疑是瑶台人玉容。

登山经过入佛寺观腊梅，时时想起。

2005年1月16日6时梦中吟

附：唐·唐彦谦："玉人下瑶台，香风动轻素。画角弄江城，鸣珰月中堕。"

大风歌

狂风乍起万花飞，大木忽然半折摧。客笑掩面各西东，惟见高天彩云追。

2006年11月4日，时值中非论坛开幕，10时大风起，舞剑毕，归来后即兴。

咏雪

莹莹瑞花长至落，纷纷扬扬满城头。街上行人蹒跚走，香车宝马缓缓流。曾忆去年今日雪，也向人间抛风流。一年一度何相似，好景好运好年头。

去年今日首雪门头沟讲课，今年同一天头雪又去八大处讲课，真巧。

公园，我一年爱你365天（歌词）

我家住在公园旁边，打开窗户空气特别新鲜。我每天公园里散步遛弯，他每天公园里跳舞打拳。公园里姹紫嫣红百花浓，公园里碧树如盖草如毡。公园里青山绿水美如画，公园里一步一景别有洞天。深深地吸口芳香空气，顿时觉得浑身舒坦。陶醉地望一眼美丽景色，身心溶入天地间。啊，美丽的公园，我美丽的家园，啊，美丽的公园，我一年爱你365天！

记着公园8.18——北京公园百年庆典礼赞

朋友，有一个重要的日子，不知您是否记着。群山为它起舞，大海为它欢歌。百年圆梦大型电视晚会，一个重要的历史时刻，北京公园百年庆典，把我们带向时空的列车，这就是2006年8月18日，一首公园赞歌，千百万人传唱着。

曾记否？一百年前，清廷衰危，江河浑浊，唯见一缕曙光把夜空划破，建立农事试验场——万牲园，让珍禽异兽闯入百姓生活。这就是北京第一个公园，它开创了京华百园历史的先河。

时代的列车，呼啸着从身边驶过。一座座昔日皇苑禁地，揭下了神秘的面膜。天坛、地坛、太庙、中山、北海、颐和园……变成了公众游憩的场所。虽然，它寥若晨星。但是，它已经改变了人们的生活，它撒下的是希望，结出的是文明硕果，它种下的是和谐，长出的是身心快乐，它蕴藏着古都的生机，它跳动着时代的脉搏。

盛世兴园是千古定律，兴旺发达当数今日中国。从窑台的嬗变到奥林匹克，千百座公园如繁星闪烁。大观园的红楼，民族园的茅舍。朝阳公园的巨塔。玉泉公园的雕塑。阳春的桃花，九夏的莲荷。金秋的红叶，三冬的飞雪。满城的鲜花，遍地的绿色。这——，就是北京人的公园情结！

北京公园百年大典，空前盛况，空前规模。有奋斗在全市公园的员工，有为公园操劳了几十年的长者，有来自全国的同行，有志同道合的公园游客。看——，"乔老爷"来了，他带来了传唱50年的心灵之歌。英达先生来了，他以动物园代言人的身份向公众诉说。檀馨女士来了，她献上了公园设计的最新成果。浅见洋一先生来了，他是北京动物园的外籍志愿者。李春明先生来了，他投资3.9亿搞公园建设。一个、两个、三个、四个、五个……十个景观之星都来了，他们是北京公园建设的助力者！

他们站上灯光灿烂的舞台，手捧鲜花，笑向观众，面对电视录播。这鲜花，是他们为公园奉献的结果。这舞台，是社会对他们的敬重和认可。市长走上舞台为他们颁发金质奖章，一一握手向他们祝贺。全场掌声雷动，灯光闪烁，景观之星汇成了新的银河。

在这欢聚的时刻，影星、歌星引吭高歌。人们高兴地唱着、乐着、舞着、跳着，整个晚会是欢乐的海，热情的河。送走北京公园第一个百年，踏上新世纪飞驰的列车。听——，车轮滚滚高唱着：818,818,818……北京公园的节日，值得我们，永远记着！

2006年12月为春节老干部联欢会作

春柳

时常小径觅春踪，桃李不发梅未红。遥看岸上堆堆雪，心底吹来杨柳风。

2007年2月20日

注：早春二月，紫竹院公园里南面的湖冰已消，而筠石园北小湖依然残冰，但柳枝已透出丝丝嫩绿，远看如堆雪。

密云奥林匹克健身园考察有感

九月十六雨纷纷，白河两边气象新。花红树绿风光好，醉了今人乐后人。

2003年10月

咏香山石中松

撑破石山夹缝生，傲立悬崖伴彩虹。曾经风霜与雪雨，苍翠依然笑东风。

2007年5月31日

叶

吮吸着大地的营养，抽出嫩芽点燃春光。当我长成绿叶挂满枝头，为您把炎炎的烈日遮挡。

我费力地喘吸，为的是吐出沁人的芳香。我尽情地呐喊，为的是证明狂风的力量。

人们赞叹鲜花的美丽，而我没有丝毫的感伤。人们称颂大树的伟岸，我也决不会因此怅惘。

当人们赞美春华秋实的时候，我悠然飘落在地上——化成灰，化成泥，积蓄着生命的力量。

2002年元月

公园晨曲

手儿牵着清风，抖落残月群星。身儿披着晨雾，扯起金色黎明。鲜花簇簇滴玉露，松竹摇曳琴弦声。柳丝惹起水晕乱，离巢鸟飞伴虫鸣。林间银剑凝青霜，路边群仙舞彩虹。山上笑语惊瑶台，水边溅起莺歌声。

2002年

◎紫竹院竹林

紫竹院学太极

冰盘玉珠鸭戏绿，人欢鼠跳鸟衔红。清风吹皱三泓水，杨柳竹松起歌声。

金鸡独立迎旭日，白鹤亮翅彩云生。玉女穿梭应无恙，退步跨虎有威容。

曾起野马分鬃势，搂膝拗步倒卷弘。劈掌拍脚闪通臂，单鞭栽捶琵琶功。

鹤发童颜筋骨展，恰似当年征战同。老骥不输千里马，练就腰身竞飞鸿。

2003年6月10日晨

第二、三节共集吴式太极13个动作。

夜游归

秀竹万杆江南韵，香荷千顷北国情。公园归来衣袖香，醉意微醺月西倾。

2007年5月25日

咏竹

甘愿寂寥默默生，百花园中绿最浓。待到冰天雪地时，不学杨柳只学松。

2007年6月

祝贺紫竹院"北京运动"成功

长河绿水释残冰，晓园竹韵奏乐鸣。新歌旧景逐颜笑，北京运动唱八风。

游圆明园有感

荷香扑面鸢尾飞[1]，坠入仙境梦一回。曾是当年锦绣地，淫火一炬化为灰。西洋楼柱凌空立，宫阙遗踪草成堆。福海碧水流千古，九州清晏又唤回[2]。

[1] 鸢尾是湖边的一种水生植物。

[2] 九州清晏2004年开始全面整修山形水系和整体环境，2008年开放。为圆明园最早建筑物之一，也是"圆明园四十景"之一。九州清晏其名寓意九州大地河清海晏，天下升平，江山永固。

参加景山公园合唱比赛随感

8月9日景山公园合唱比赛见祥子，天气良好，晴天，有薄云一片，写一诗：

祥云一抹景山高，子遗双神手中摇[1]。品宝论墨花迷眼，高歌秋风自逍遥[2]。

8月9日

[1] 去年祥子亲手绘一折扇赠我，一面是画"武陵神韵"，一面是"故国神游"的诗。当日正持此扇借东风。

[2] 合唱比赛是北京公园节一重要群众参与活动，群情激越，十分感人。紫竹院公园推荐的队获得第一名。

附：祥子回赠一首

景色秀奇佳人到，处处歌声乐逍遥。才罢一曲新乐起，高歌和谐声远飘。

◎紫竹院雪景

早雪

2009年11月1日鹅毛大雪飞扬一天，公园竹枝折断无数，据气象报告，是20多年来最早最大的瑞雪。

> 天花乱坠入园林，绿树红花甲满身。可怜杨柳千年柏，炮竹声中卧地吟。[①]莫道修竹气节短，低眉俯首欲称臣。唯见长枪与短剑，八方乐奏也醉人。[②]

①树木倒下的声音。
②职工整修树木声。

晚雪

数年罕见，咏诗一首记之：

同云苍天花剪碎，洒向人间春风醉。青草春芽重复被，林园模糊枝桠摧。遥望酒泉城欲坠，牧人欲哭眼无泪。忽报雪拥救援队，又见银燕款款飞。

2010年3月14日

看晚报许联瑛《明城墙赏梅》文章即兴诗

四月十日近黄昏，暗香自在报中闻。莫道芳菲映玉华，谁解苦寒育花人。

2010年4月10日

附：徐联瑛答：

闻讯唏嘘转沉吟，感君能解信芳[①]心。为得真香能拒苦，安知梅魂即我魂。

信芳是许联瑛字。

中意蜜蜂大战

3月2日，电视台播出一科教节目；在房山区山区蜂王大战的玄秘故事，以诗记之。

如同战机临空，又似骤雨狂风。但见遮天蔽日，鏖战百万雄兵。
惊得百鸟入林，骇得农夫停工。定睛仔细观瞧，蜜蜂大战凌空。
上下翻飞激战，团团厮杀凶猛。蜂尸横弃遍野，残伤卧地悲鸣。
可怜万千蜂农，捶胸顿足哀痛。数载经营蜂业，一朝全都落空。
似是不祥之兆，更有难解之恐。是谁无缘发难？是谁挑起战争？
何来外敌侵扰，疑惑恐怖行动？大有难破之谜，蜂农忧心忡忡。
不少农家蜂巢，出现斩首行动。蜂王无故死去，不知谁是元凶？
不可一日无君，蜂群顷刻炸营。工蜂四散逃离，蜂箱变为空城。
蜂农挥泪祈祷，哭诉苍天无情。请来高人指点，屡屡不得要领。
蜂战时有发生，谍影仍在晃动。不时传出噩耗，蜂王又有牺牲。
莫非上天惩罚？也许得罪神灵？有的请来巫师，更有焚香祈请。
幽灵萦绕山村，众乡不得安宁。

大师屈驾临风，日夜相伴蜂农。捉来胡蜂实验①，周旋难进蜂营。因为振频不同，工蜂堵截成功。正在愁眉莫展，有人举报"意蜂"②，只是体型略大，颜色也似相同。大师巧作蜂箱，玻璃透明装成。捉来意蜂巢外，很快潜入蜂丛。寻机刺杀蜂王，辗转几番未成。呼来两员大将，一起入巢劫营。前呼后应配合，迷惑众多工蜂。奸计引诱蜂王，蜂王恰似唐僧。歌舞狂欢陪乐，不知杀机暗生。意蜂寻机下手，毒枪暗箭齐攻。饿虎不抵群狼，一将难挡三兵。经过数个回合，蜂王鸣呼毙命。一场"中意"大战，终于找到元凶。百千蜂农欢颜，击掌扣弦额庆。或可采取良策，保护中华奇蜂。虽言昆虫大战，实为生态平衡。不唯养生取蜜，百花更待峥嵘。可怜华蜂良种，不可引狼入庭。外来物种侵略，危害相当严重。不乏大害实例，更叫我辈惊醒。万莫掉以轻心，时刻应敲警钟！

2010年3月3日

①胡蜂个头大，体黑，由于振翅频率不同，试验人员即便放在蜂箱外，工蜂严防死守，也进不了蜂箱，排除了胡蜂做案的可能。
②意大利引进的一种蜜蜂。

致友人

东方未晓机①已鸣，万里传来拷问声。莫问云中是何仙，愿祝玄奘取真经。抔水入海可起浪，气吐山河能成风。营园造景真境界，形神兼佳功自成。

2010年7月8日

①指手机。

伟业多磨难

八十一难取真经，二万五千火与冰。自古伟业多磨难，唯有信念与激情。女娲块石能补天，嫦娥千载守寒宫。苦寒历尽香自溢，勺水抔土筑长城。

于四川峨眉山天颐大酒店　2010年7月11日

赠一达——有感为《景观》寄来万言美文

短信：全文1万2千字，为景兄之盛情厚意所打动，有所感，钩沉于往事，其中多趣闻，如刊物受字数所限，亦可分两次刊登。兄酌情即是，适逢大暑，桑拿天气，溽热难耐，为兄爬格，改日兄当犒劳弟，赏杯酒喝才是，哈哈笑言。(2010年7月30日)

老酒沽来有奇香，大碗斟满细品尝。舌尖似有莲花落，两眼微醺意飞扬。我欲乘风上瑶台，与兄共杯临君王。奏章只写七个字：东海何时变酒缸。

2010年7月31日

附：步景兄原韵和一首：溽热清风不觉凉，席间新诗透酒香。走笔御园感旧事，镜中华发怯春光。与君相识黄栌村，醉话寿桃满庭芳。举杯犹记雅兴在，何日随兄赴酒缸。

2010年7月31日

和闲云野鹤

万里江天任尔耕，播云布雨自峥嵘。春听呢喃梁间绕，秋看大雁扶摇升。浅酌低唱何所欲，夜诵经卷梦已空。闲步寒舍青灯下，依样激越啸东风。

附：杨德连赠诗和信

"长顺先生：拜读所赠《公园漫步》，深感汝为首都园林事业呕心沥血之所悟所得，即兴赋诗三首。另附：六洲歌头词一首，兹不揣浅陋，请雅正。

一

《公园漫步》感情深，理顺文精甘味醇。沥血呕心数十载，换来城市满园春。

二

昔日宏图皆锦绣，明朝景色更非今。燕京处处云追月，难忘喻蝉鼓噪人。

三

名流决不负天时，总把高歌动地知。祝愿夕阳无限好，新篇再谱任神驰。

2006年11月2日

六洲歌头

俯首桑田奋力耕，犁波翻浪自峥嵘。时闻北岭花开早，常见南山柳暗生。

华盖仕途无所欲，功名利禄俱成空。闲云野鹤夕阳下，笑看江湖万里风。

闲云野鹤（杨德连）2006年11月2日

无题

正值中秋，应王雁之邀，赴钓鱼台赏月，月升至东南屋角处初露，后隐去，有风雨雪至，遂诗一首，赠在座诸君。"景藏健康"是王雁公司的名字，景长顺是我的名字，均藏在诗头。

景藏共赏会佳朋，长天忽作击缶声。顺风携来雨几点，健康天天享太平。

2009年9月16日

登山感怀

风啸树稍寒，人行山中暖。横空"燕子"白，万里高天蓝。

2001年11月24日

47.香山见心斋参加第五届北京公园节文化沙龙

七月流火八月蒸，见心湖畔侃清风。毕竟身在山水间，画意诗情似泉涌。文化自是园林魂，北神南韵各领风。假如此地无名园，是也北京非北京。

2010年8月19日

261

元大都遗址公园

弹指一挥八百年，故都城池已成烟。古垣遗迹依稀见，河边海棠笑流年。

菖蒲河公园

河生菖蒲有芳名，何年金水遭灾横？破棚旧屋乱红墙，古都小睡成恶梦。一觉醒来水还清，柳绿花红景色浓。此事只应天上有，涅盘凤凰对天鸣。

中华文化园

梳妆打扮历三年，荒滩坑渣变新颜。千米长卷绘龙魂，一脉三园五千年。

怀柔世妇会公园

盛会越流年，柔情绵绵。留下多少记忆，写下多少诗篇。让鲜花作证，假年轮为缘。友谊的长河，和平的风帆。

顺城公园

新园依门路边成，侧耳似有驼铃声。林间小径通今古，黑金白银平地生。

人定湖公园

灵燕筑巢画堂间，春秋三十展新颜。风吹池水生波皱，雨润绿草起青烟。轻拈巨石作画布，细描宫苑成诗篇。天公有情降鲁班，五洲园林醉眼看。

长辛店公园

万绿丛中一点红，一草一木含深情。数年未到此园来，小径度暑风也轻。

西便门城墙遗址公园赞

一角残墙化方壶，三围车喧似有无。古来箭影随烟灭，碟楼重筑伴鸽舞。琼花带雨生异彩，碧树临风入画图。遥望高天飞红霞，如画园丁挥银锄。

2010年精品公园考评

三区五园一日观，信手拈来细把玩。一座更比一座美，凝眉搔首取舍难。

注：已上9首为精品公园考评一路之作。

咏竹

在紫竹院公园晨练打拳练剑，看新竹勃发，突发感慨：

新竹粗且直，刺破九重天。老枝苶苍苍，经年腰已弯。新老同根发，幽篁不见天。劲节生美誉，相携在人间。

公园节之夜

2010年8月18日 北京公园节，天晴月好：

明月今夜有，与君共把酒，美难收。世间真情知多少，尽在人心头。万里遥望无眠意，疏星北斗。欢声笑语一片，无止无休。

柳丝缠清风

下午5点55分，下班后，在筠石园练完拳归来，见月牙朦胧，鸟宿已定，人迹稀疏，只见柳枝轻摇，路灯微明，一对情侣在河边漫步，使我突发一念，吟小诗一首：

月色空，鸟喋声，柳丝缠清风。河边鸳鸯啄情路，谁解天堂梦？地上繁星，天边笛鸣，一片兵丁，解甲咏清平。

2010年12月8日

日坛印象

高筑泰坛献赤璋，韶音九奏半空扬。年轮千载龙飞舞，琼花灿灿扮华装。

鸟巢颂

似圆非圆，似扁非扁。八千吨钢铁，十万根琴弦。编织梦想，编织彩练，编织华彩乐章，编织美妙诗篇。让高山仰止，让大地龙蟠。辉映红墙碧瓦，跃上华夏云端。点燃时代激情，点燃圣洁火焰。

动物园赞

时空穿越百年，记忆碾成碎片，楼影绰约畅观，似闻鼓乐画船。百鸟争鸣一片，啼猿声声远传，国宝当自繁盛，鹤立明湖水边。陡升诗情画意，嘉宾接踵摩肩，笑声掩耳不绝，耄耋胜似少年。

2010年12月

注：以上3首为《盛世名园》大型邮册补诗。

景观大道颂

珠穆朗玛是登天的云梯，马里亚纳是入地的小溪。地球姊妹九个同属于太阳系，然而在浩瀚的太空，就好像一颗颗小小的沙粒。时间无始无终，宇宙无边无际，人生百年如同白驹过隙，倏忽几可不计。然而景观大道却是永恒的。因为，它是金与石的躯体，它不仅有宇宙的体温，还有大地的灵气，更重要的是，它铸上了景观之星的事迹。景观之星多么美妙的名字，多么动人的事例。也许或有人说：这没有什么了不起。但是正是这些没有什么了不起，撑起一片蓝天，激荡起你我心中的涟漪！他们就是中国的哥伦布，他们就是北京的绿色空气。朋友，50年后再回首，坦途可达天际。

恭王府

十顷豪宅几沧桑，感念圣杰释迷航。名园再造成大业，但见福海水流长。

2013年12月25日

香山永安寺复建典礼

千年宝刹倚天开，历尽沧桑盛与衰。可恶当年淫与火，辉煌一朝化尘埃。盛世名园重修寺，新树际春处处栽。人逢喜事精神爽，借问笑声何处来？

2012年5月29日晚

为李长顺会长新书发布会

百花园中一奇葩，绝世仙客绽芳华。巧思妙手铸雅集，佳人盛装入万家。

2013年9月15日北京世纪金源商务酒店

逛首届八大处庙会

手捧一张旧报，以为回到从前。仔细翻看方知，祈福庙会开办。《福报》列名专刊，防旧品质堪赞。一个"福"字了得，传印长老真传。圣寺祈福法会，拈香礼佛空前。皇帝游山胜景，成千看客围观。百年庙会图展，历历盛况眼前。货郎拨鼓叫卖，非遗绝活展演。民俗表演舞台，精彩节目不断。钱眼击打招财，年货小吃解馋。"鲜花"红灯似海，彩旗迎风招展。老人舒眉展眼，孩童蹦跳撒欢。笑看人流如潮，醉饮林中清泉。与春合影留念，和福攀亲结缘。屈指历数岁月，盛会西山百年。为民祈福圆梦，创新甲午再现。

2014年春节

宝岛掠影

"相约宝岛逍遥游，八千里路望神州。玉龙飞起三千尺，明潭烟雨锁青牛。立雾溪畔观胜境，小城埔里忆歌后，鼻石一指分两界，东海楼上彩霞流。"[①]

世上，越是神秘的地方，人们越是向往，越是没去过的地方，越是要去看一看。台湾宝岛游离大陆50多年，就像一座迷宫缠绕在人们心中，谁不企望去那里看一看呢？但是，由于历史的原因，去台湾好像比上月球还难。

终于有一天，幸运之神降临到我们的面前。2006年5月20日8点我们乘上了CX317航班，经香港转CX420航班于当日下午到达了美丽的宝岛台湾。

这是北京市风景名胜区协会在北京市台办精心策划下会同有关部门组团，做的一次"相约奥运 畅游北京"京台交流合作研讨会暨考察活动，历时10天。我们先后到达了台北市、高雄市、台南市、嘉义市、台中市等5个城市，先后考察了台北故宫博物院、中山纪念馆，6个国家公园中的阳明山国家公园、太鲁阁国家公园、垦丁国家公园以及13个国家风景区中的日月潭风景区、阿里山风景区、大鹏湾风景区等，还去了埔里小城和鹿港小镇等，行程约1800千米。可以说，从北到南，从东到西，环岛一周，不是走马看花，而是"驱车观景"，如果按旅游的层次来说应是最低的那一层，叫旅游观光或叫浮

注：

① 玉龙：指台湾岛中央最高的山——玉山，高3950米。青牛：借典喻紫气东来。立雾溪：太鲁阁公园中的河流。鼻石：指猫鼻石；两界指猫鼻石以西为台湾海峡，以东为巴士海峡。东海楼上彩霞流：指台南市赤坎楼，一级文物古迹。楼内有郑成功书东海流霞匾，故用之。

光掠影。即使是这样，我们接触了社会各界人士，领略了宝岛的美丽风光，也可称之为秘境神游了。如果说此行有什么感受的话，开头的那几句诗算是我的感想吧，请听我为您慢慢道来。

台北见闻

台北市是我们访台第一站，飞机降落桃园中正机场。雨后的气温29度，驱车三小时到达下榻的国宾大饭店，晚饭后，当即参观了饶河夜市。

饶河街夜市在松山火车站后站附近，全长约600米，远远看去，灯火辉煌，着实招人。进得街内人海如潮，街两侧一家家的商店挤得水泄不透，不足20米的街的中央还有两排摊位，海鲜野味、乡土小吃应有尽有，什么青蛙汤、牛睾丸、赤肉羹、烧酒虾等。只不过路面上黑乎乎，空气中弥漫着熏烟和腥气，也许由于我们刚刚吃饱了，直有点恶心。大家一行边走边议论：这大致相当北京80年代末小吃街的水平。我们匆匆穿过长街泱泱返回酒店。

台北市面积240万平方千米，人口270万，城市看上去整洁干净。在这里要看的东西很多，比如：中山纪念堂、"总统府"大街、台北故宫、国立歌剧院、华纳威秀商圈等，参差嵯峨的大厦穿插在街巷之间，整个城市传统与现代搅和在一起，沉闷而少生气。城市景观如果和北京比较，至少相差10年。中山纪念堂像个棺材，总统府就是一座歌德式小楼，就拿台北故宫博物院来说，建在阳明山脚下背山面溪，仿北京故宫式样，用钢筋水泥铸成，白墙黄瓦绿剪边，很扎眼。里面的文物倒很精彩，有毛公鼎、翡翠白菜、散氏盘、玉狗盆、宋真宗玉册等等，件件价值连城，据说一个镇馆之宝汝窑玉狗盆美国人要用一座博物馆来换。这里有文物64万件，按每年展览更换一次计，100多年才能展览一遍。但是看了展览，心中有一种莫名的情愫，即为中华民族感到骄傲，同时有觉得这么好的文物放在这么一个不伦不类的地方，不好，看了不舒服！

台北市的文化氛围比较浓，坐车看到许多博物馆，什么袖珍博物馆、原著民博物馆等。第三天，由于"相约奥运 畅游北京"京台旅游业交流合作研讨会九点开会，早晨时间比较充裕，我和姚天新一大早起来就去逛街，出门就打听到公园怎样去？从国宾大饭店出来向左拐一直走，沿途看到了许多景观，

◎台北故宫

近距离接触了台北火车站、古城楼、国民党党部大楼和凯特格兰大道等，特别让我高兴的是：见到有一条大道的便道上做成了文学大道，我拍了不少照片，因为我在北京正在策划景观大道，这个很有参考价值。

凯特格兰大道，在离"总统府"不远的地方，我们见到了二二八公园，这是我梦寐以求的。二二八公园原名台北公园，建于1899年，后因纪念1947年2月28日台北市人民抗击国民党残暴镇压人民爱国民主运动而改名。进了西门有二二八公园简介和一高悬的和平钟，公园中央竖立着二二八纪念碑，在晨光下分外壮观。纪念碑前方是一方水池，池中有翠亭阁，四周凉亭竖着开台功臣的铜像。公园的东墙小广场上，树立着至圣先师的塑像，东门内有国立台北博物馆。整个公园里树木高大，游人如织，大多正在晨练，优哉游哉，似乎他们早就忘却了那段辛酸的历史。

回来的路上，我们打了一辆车，4千米花了80元。司机是当地人，挺健谈。他告诉我们：出租车起价70元，行300米5元。吃一碗面30元。中等收入大约每月在五、六万元。65岁以上老人乘公交车不要钱，每月还有800元的糖果费。早晨路边的报纸成摞放在那里随便取，我们觉得很新鲜。

阳明山小油坑

阳明山原名草山，位于台北市东北方，约16千米处，大约相当于北京城到香山的距离。据说当年蒋介石落荒逃到台湾后，登上此山，问及山名，大概立刻联想到"落草为寇"的话，顿生疑窦，随即命人将此山改名为阳明山国家公园。并将其官邸和软禁张学良的处所建在这里，当年被视为禁区。阳明山国家公园，面积约1150万平方米，是火山、硫磺、温泉的橱窗。国家公园中有七星公园、大屯自然公园、擎天岗、石梯岑、梦幻湖、小油坑等景点。到达台北市第二天，导游老车就带我们参观了小油坑，由于不知详里，我还以为是产油的地方，结果一看是一处冒着黄烟的独特地质景观，据说这是活火山，是地下的硫气喷发的现象，经年蒸腾不灭，成为游览景区，在这里人们既可以远眺，也可以登山游览。蓝天白云之下，漫山的杜鹃，袅袅的白烟，别具一番景致。在路边的解说牌上这样写着：大自然的神工鬼斧，在此劈盘出前方如钢铁般为巍峨耸立的山体，粗粝的石壁上铺陈着的，尽是浓烈而沉郁的色彩。阴恺的冬日里，遍野的芒草显着斑斓晶光。缕缕白烟日以继夜地自谷底冉冉盘升，意态缥缈悠乎；时而见其如夔龙飞舞，忽而已隐入山顶化为白云清风。山石是天地之骨骸，流水是天地之血脉。亘古以来，造化即以其神奇妙幻之笔，在此天地一隅恣意挥洒，硫磺结晶瑰丽如花，泉水沸腾喷涌如珠，眼前各类物象纷然布列，竟浑融而不著一点痕迹。"烟云翻覆态无穷，人情雅俗佰不同，我在尘中想岩谷，彼在岩谷想尘中"小油坑的美景，常令人们不自觉地伫足凝思。

时间隧道

从地图上看台湾岛像一只企鹅，面东背西，台北市好像企鹅的眼睛，基隆市好像企鹅的鼻子，其头顶部为北海岸及观音山国家风景区，其嘴部为东北角海岸国家风景区。21日上午我们从阳明山国家公园出发到野柳公园参观考察，野柳公园位于台北县万里乡野柳村，正好是企鹅鼻子的上方位置。从名字上看，我原以为野柳公园得有好多柳树，到那一看，满不是那么回事，原来是一个记录着地球变迁的地质公园。

◎野柳公园

到了门口，导游车文正先生让我们稍作等候，他去买票。当时我有些疑惑，不是说台湾的公园不要门票吗？怎么这里还要买票？等拿到票才明白，这不叫门票，虽然没有票进不去，而是在票面上50元的大号字旁边用小号字注着"环境清洁费"。这不是变相收费吗？

进了公园，沿着木栈道前行不远，眼前豁然开朗，是微波细卷的大海，正值中午时分，在阳光照射下，碧波绽放出层层银色浪花，在蓝天白云的衬映下，给人以海阔凭鱼跃，碧空任鸟飞的感觉。

受造山运动的影响，深埋海底的沉积岩上升至海面，受海浪、风沙、雨水、阳光的侵蚀，形成了附近海岸的独特地质景观，有海蚀岩、海蚀洞、蜂窝岩、豆腐岩等。最让人惊喜的是有一形状岩如女王头像雕塑，云鬓高卷，眉眼清俊，给人以丰富的想象空间。这些奇岩怪石其实都是岩层经过长时间的风吹雨打以及海浪的冲击后才形成的。面目虽然各不相同，却都受到一个简单定律的影响：坚硬的岩层凸出来，软弱的岩层凹下去。今天大自然的神奇之手仍然在继续雕刻着这些岩石。奇形怪状的岩石吸引了许多游客在这里驻足拍照，这些美丽的地质景观仿佛把人带入了时间隧道，领略那千百万年沧海桑田的变迁。

张彦的拐杖

"高山青，涧水蓝，阿里山的姑娘美如水"这首歌，在大陆恐怕无人不知、无人不晓，所以到台湾去，阿里山这是个地方是非去不可的景点。

5月27日，我们7点起床，8点就从高雄市出发直赴阿里山国家风景区。从平原到山区驱车疾行，到达景区已近中午时分，导游又带我们疯狂采购所谓"冻顶茶"，所以只好吃过中午饭才登山。

北海公园党委书记张彦的腿有关节炎，走起路来一跛一拐的，在路上就问导游阿里山有多高，如果爬山他就不上去了。许多人都劝他到台湾来不上阿里山岂不遗憾。于是他下了车先花100元台币（约合25元人民币）买了一支拐杖，准备忍痛观景。谁知阿里山虽然高2200多米，但是他有点像庐山，"不知庐山真面目，只因身在此山中"，乘车已到达顶部，接下来并不需要爬大山。所以张彦的拐杖也没派上什么大用场。

阿里山以五奇闻名，即日出、晚霞、云海、森林和登山铁路，因为我们是走马观花，日出、晚霞的景观就无缘相逢了，登山铁路也没看见，唯见云海和森林，已让我们激动不已了。

雨后的高山植物园，樱花园里，绿树成荫，台湾扁柏、云杉、刺柏、红桧，交相竞天。弯延的石板铺就的山间小路，导引着游人漫步林间，时而驻足赏景，时而拍照留念，绿云遮身，透心的空气使人痴如醉。在万杆红桧林中，时而看见或正或斜，或躺或卧，或残或缺的枯树或枯树桩，几米粗，十几米粗，上面长满了苔藓或蕨类植物，有的开着串串粉红色小花的毛地黄，在树林中分外招眼。导游告诉我们，这些古树残迹是当年日本侵略时掠夺盗伐大木留下的。当年他们疯狂砍伐，把一车车原木运下山运往日本，现在这里还立着一面碑叫树灵塔，是日本人砍伐之后向树灵神表示歉意的。这真是无言的讽刺。在碑左右各留有一棵大树，一是千岁桧，高约40米，已有2000年高龄；另一株是光武桧，树高45米，树龄约2300年，树围要20人才能合抱。红桧是台湾的特有种，主要分布在1500～2200米之云雾带，为优良木材。可以想见如果不是日本人盗伐，这里该是一派多么壮观的原始森林景象啊！

我们走在烟雨蒙蒙的山间小路上，吸纳着清新透心的空气，眼前大有心旷神怡之感。天坛的武裁军欣然引用了唐人两句诗发感慨：山路原无雨，绿林湿衣衫，想来十分的贴切。不由得激发起我的诗兴，哼出一首小诗来《阿里山感怀》：

山路原无雨，绿林湿衣衫，这是苍天的恩赐，还是大地的奉献？耳边潺潺流水清音，眼前鲜花缀满林间。湖光山色映出张张笑脸，醉人空气沁入颗颗心田。

山路原无雨，绿林湿衣衫。这是大树的哭泣，还是青山的泪眼？耳边霍霍斧锯山响，眼前巨木滚滚下山。圈圈年轮细语诉说苦历，棵棵新桧仰首刺破青天。

一条山路走下来，大约一个多小时的时间，游兴未尽。阿里山之行，可惜看的时间太短了！

烟锁明潭

5月8日从嘉义出发去日月潭，一路上雨下个不停，大约3小时的路程才到达。都说老天有眼，就在我们下车要照相合影之际，天微微放亮了，雨也停了。也许雨天看景别具情趣：白云四起翻卷在翠峰碧湖之间，山峦倒影在漾漾水中，山水交映，水天一色，湖中的船舶划破宁静的湖水，带出一串串的涟漪，如同一幅泼墨山水画卷。

日月潭位于南投县鱼池乡水社村，是台湾有名的天然湖泊，海拔750米，是因其湖中有个光华岛，其北半湖形同日轮，南半湖状似新月，故早在古代就称之为日月潭，因日月两字相加是个明字，因此也叫明潭，是"台湾八景"中的绝胜。湖面积约25万平方千米，周边环路33千米，水深40余米。环湖皆山，重峦叠嶂，景色绝佳。当年蒋介石每年夏天来此消暑、游览、居住，不准其他人进入。现在已成为中外游客必到之处，一年四季游人如织，在日月潭的名山拱秀、独木蕃舟、万点渔火、潭中浮屿、水榭朝霞、荷叶垂线、潭口九曲、番家杵声等八景中观光流连，享受大自然给予的恩赐。

由于时间的关系，我们在湖边照相留念，然后冒雨参观了玄奘寺就恋恋不舍地离开了。

埔里小城

提起埔里这个名字，一般大陆人恐怕都不知道。但是如果唱一首《小城故事》："请你的朋友一起来，小城来做客……"，大家一定相当熟悉。曾几何时，著名歌手邓丽君的这首歌曲同《月亮代表我的心》等，唱红了大江南北。《小城故事》唱的就是埔里这座小城。我们从日月潭来到埔里镇的亚卓饭堂吃午餐，顺访这座仅有8万人的小城，为的就是追逐名人的情结。

名人效应，是旅游的一个重要看点。因此许多地方，极力打造名人品牌，让游人去追随名人的足迹。邓丽君是台湾云林县人，从小就有过人的歌唱天赋，1972年曾被选为台港十大最受欢迎的歌星，她的歌当年也曾在大陆红极一时。我们到台湾除了到埔里凭吊外，还在台北市专门去邓丽君墓参观。邓丽君的墓建在台北市北郊金宝山的筠园内，依山面海，用黑色大理石建成。墓碑上刻着她的生卒年岁：1955～1995年，墓碑顶上雕着她的头像，好像睡在那里，墓前竖着她的立式铜塑像，墓的左边竖立的一块随型大石上刻着筠园两个金字，周围种满了鲜花碧草，墓前贴有她的彩色照片，有六个黑色花瓶，瓶内瓶外插满了鲜花，一架巨大的钢琴正在墓前的广场上装配，据说建成后人们可用脚踩出音乐来，人们以这种方式怀念这位早陨的歌星。整个金宝山墓园冷冷清清，一派阴森气氛，唯有邓丽君的墓前人流如织。"我去过邓丽君的故乡了！"心中这么想。这就是旅游。实际上只是在埔里小城冒雨吃了一顿午饭而已。

白山黑水太鲁阁

太鲁阁是什么？我在车上向导游打听半天才知道，这是高山族的话，意为最美丽的高山。据资料说，太鲁阁公园位于花莲、台中、南投三县交界处，面积达9.2亿平方米。以高山峡谷为主要特色，生态良好，物产丰富，特别是立雾溪河谷，更是绝壁千仞，风光秀美。这里于20世纪50年代，蒋氏父子驱50万大军历10年修所谓战备路，就是中横公路，死了很多人。现在这里成了著名的游览胜地。

5月24日，雨，我们乘车过立雾溪，到慈母桥，看当年修起的天险公路九曲洞，赏雾中景观：只见烟雨蒙蒙，青山滴翠，时有素练垂涧，溪水飞溅。由于这里看上去像是石灰岩，实为绿泥片岩和黑泥片岩互层。风化的石末随着雨水流下来，溪水呈现着灰黑色，像一条灰龙翻滚而下，所以我叫他白山黑水。在太鲁阁牌楼不远处有一建筑，悬在半山之中，叫长春祠，据说是供奉修中横公路的殉难者。其上方有一座观音祠，亦称太鲁阁。

回程中，我有感而发，写下雨中游太鲁阁诗一首：

"白山黑水绿云翻，细雨蒙蒙九曲寒。曾是当年鬼魅地，
素练飞起上青天"。

北回归线标

在台湾考察是环岛巡游。5月23日从台北出发，经东北角风景区、花连、台东，一直沿着东线、沿着大海边向南走。5月24日下午下起了大雨，为了安全，取消了沿海岸线的景点：如花东滨海风景区、小野柳、石雨伞、三仙洞、八仙台等，实是遗憾。只在路途中冒雨观看了"北回归线纪念塔"。

北回归线纪念塔是我国唯一的"北回归线标"，在台湾省嘉义县环台公路边，于1909年设置，高20多米，是一个塔形的石碑。在石碑的四面都刻着"北回归线标，北纬23度27分4秒51，东经20度24分46秒5"。据说，在夏至这一天的正午时刻人们站在这儿，就能看到太阳直射头顶的情况。当然我们无缘领略，有缘的是大雨如注，即使照张相也免不了浇成落汤鸡。

这座"北回归线标"说明台湾正处于北回归线上。因此，台湾的气候北部属亚热带气候，南部属热带气候，中部则为两种气候间的过渡带，高温多雨是它的重要特点，因此，雨中游就不足为怪了。走过它就标志着我们进入了热带。

猫鼻头看海

在行程中有垦丁公园这一站。5月25日中午，我们到达了恒春半岛最南端，真是不到台湾岛南端，不知道什么是热带。是日，烈日当空，骄阳似火，

◎猫鼻石观海

一股火辣辣的感觉，就像进了炼钢炉，真正领略了热带的太阳是什么样子？

　　垦丁公园位于台湾最南端的屏东县横春半岛南侧，东为太平洋，西为台湾海峡，南濒巴士海峡，海域面积14900万平方米，陆地面积17731万平方米，总计为32631万平方米。以得天独厚的天气、地理条件，造就了迥异于台湾其他地区的地质、动植物生态、海洋资源及人文风貌，是一个兼具山海之胜、沼原之美，为环境教育以及旅游观光最为理想的地方。

　　猫鼻头是恒春半岛最南端凸出的小半岛，长约5千米，宽约3.5千米，地势西高东低，隔着南湾与鹅銮鼻遥遥相对，鹅銮鼻则是在半岛的东南岬。猫鼻头为低纬区，呈现热带特有的风貌，发育良好的裙礁密密环着海岸线，受强烈的海蚀、盐渍及风化影响，造就当地鬼斧神工的自然美景，加上地理环境位置相当特殊，藻类众多，宛如天然的地质教堂，有着"猫岩崎海"的美誉，为恒春半岛的八景之一。左侧有步行道通往海岸底，内有知名的南海洞，洞口崖前有两块岩石深入海面，外形像猫，所以才称为猫鼻头。站在猫鼻头海边，顺势指点江山：左边是巴士海峡，右边是台湾海峡，天高云低，远山近水，海天一色，好一派大好河山！

鹿港古镇

　　台北、高雄、日月潭、阿里山是著名城市和旅游景点，到台湾去必看自不必说。但说去一个鹿港小镇，恐怕很少有人知道。因为一个"古"字，吸引我们不远千里来相会。

　　导游告诉我们：台湾因野生梅花鹿多，曾叫"鹿岛"，当时地名带"鹿"字的多达50余处。鹿港古镇位于彰化市鹿港溪西南，靠近河口的地方，为台湾省重要的历史古镇之一。关于鹿港地名的由来，有人说鹿港当时是台湾大米的一大输出港，港口码头有许多米仓，仓库建成方形的称为"鹿"，建成圆形的称为"菌"，而此地以方形的较多，所以鹿港也就是"米仓之港"。也有人以为当初开辟港口的时候，附近有许多的鹿群。更有人说鹿港的地形像鹿，说法莫衷一是。鹿港保留着众多古迹。据史料讲：这里有三大古迹：文祠、龙山寺、天后宫。八景：曲港冬晴、隘门后车、宜楼掬月、翁墙斜阳、兴化怀古、新宫读碑、北头晚霞、钟楼撷俗。十二胜：意楼春深、金厅迎喜、漏井雕栏、铳柜风云、浯江烟雨、石碑敢当、半井思源、日茂观石、古渡寻碑、威灵谒刀、榕树对弈、圣厅惜字。这里有民俗艺术馆、民俗文物馆定期展览，还经常举办民俗研究会等，使鹿港成为名副其实的民俗重镇。因为时间的关系，我们无缘一一欣赏到，但是只在街上走了一趟，就给我们留下了深刻的印象。古街古巷古董店，还有穿着古装的巡游队伍，天后宫还正上演着节目，大街上熙熙攘攘，买卖好不兴隆。我趁着逛街的功夫，走进一家古玩店，花500元人民币买了一个玉翎管，不知是文物还是赝品，觉得好玩，就买了下来。回来后一直保存着。这也算没有白去台湾一趟，总算留下了一点念想。

赤水归来不看瀑

　　赤水市以赤水命名，对于很多人来说，这是一个遥远而神秘的地方。至于究竟为什么叫赤水，我问了几位当地的人，有好几种不同的说法。一说，这里是丹霞地貌，"红红彤彤，埋于地下涵水，枕于水下流火，挺于空中放彩"。也有的说因为毛主席率领的红军曾在这片土地上鏖战过，将红军的名字同江河联系在一起，所以叫赤水，因此有了著名的四渡赤水。前一种说法有地理地貌佐证，似无可非议；后一种说法似乎也有一定的道理。世界上有许多事都是因缘巧合，让你不能不信。毛主席的家乡是韶山，有个龙山，在遵义也有个龙山，在韶山有个湘江，在遵义也有个湘江，这不能不说是个耐人寻味的地名趣闻吧！但无论怎么说，毛主席四渡赤水这个故事，是天下奇闻。在四渡赤水博物馆里，有几个金色镂空大字，是毛主席的疾笔狂书："我的得意之笔，是四渡赤水。"据讲解员介绍，解放初期，蒙哥马利元帅来访，问毛主席：三大战役，哪一个是你的杰作？毛主席说了上面那样的话。我经过"研究"认为，赤水大概因为地理地貌而得名，因为"四渡赤水"而著名。

　　赤水的水，真可以说是神来之水，不仅千古流淌着，一方水土养一方人，孕育着千千万万的生灵，而且是酿酒的

◎赤水大瀑布

277

"必要条件"，沿河的两岸不仅有茅台酒厂，还有郎酒厂，习水酒厂等，据说用这河水酿出的酒，味道就是不一样，醇、香、绵、润。特别是茅台酒，是名扬世界的美酒。据当地人介绍说，当年国家曾想在遵义再建个茅台酒厂，但酿出的酒味道略逊一筹，日本也曾想仿造茅台酒，也因"水土"不服而失败。今年3月我有幸踏入了茅台酒厂的大门，参观了厂区的酒文化博物馆，参观了"一般人"轻易看不到的酒库。特别使我终生难忘的是，我们品尝两小杯窖藏50年的茅台酒。这可是千金难买，千载难逢。也许你有家财万贯，但你不一定能品上这比黄金还贵的珍藏茅台酒。接待我们的厂领导，亲手拿来半瓶茅台酒，当时我想，真抠！我们一行十多个人，就这点够谁喝的？头一次到你们这儿，还不让我们痛痛快快喝个够。殊不知！这半瓶酒的价格能抵上一辆奔驰车呢。主人边热情的招呼我们，边给我们讲如何品酒：叫做一闻，二舔，三品，四喝。我们十几个人的眼神被那半瓶酒吸引，只见那酒在瓶中，呈淡淡的绿黄色，似乎稍一动，瓶的内壁就挂满了琼浆玉液，瓶一打开，满屋溢香，往杯里倒时，有点像倒香油的感觉，拉出长绺来。端起杯来，轻轻一闻，已沁人心脾，然后用舌尖粘了一下，一股热流，先通过脑子，然后传入全身，顿觉神清气爽，似倒吸了几口清气。将这杯酒饮下，更有欲神欲仙的感觉，真是太奇妙了。据说当年红军就是喝了这里的茅台酒，才打了大胜仗的。两小杯酒入肚，虽未成醉，但忽然有了灵感，于是顺口吟出一首小诗来：

"千里驱车寻国香，入门方知非虚狂。琼浆轻闻已觉醉，点酒沾唇神飞扬。诗仙能喝酒一斗，我欲狂饮八百缸。醉成烂泥心高远，插翅高飞步宇航。"

真逗，还想狂饮八百缸，美的你，做梦吧！谁给你呀！

赤水国家级风景区，是全国唯一一个以行政区域范围命名的国家级风景名胜区。在1800万平方千米的土地上，有原始森林，有侏罗纪山水地质构造，有数不清的珍稀动植物资源，丹霞地貌被誉为"赤水丹霞冠华夏"。特别是有古生物活化石之称的桫椤树，更是这里的珍奇物种，是中国独一无二的桫椤树自发保护区。赤水市建有全国唯一的桫椤树博物馆，向人们展示着这个神奇的，一般人不能踏入的动植物神秘王国里的奥妙。

◎赤水大瀑布

　　赤水国家级风景名胜区以丹霞、绿林和白瀑三种颜色构成了天然的丹青图画，以风声、水声、鸟声谱写了精妙绝伦的乐章。这里的人们特别自豪，他们告诉我，这里的负氧离子每平方厘米3.2万个，是北京的100倍。在赤水是川川有水，山山有瀑，赤水市有"千瀑之市"的美名。四洞沟景区，六洞沟景区，香溪湖景区，五柱峰景区，长嵌沟景区等，数千条瀑布成为叹为观止的奇观。这些瀑布有的似白练千寻，有的如垂幔百丈；有的细若悬丝，有的狂如奔马，千姿百态，仪容万种。最有名的要数被称为"神州奇观"的四洞沟大瀑布，据说比黄果树大瀑布还宽阔8米，异常壮观。水自天而降，奔腾飞溅，数里之外已是如雷贯耳。几近瀑布，漫天飞雾，珠玑盈盘，遮山罩树，满目青烟。须晴日，彩虹当空，飞龙在天，沁心润脾，欲神欲仙。当我融入四洞沟瀑布，新潮澎湃，忘却世间一切忧烦。近似疯狂地摆出各种造型照相留念，与天长啸。一时心血来潮，又胡诌出一首小诗来，自我欣赏：

　　　　趋步登高入画廊，碧水青山泛春光。未得相见天上水，已闻雷声半空响。倒吸清气三百口，荡胸涤肺换胃肠。赤水归来不看瀑，拙手神来著华章。

四海拾贝

到长沙

一样城池一样街，唯有胜迹费疑猜。长怀井水深几许[①]？王侯身后木数排[②]。

2005年6月20日

①长怀井，1999年清井时，发现挖至12米时方见清时泥层，发现金银珠宝600多件。

②侯墓棺椁里外6层，均为巨木造就，最大者长5.5米，宽1.8米左右，可想当时大树成林的景象。

武当山

隐约山寺群峰间，金殿高筑入云天。吴蜀当年争霸地[①]，遍地黄花下夕烟。

2005年6月14日

①《三国演义》120回中，其中有31回描写的是发生在襄樊的故事。

雨中游金鞭溪

轻纱掩面奇峰多，断线珍珠落玉河。刺破青天天未了，南国寻梦梦几何？

2005年6月17日

凤凰城

凤凰城上彩云追，江上画舟吊脚危[①]。武略文韬多伟俊[②]，芦笛一曲倚桥飞。

2005年6月19日

①脚楼用数根细枝撑，看上去摇摇欲坠。
②凤凰城人杰地灵，当年有沈从文、熊西玲等大家，现有黄永玉等名人。

到韶山

千里寻故亲，意浓情亦真。山水有灵气，陋室出伟人。

到青城①

轮飞半日到北疆，大好河山任丈量②。白云悠悠成图画，穹庐座座放崇光。艳阳似火须张盖，团扇不摇身自凉。恨无神功擎天力，借些清凉还故乡。

①青城：呼和浩特市
②大好河山：系张家口市大境门楣上的额题，原为民国时察哈尔都统高维岳所题。字体遒劲有力，气吞山河，看罢令人心潮澎湃。

青城参观有感（二首）

看罢奶厂看古坟①，说完今人说古人。今人古人皆有志，报效家国见精神。

王家有女性自强②，和亲报国赴漠荒。荒丘一座成丰碑，世世代代人瞻仰。

13日晨

①12日中午1：30，我们会议一行，四辆大轿车，170多人参观全国著名的蒙牛集团牛奶装箱车间，规模之大，设备之先进，令人耳目一新。
②王家：一是指王昭君自家，一指汉朝皇家。王昭君原名王嫱。

谒成吉思汗陵

大漠踏遍寻谜踪①，遥想当年起飙风。崇阶宫阙接天界，一挽雕弓化云龙②。

①据说蒙古有38个皇帝，至今未发现一个他们的墓葬。蒙古人信奉死后身死神留。成吉思汗死后埋葬地万马踏平，无迹可寻。有人说现在美国已

用卫星发现了成吉思汗的墓，未知可信否？

②在成陵内展有成吉思汗当年使用的大弓和鞍马。据说此弓需80公斤的力才能拉开，可见当年成吉思汗的力量和气概。

大树颂

5.12，汶川大地震，天崩地裂，城毁庄灭，人畜死伤，惨无忍睹，震惊世界。然而，在残垣断壁、瓦砾废墟中，有棵大树傲然挺立着……：

大树粗且直，矗立天地间。偃盖神州地，叶茂凤枝繁。盘根似龙爪，披甲沃土潜。莺巢依枝筑，年轮五千年。春来发新枝，嫩绿淡如烟。炎夏烈日酷，浓荫张巨伞。秋实叶更好，染透艳阳天。寒冬朔风立，雪打成琴弦。天崩无所惧，地裂只等闲。纵是蚍蜉撼，雄姿若泰山。抖落身上土，闲听燕呢喃。花开亿万朵，光华照人间。

2008年6月1日

石家庄植物园晨游

朝霞入海榖纹平，碧塘鱼跃紫桥横①。烟林深处蛱蝶舞，海棠溪畔听涛声。历历千顷九州树，款款欧陆万里风②。行尽太行无绿色，石门北望是仙境。

2004年11月21日

①"碧塘观鱼"是该园38个景点之一，紫桥系"碧塘"旁之桥，园中有桥32座，风格各异，用红黄绿青蓝紫等颜色的廊、柱、板、栏做装饰，独具特色。

③内园林模拟欧洲园林风格。

忆普陀山艺人走钢丝

1997年到普陀山看走钢丝奇景，经数年印象深刻：

一丝凌云两峰悬，绝走如飞只等闲。倒翻成趣惊四望，车晃绳摇众心肝颤。

2006年1月7日

夜宿半山寺

1985年暑假，同学王永海一起从峨眉山下来，途宿半山寺。四边峭壁悬崖，佛楼倚山临涧，楼内神像一座，楼上客宿数人，晚上蜡光摇曳，幡影惊魂：

夜宿半山寺，猿哀裂胆肝。风破庙门入，铃敲蜡光寒。

2006年2月5日

峨眉抒怀

石锅鱼，峨嵋水，那边女，分外美，三上仙山意未尽，风轻水华心陶醉。住在绿林边，头枕一泓水，伸手撩白雾，闲听蜀犬吠。

2010年7月8日

注：因终年雾气，偶有日出，狗则吠，成语："蜀犬'吠'日"。

雨游九寨沟

孔雀湖中水晕多，沉疴倒影共婆娑。山威水怒奔腾急，珍珠滩头唱赞歌。

2001年5月28日

游黄龙感言

栈道弯弯走干涸，挑战极限觅清波。友情重似千座山，岷江源头追忆多。

2001年5月29日

从南昌到井冈

昨日才听第一枪[①]，今朝挥师上井冈，纵横驰骋八百里，阴晴雨雾论短长[②]。一杆红旗青山里，灰瓦绿树映白墙，曾是当年征战地，老歌新曲重新唱。

①昨日同刘英、徐晨二美女在南昌参观南昌八一起义展。
②离开南昌时，尚未出城，雨入倾盆；井冈山市预报大到暴雨，可到了后已是雨过天晴，蓝天白云。

烟雨楼感怀

烟雨楼外雨如烟①，湖心画舫水涟涟。南朝北国八千里②，锦绣江山一线牵③。小中见大真君子④，大中知小亦圣贤。岁月沧桑升烟雨，烟雨过后艳阳天。

2010年5月28日

①参观烟雨楼时一直着小雨，烟雨蒙蒙应其景，天赐良机。

②南朝，借用杜牧：南朝四百八十寺……句，指江南。北国，借毛主席北国风光句，指北京。

③一线牵：指京杭大运河；亦指革命的一根红线。

无题

画从树下看，乐在水中听。暖流生七彩，浊水濯心清。恍若蓬莱界，不闻车马声。

2010年7月10日

丹霞山

一柱高擎造化功，红云如酥亿年生。借问苍天情何堪，韶音歌声一样情。

2010年11月1日深圳大洲宾馆

参观潮州题广济桥

断水横流流日月，联房纵通通今古。断断连连千百载，二九梭船三八洲。

参加河北省十佳公园评审

太行山中多胜景，燕赵大地无俗园。五五名园一日穷，诗情画意各不同。何忍落笔舍一园，奈何十佳有定称。金榜题名成酒仙，落第诸侯亡劲风。莫学刘项争霸业，应效江边古钓翁。

11月8日石家庄

谢石家庄国宾大酒店曹丽娜管家

　　11月9日于石家庄国宾大酒店，服务员热情周到，用纸叠成纸鹤写上天气预报，放在床头柜上；看到我有药片，就斟一杯白开水放在床边，还写上祝福的话，让我倍感温馨。

　　　　琼浆沾唇沁客心，纸鹤飞来知晴阴。今夕初到芳城来，方

　　知燕赵无俗人。

青秀山

　　青秀山是南宁著名的风景名胜区，800亩铁树园蔚为壮观。在此遇见到当年的文局长，遗我6串佛珠。

　　　　只因此山有箫台，招得凤凰如仪来。千年苏铁成奇景，

　　八百绿衣有人裁。

2010年6月14日

雨中游古猗园

　　古猗园是上海的一座著名的历史名园。坐落在南翔区。是江南古典园林的奇葩。它始建于明朝万历年间，早先为私家宅院，由擅长竹刻、书画、叠石的朱稚征设计布置。因园内广植绿竹，园名取自《诗经》"绿竹猗猗"句，故名"猗园"。22日这天早晨，细雨纷纷。我和姚天新、朱杰一行在上海公园协会邵辉军、古猗园主任吉琴和退居二线的老书记姚永新等人陪同下进园拍摄，别具一番情趣。姚书记给我们详细讲解了公园的景点、历史和故事。　园中保存的唐代经幢、宋代普同塔，引人探古问胜。园中因"8·13事变"，当地爱国人士重修补阙亭，独缺一角，以志国耻的"缺角亭"，象征着中国反帝民族之魂，堪称亭中一奇。3月22日，同姚天新、朱杰一起开车，开始了南方名园拍摄的行程。

　　　　南翔春雨洗征尘，滴翠万株芳草新。三角方亭舟不系，二

　　姚池畔说名人。

2013年3月22日深圳大洲宾馆

游豫园

　　豫园在人们心目中似乎是上海的重要标志之一。豫园园主潘允端是明刑部尚

书潘恩之子。嘉靖三十八年（1559年），潘允端以举人应礼部会考落第，萌动建园之念，在上海城厢内城隍庙西北隅（今安仁街东的梧桐路、马园弄一带）家宅世春堂西的大片菜畦上"稍稍聚石凿池，构亭艺竹"，动工造园。"每岁耕获，尽为营治之资"，并聘请园艺名家张南阳担任设计和叠山。总面积称70余亩。小巧玲珑，建筑、园林、铺地，处处精致之极，其中砖雕可谓此园独具特色。豫园内楼阁参差，山石峥嵘，湖光潋滟，素有"奇秀甲江南"之誉。每一个参观过的人无不感慨万分：

　　　　山水玲珑独匠心，雕砖一块值千金。借问园主谁得似？千年金谷巨富人。

方塔园感怀

　　松江方塔公园，位于松江区东南隅，1981年建成开放，全园占地182亩。园址原是唐宋时期古华亭的闹市中心，方塔系砖木结构，九级方形，高42.5米。在形态结构上，因袭唐代砖塔风格。参观方塔公园，可以说是意外的收获。因为原本就不知道有此一座公园，且方塔历史悠久，是宋代遗物，据介绍，经历日本侵略者轰炸和地震而巍然屹立，且与上海的历史有关。经邵秘书长介绍参观了这座名园。使我感慨万千，即兴赋诗一首：

　　　　方塔越千年，往事如烟。几经震颤，风姿依然。妙手拈来筑新园，树碧花鲜。中西合璧成经典，辉煌从头看。五老峰，唱清廉，十通碑，草书传。七处文物古迹，异地重建，齐聚一园。装点此江山，古城换新颜。

绍兴沈园有感

　　陆游的爱情故事和不朽诗篇，成为绍兴沈园这座历史名园的灵魂和魅力。这使我们深刻认识到"园以人名"的道理。沈园，又名沈氏园，位于宋朝都城绍兴市区，本系富商沈氏私家花园，宋时池台极盛。沈园占地七十余亩，园内亭台楼阁，小桥流水，绿树成荫，江南景色。相传南宋爱国诗人陆游初娶唐琬，伉俪情深，后被迫离异。陆游为此哀痛至甚，后又多次赋诗咏沈园，有"伤心桥下春波绿，曾是惊鸿照影来"之名句，沈园由此极负盛名。一处私人花园，经历如此岁月沧桑，至今仍得以流芳，全因为一个千年不老的故事。

　　　　江南风光好，几度下扬州。更有此园看不够。千年宫柳今又绿，无限风流。谁人曾牵美人手，万古情悠悠。都付小桥流水，晓雨层云有人愁。

2011年曾到绍兴进行园林城市考察。所以有几度下扬州之感。下扬州：借用典故"骑鹤上扬州"。

兰亭断想

二次参观兰亭景区，仍感慨良多。王羲之的《兰亭集序》不仅是千古不朽的书法圣品，而且成为会稽山园林的极其重要的组成部分。

> 修竹夹经曲水长，茂林深处遗墨香。千古风流倜傥事，书
> 圣点酒著华章。可怜昔今痴人梦，摹写八千意彷徨。我自拈来
> 描园林，别样风景继世长。

游拙政园

拙政园始建于明正德初年（16世纪初），距今已有500多年历史，是江南古典园林的代表作品。与同时公布的北京颐和园、承德避暑山庄、苏州留园一起被誉为中国四大名园。占地78亩（约合5.2万平方米）。全园以水为中心，山水萦绕，厅榭精美，花木繁茂，充满诗情画意，具有浓郁的江南水乡特色。拙政园入门的障景石称"云遮月"，是一块巨大的太湖石，非常漂亮。而借景是园林的基本手法之一。拙政园的借景堪称绝妙之笔。与北京颐和园借景西山，可称天下园林借景之典范。园中与君同坐亭，是此园的重要景点，别具深意。琵琶院，是此园的一座供佳人居住的精致的院落，建筑别具一格，院内网格铺地似有天罗地网之意。

> 名园进得需细赏，一草一木皆文章。迎面忽见云遮月，远
> 观宝塔入画廊。竹韵自恃立亭侧，梅骨傲然透景窗。与君同坐
> 真妙境，琵琶院中花正香。

狮子林

狮子林是苏州名园之一。为元代园林的代表。园内假山遍布，长廊环绕，楼台隐现，曲径通幽，有迷阵一般的感觉。狮子林为苏州四大名园（拙政园、留园、网师园、狮子林）之一，至今已有650多年的历史，被列入《世界文化遗产名录》。狮子林拥有国内尚存最大的古代假山群。湖石假山玲珑众多、出神入化，形似狮子起舞，被誉为"假山王国"，其叠石堪称园林之绝唱，每一块石头都如同狮子，栩栩如生。此处以雄师喻雄狮。

> 太湖怪石忒癫狂，登殿入宫伴君王。大美一座古园林，

百万雄师闹天堂。

沧浪亭印象

沧浪亭为北宋庆历五年（公元1045年），诗人苏舜钦（子美）流寓吴中，以四万钱购得园址，傍水构亭名"沧浪"，取《孟子·离娄》和《楚辞》所载孺子歌"沧浪之水清兮，可以濯吾缨；沧浪之水浊兮，可以濯吾足"之意，作《沧浪亭记》。自号"沧浪翁"。园几经毁兴。清咸丰十年（公元1860年）毁于兵火。同治十二年（公元1873年）重建。沧浪亭面积约16.5亩，仍具有宋代造园风格，是写意山水园的范例。

　　堆山安亭曰沧浪，嘉联一幅天下扬。复廊逶迤成大观，漏窗千奇拟华章。谁说步移景方异，转瞬如画美别样。名园即得名人造，名画名句名文章。

网师园感怀

网师乃渔夫、渔翁之意，又与"渔隐"同意，含有隐居江湖的意思，网师园便意谓"渔父钓叟之园"，此名既借旧时"渔隐"之意，且与巷名"王四（一说王思，即今阔街头巷）"谐音。园内的山水布置和景点题名蕴含着浓郁的隐逸气息。现面积约10亩（包括原住宅），其中园林部分占地约8亩余，内花园占地5亩，其中水池447平方米。但小中见大，布局严谨，主次分明又富于变化，园内有园，景外有景，精巧幽深之至。建筑虽多却不见拥塞，山池虽小，却不觉局促。

　　玉兰花开透景窗，牡丹含苞待开放。看松读画有真意，低首乐见池鱼忙。美景入画心自得，名园初阳奏华章。

胡雪岩故居

胡雪岩，杭州人，祖籍安徽绩溪。少年时入杭州一钱庄当伙计，后在浙江巡抚王有龄扶持下，自办阜康钱庄。又因力助左宗棠有功，受朝廷嘉奖，封布政使衔，赐红顶戴，紫禁城骑马，赏穿黄马褂。在其鼎盛时，胡雪岩除经营钱庄外，兼营粮食、房地产、典当，还进出口军火、生丝等，后又创办胡庆余堂国药号，成为富甲一时的红顶商人。胡雪岩故居，建于清同治十一年（1872年），建筑面积5800多平方米。胡雪岩故居从建筑到室内家具陈设，用料之考究，堪称清末中国巨商第一宅。古宅内有芝园、十三楼等亭台楼阁。参观胡雪岩故居无人不被其建筑豪华和园林精美所倾倒，所发感慨万千。

唯朱镕基的题词最发人深省："胡雪岩故居见雕梁砖刻，重楼叠巘，极江南园林之妙，尽吴越文化之巧，富甲王侯，财倾半壁。古云富不过三代，以红领商人之老谋深算，不过十载，骄奢淫靡，忘乎所以。有以致之，可不戒乎。"

　　临塘依槛望芝山，亭台楼阁倒影看。曲桥漫步神游似，琴台坐吟欲成仙。巧思凝成真山水，家国园林共阑珊。豪宅一座可敌国，诗书万卷从头看。

　　附姚天新诗一首："芝园半亩掩云山，画栋雕梁四面看。七步曲桥连凤阁，一池清水映龙檐。功名三代成箴语，家业百年簸梦言。富贵万千如逝水，有人长顺做神仙。"

观瑞云峰

　　此诗当记录一段历史。瑞云峰四大明石之一。原为花石纲遗物。其形妍巧，涡洞相套，褶皱相叠，玲珑剔透，甲于江南。现存于苏州第十中学（原苏州织造署）内。此次专程拜访。

　　欲观奇石入学堂，飞檐斗角气轩昂。当年苏州织造府，古贤静气荡胸膛。瑞云曾为艮岳物，明代留园成景藏。四十四年圣驾到，巨石移来迎上皇。

留园

　　留园原是明嘉靖年间太仆寺卿徐泰时的东园。园内假山为叠石名家周秉忠（时臣）所作。清嘉庆年间，刘恕以故园改筑，名寒碧山庄，又称刘园。同治年间盛旭人其儿子即盛宣怀(清著名实业家政治家，北洋大学（天津大学）南洋公学（上海交通大学）创始人购得，重加扩建，修茸一新，取留与刘的谐音，始称留园。留园内建筑的数量在苏州诸园中居冠、厅堂、走廊、粉墙、洞门等建筑与假山、水池、花木等组合成数十个大小不等的庭园小品。咏诗一首：

　　吴下名园非虚传，理水叠山真鲁班。十院风光有真境，十法之妙味雅淡。冠云峰石若淑女，濠濮间响鱼悠然。回环漫步赏野趣，错把凡身作天仙。

艺圃

　　艺圃始建于明嘉靖二十年（公元1541年），万历四十八年（公元1620年）为文征明的孙子文震孟购得，名药圃。清顺治十六年（公元1659年）园归山东莱阳人姜采，改名为艺圃。为一颇具明代艺术特色的小型园林，也是苏州园林中最小的一个，全园布局简练开朗，风格自然质朴，无繁琐堆砌娇揉做作之感，其艺术价值远胜于晚清之园林作品。由于时间的关系，我们去艺圃已近黄昏。按说是拍摄的极佳时刻，但是艺圃即将闭园，只好"匆匆观"了。

> 相差五分欲闭园，急急购票匆匆观。园林虽小极精致，只
> 是无缘细细看。大师相机未放稳，立眉保安催离园。夕阳似解
> 旅人意，洒下余辉共灿烂。

环秀山庄

环秀山庄位于江苏苏州景德路上，全园面积仅1亩余，以假山为主，是清初著名造园家戈裕良的杰作，有假山"独步江南"之誉。环秀山庄原为五代吴越钱氏"金谷园"故址；宋时为景德寺；明为宰相申时行住宅；清乾隆时建为私家园林，道光末年成为汪氏耕孟义庄的一部分，题名为"环秀山庄"。是以假山为特色的一处古典园林，为苏州湖石假山之冠。

> 佳丽自在深闺藏，寻寻觅觅进山庄。两千平米小园林，有
> 山有水有厅堂。细品洞山临高树，慢赏楼阁廊依墙。敢问园主
> 何许人，名门望族著华章。

残粒园感怀

残粒园在苏州市内装驾桥巷，位于住宅之东，原为清末扬州盐商姚氏的宅第，后为画家吴待秋及其子所有。面积仅140多平方米。筑有假山、石洞和一泓池水。由住宅经圆洞门"锦窠"入园，迎面有湖石峰为屏障。中央建水池，缘岸叠湖石和石矶。沿墙置花台，种桂、蔷薇等花木，壁面亦布满藤萝。园西依山墙叠黄石山，最高处在西南隅，山顶有括苍亭。此园在深巷广宅之中，家中只有老太太和保姆，一般不开门。我和姚天新左打听右打听才找到。正巧碰上吴的女儿在，我们把北京办园博会的事都说尽了，才得以入内。以诗记之：

> 曲曲弯弯小弄堂，门环紧扣半心凉。忽闻院内传声响，谦
> 语躬身话端详。让进厅廊人叹赏，天光水色亭高昂。莫说园小
> 如残粒，千恩万谢姑与娘。

◎退思园

再游退思园

退思园位于苏州市吴江区同里镇，建于清光绪十一年至十三年（公元1885～1887年）。园主任兰生，字畹香，号南云。任兰生落职回乡，花十万两银子建造宅园，取名"退思"。取《左传》"进思尽忠，退思补过"之意。前些年我曾公干于此，受到隆重接待，赏境听评弹。今日之行凭我70后之身份，享受半价优惠。得发此感慨。

　　楼前昔日赏评弹，处处春风笑脸看。此地重游细观瞻，半折购票五十钱。退思园内深思退，如戏人生须淡然。美景可餐舒心境，坐看云起忘归还。

291

41.参观惠山园有感

寄畅园元朝时曾为僧舍，名"风谷行窝"，明朝时扩建。全园分东西两部分，东部以水池、水廊为主，池中有方亭；西部以假山树木为主，是中国江南著名的古典园林。北京颐和园内的谐趣园，乃是仿寄畅园的建筑艺术。乾隆皇帝曾几度游历，有诗碑为证。

> 一代明君画中游，诸篇佳构石上留。风光但着名人意，更有深情在里头。欲掬泉水品美景，无奈车轮飞泰州。天下名园赏不尽，留得美景再重游。

附姚天新再游惠山园有感：卅二年前忆旧游，故人生死各千秋。楼台兴废寻常事，白了胡须花了头。

泰州乔园有感

泰州乔园素称淮水以东第一园。前身为明代陈鸢旧居，万历年间其孙太仆少卿陈应芳倚宅建园，取晋陶渊明《归去来兮辞》中"园日涉以成趣"句意，取名"日涉园"。清康熙初年转归田氏，雍正年间园归高凤翥，易名三峰园，咸丰九年吴文锡购得此园，更名蛰园，旋入两淮盐运使乔松年名下，因称乔园，延谓至今。

> 人称淮左第一园，四易其名情可堪。亭台楼阁存真意，我等寻觅路八千。

扬州个园

个园由两淮盐业商总黄至筠建于清嘉庆二十三年（公元1818年）。是以竹石取胜，连园名中的"个"字，也是取了竹字的半边，应合了庭园里各色竹子，主人的情趣和心智都在里面了。

> 分峰四季浑天然，座座婆娑意蕴含。豪宅非是寻常舍，墙泛白处似昔盐。夕阳西下竹影长，海棠花盛好鲜艳。独上高亭望吴楚，千年风物一缕烟。

扬州何园

何园坐落于江苏省扬州市的徐凝门街，又名"寄啸山庄"，由清光绪年间何芷舠所造。何园被誉为"晚清第一园"，其中，片石山房系石涛大师叠山作品，堪称人间孤本。新建的中国园林博物馆将片石山房移来再现于北京。

> 此园尽美景，片石最畅情。画从墙上观，琴在水下听。窗

含春秋意，门拥日月风。主人知何去？故物寻遗踪。

镇江梦溪园

　　梦溪园位于镇江市梦溪园巷21号，是北宋时期著名科学家沈括晚年居住并撰写科学巨著《梦溪笔谈》的地方。历史上的梦溪园是一座著名的宋代文人宅园，其原貌早已荡然无存，但其景况和布局在沈括的《自志》可大致窥见。当时园内建筑有岸老堂、萧萧堂、壳轩、深斋、远亭、苍峡亭等，另有一条溪水流经园内。现在厅堂里安放着沈括塑像，陈列着沈括当年的著作及使用的工具、实物等，共占地十亩。

　　科学有巨星，千里来寻梦。墨门依时开，展馆分西东。雕像遗风骨，文章放光明。故园今何在？亿万人心中。

南京瞻园

　　瞻园是南京现存历史最久的一座园林，至今已有六百余年的历史，江南四大名园之一，以欧阳修诗"瞻望玉堂，如在天上"命名。瞻园也是南京保存最为完好的一组明代古典园林建筑群，与无锡寄畅园、苏州拙政园和留园并称为"江南四大名园"。赵雅芝版《新白娘子传奇》中白府的取景地便是瞻园。

　　茫茫闹市寻桃园，时光流转百千年。好大一座仙人峰，青琐高悬第一园。怪石嶙峋水清响，妙境凝思镜中观。沧桑古藤发新绿，如泣如诉枝叶间。

淮安勺湖园

　　勺湖园位于古城楚州的西北隅，古运河东侧，园内的湖因形状似勺，故称勺湖，而勺湖园也是因此得名。总面积100亩，其中水面60亩。文通塔始建于唐中宗景龙二年（公元708年），距今已近1300年。明代诗人姚广孝曾在此游览，并留下"襟吴带楚客多游，壮丽东南第一州"的千古绝句。此处当是周总理少年时游乐之处。

　　满怀敬爱赴淮安，勺湖水边细细观。唯恐凡步惊圣魂，寻寻觅觅唐塔前。

2013年4月2日

五大连池

　　胸中怒火几万年，一朝迸发冲破天。化作墨海与清池，别样风光壮河山。

镜泊湖游记

烈火浓岩锁大江，湖光山色百里长。窈窕淑女留倩影，跳崖壮士惊魂肠。

天池遐想

天公有泪不轻弹，化作龙潭赠人间。白云袅袅沉水底，清风款款逐漪涟。有缘千里来相会，无福万般空留连。我欲因之梦寥廓，黄龙府里尽开颜。

钟山寻梅

梅园眺望满山枯，花发俩仨有似无。情侣树旁寻旧梦，香气迷眼味觉殊。

2012年2月16日

无锡弄梅

百年沧桑木森森，十顷花田绣锦茵。借问玉华知何在？遥听水边香薰人。东风作笔绘春色，犹忆园冶布芳馨。我欲折枝插北国，明朝钓台赏花魂。

2012年2月18日

杭州探梅

千里寻芳到吴城，山水弄玉露华浓。灵峰探梅花有意，西湖问柳树带风。携来东风化春雨，笑看日出半天红。肌香肤滑乘风去，却恋南朝舞升平。

2012年2月19日

东湖赏梅

楚天难极目，梅香带雾出。老树苍苍立，新枝横斜疏。杉杉水中影，画画窗含竹。疑是瑶台上，小溪唱大湖。

2012年2月21日

莫干山感怀

莫干山阴雪有痕，万顷竹林草色新。旧迹屋前溪水响，磨剑石上绿苔深。自古伟人多寂寞，幽谷深山苦伤神。应学游侠度鹤步，妙手点石可成金。

2012年2月20日

洛阳看花小记

小序：联（大）组长制度是协会的重要组织形式。4月17日，北京市公园绿地协会组织联（大）组长赴洛阳参观考察，并在途中召开信息工作会，这种形式是协会历史上的第一次。开阔了眼界，交流了经验，增进了友谊，促进了工作。

千里寻芳洛阳花，隋雨唐露香凝华。[①]垂涎千年流水席，[②]梦坠万古学文化。[③]

2011年4月21日

①"中国国花园"是洛阳最大的牡丹花园，建在隋唐城遗址上，占地1548亩，享有"中国国花第一园"之美誉。

②流水席：据传是当年武则天时流传下来的"中华名小吃""真不同饭店"是百年老店，号称"天下第一宴，水席真不同"，有联曰："不进真不同，未到洛阳城"。

③途径安阳小屯，参观殷墟遗址博物馆，领略中原3000多年前的甲骨文，后又参观龙门石窟，看魏晋隋唐石佛艺术，如同时光倒流，坠入梦境。

兰州白塔山公园

干山和尚头，脚下大河流。万年寂寥地，燕雀空悲啾。人民建公园，提灌织锦绣。多少汗与血，铸就新兰州。

2013年8月6日

北极村

细雨蒙蒙鸡塞远，村姑三俩尽穿棉。疑是三九腊月日，黄历翻看三伏天。姜汤一碗驱身冷，老酒半壶解心宽。非我兄弟无良谋，全赖天宫心太偏。

2012年8月9日三伏第三天于北极村

参观黑河爱辉纪念馆

哭声撕心裂胆，悲剧历历再现。泪眼横流神伤，怎奈大好河山。落后就要挨打，弱者何理可言？世界只认强者，我当奋发向前。

贵州行

曾经几度到贵州，此来已觉无兴头。晴阴两日七孔游，方知拙思尽荒谬。小溪潺潺如琴诉，大河高瀑似狮吼，鸣虫缘树怨光少，白云恋山自娟秀。

2012年5月19日

伪皇宫参观

三伏暑气蒸人烦，废宫一瞥心生寒。遥想当年去国日，不禁芒刺透骨穿。幻听柳条湖枪响，幻觉东瀛起狼烟。幻化大圣金箍棒，幻影妖孽指日翦。

2012年8月7日长春伪皇宫

黄鹤楼

晨游黄鹤楼，想起崔颢的诗。唐代诗人崔颢一首"昔人已乘黄鹤去，此地空余黄鹤楼。黄鹤一去不复返，白云千载空悠悠"。感慨千古绝唱，成就了不朽的黄鹤楼。黄鹤楼"天下江山第一楼"，巍峨耸立于武昌蛇山之上，始建于三国时代吴黄武二年（公元223年），享有"天下绝景"之称。为武汉"最美江城"之称奠定了基础。

好诗一字值千钱，黄鹤飞去几度还？莫说诗仙知趣去，万古一人独扬帆。

2013年4月15日

岳阳楼

　　岳阳楼耸立在湖南省岳阳市西门城头、紧靠洞庭湖畔，三国东吴所建。自古有"洞庭天下水，岳阳天下楼"之誉，与江西南昌的滕王阁、湖北武汉的黄鹤楼并称为江南三大名楼。北宋范仲淹脍炙人口的《岳阳楼记》更使岳阳楼著称于世。现在的岳阳楼为沿袭清朝光绪六年（公元1880年）所建时的形制。

　　夕阴登临岳阳楼，横无际涯老眼收。五朝旧迹成一池，千秋文章满城头。自古兴废寻常事，唯见湖水千古流。人生忧乐天可鉴，社稷盛世梦未休。

2013年4月18日

君山公园

　　自古爱情几人懂？柳毅井水连龙宫。遥望金田洞庭水，二妃墓前泪竹风。

2013年4月18日

含英咀华重逢生

　　独上南岳涧边行，鸟语泉声对瀑鸣。忠魂烈骨映山翠，苔缀幽径杜鹃红。香炉峰上绝人迹，含英咀华重逢生。人生百年几回搏？风云漫卷祝融峰。

2013年4月17日

非洲见闻录

从非洲考察归来，许多人一见面第一句话就问，非洲热吗？去没去沙漠？在人们的印象中，非洲是个遥远而神秘的地方，似乎满脑子中是荒漠、酷热和贫穷。然而，当你踏上这块土地之后，这一切会随着时间而改变。

见闻之一：非洲并不热

2009年11月16日，当我们乘坐了19个小时的飞机，来到南非的立法首都开普敦时，第一个改变印象的是天气。虽然正值夏天，天气却非常凉爽，傍晚时分，竟看到当地人有穿羽绒服的。负责接待我们的夏先生告诉我们，这里的天气受大西洋和印度洋的影响很特别，当地有一句话说得很形象：站在树下无夏日，呆在阳光下无冬天。因此你无论什么时候出门最好都要带一件长袖的衣服，早晚可以用上，这里的紫外线很强，在阳光下，衣服还可以用来遮挡阳光。可是在旅游生活中人们往往是耳听为虚，眼见为实，宁可相信自己的亲身体验，但这就需要付出些代价。

第二天，我们去参观桌山风景区和国家植物园，都背着衣服，谁知这一天天气特别好，拿的衣服成了累赘。第三天，根据天气预报，气温比头一天还高1度，我凭着经验干脆不带衣服了。谁知道这里的老天爷就是故意给你找别扭，你带衣服他不冷，等你不带衣服了，就给你个颜色瞧瞧。这一天，我们乘车去著名的好望角，途中参观海豹岛和企鹅滩，已是冻得直跳芭蕾。到了好望角，登上风暴角山头，狂风大作，海浪滔天，去帽倾身，浑身筛糠不止，大有天翻地覆之虞。我等无心恋战，匆匆拍照留影，急转身钻进车内。此景此情，叫我等领教了风暴角的利害。

之后几天，我们去了约翰内斯堡、肯尼亚的内罗毕、埃及的开罗等地，无论走到哪里，一件外衣是必备的，早晚都用得上，成了至理名言。

当然，我这是管中窥豹。

见闻之二：桌山记事

开普敦是南非著名的城市，面临大西洋，其背面是一座状如桌子的大山，名叫塔尔布山，海拔3690米，山顶平如桌面，面积34.5万平方米，因奇特著称，俗称桌山，成为南非和这个城市的标志，也是这里重要的旅游景点。

11月17日早饭后，我们乘车沿着弯曲的山道去参观桌山。晴空万里，心情和能见度一样透彻。路两侧绿荫叠翠，伞状的非洲柏长满山坡。大约接近桌山时，一片枯树残枝映入眼帘。导游告诉我们，这是2006年一个欧洲旅游团的人因扔了一个烟头，引燃森林大火，将这面山几近烧光，因救火该旅游团还死了一个人。听了这故事，车内一片凝重，大家唏嘘无语，更有人扼腕慨叹，彰显出园林人独特的心路和脉动。

我们乘索道上得山来，大有欲穷千里目之感。峻崖峭壁，恍如置身于仙境。桌山像是一座本来尖挺的巨峰，却被一刀拦腰砍去，成了一块光平如镜的桌子，似乎等着谁来聚餐。山上除了索道山顶站和一个商店外，几近平坦，低矮的植被没不过兔子，偶而有几堆山石矗立在桌面上，如同园林雕塑或盆景，也像餐桌上的一道道美餐。极目远眺，西面是一片汪洋——大西洋，东面是美丽的开普敦城和海港，海港北面一座状如雄狮的大山连绵不断，狮尾指处，有一个似若鸟巢的宏大建筑正在施工中，据说是2010年世界杯的比赛场馆。深入港湾，有一个海岛，据说是当年关押曼德拉的地方。山上有一个非洲地理的铜制沙盘，让人们清楚地看清大西洋和印度洋的洋流交汇和分界。我们站在沙盘前，照相留影，大有指点江山之气概。游兴所致，随口哼出两首诗来。

　　谁裁千顷桌山？谁摆饕餮盛宴？雄狮静卧天边，万里风光无限，豪气指点江山。

　　枯树怒指苍天，何时残火狼烟？凝眉流连访客，唏嘘扼腕慨叹，再造自然何难！

见图之三：国立植物园

开普敦有一个很漂亮的地方，就是克斯腾伯斯国立植物园。是世界上著名的植物园之一。

当地人说，如果到南非不到好望角，就等于没有到南非，如果到开普敦不到桌山，就等于没到开普敦。而我考察后则认为，到南非不到国立植物园，那是一个遗憾。

南非是世界六大花卉王国之一，南非开花的植物种类占全世界的1/10，全国有21000多种花卉植物。克斯腾伯斯国家植物公园位于桌山东坡，面积广达560万平方米，园中植物品种约1万种，占全国植物的40%，其中2600种为开普半岛所特有，终年开花不断，美不胜收，春季尤可看到花海覆盖绵延无尽的奇景。

开普敦属地中海型气候，冬湿夏干，因此在此生长的多半是冬雨性植物，包括石南科花木、杜鹃科植物、宫人草、龙舌兰等。夏雨性植物本来栽植较少，自从1930年，桌山山坡筑了一座储水库后，夏季干旱问题获得解决，帝王花、山玫瑰、红兰、海棠花、雏菊等应时盛开，美不胜收，特别是帝王花，枝繁叶茂，花色鲜艳，花冠硕大，花中之王，名不虚传。

植物园内有一方石碑，记述着一个与植物园来历有关的人，他就是留下这个植物园的主人罗德。植物园的起源可追溯到17世纪。当时荷兰移民的领袖芮贝克率众在此开山垦荒，大量砍伐原始林木，他看到自然景观的迅速恶化，便在桌山东坡设立一片保留地，禁止砍伐。今日植物园内仍保有一条芮贝克树篱大概就是当年的遗址。这片保留地继续受到后来垦荒者的刻意照顾，规模渐具。直到公元1895年，当时的开普敦省长罗得以9000英镑购得此地，开始有计划地规划成公园，不仅大量栽植花卉植物，也在其内铺设散步道，

◎南非植物园内帝王花

◎南非克斯滕伯斯国立植物园

渐具今日雏形。罗得在1902年逝世，遗嘱中明言把植物园捐献给国家，成为南非第一座对民众开放的植物园。当我走过这方罗得的墓碑时，时空似乎消失，穆然对这位先人升出几分敬意。我觉得，一个人能为世上留下一片绿荫是最大的善举。

植物园内，不仅花草树木在蓝天白云下生机盎然，景自天成，别具特色，而且管理得非常好，许多人在蓝天白云映衬下的草地上休憩，安静而又祥和。公园的警示牌上有禁止高声喧哗和扩音设备的图形标志，有数十组雕塑点缀其间，反映南非的风土人情和艺术情趣，相得益彰，提高了植物园的品位和档次。到这里考察不仅是一种学习，简直可以说是一种享受，给我们留下了美好的印象。有诗为证国立植物园考察有感：

帝王花开满园春，巨树如盖草茵茵。天公人巧各有半，绿荫深处有奇珍。但闻故人遗瑰宝，胜似白银与黄金。白银黄金总有价，绿树红花年年新。

见闻之四：好望角放歌

好望角距离开普敦约60千米，乘车大约2个小时。因为，中途有两个景点要看，一是海豹岛，名叫豪特湾，一是企鹅滩。海豹岛那里有数以百计的海豹，大的大约2米长，小的只有几十厘米。它们有的在岛上晒太阳，有的在水中嬉戏，煞是好玩，需要乘船40分钟过去。企鹅滩集聚着大西洋独特的企鹅，不但个头小像鸭子，而且灰灰的，与和在日本、澳大利亚见到的企鹅截然不同，它们在阳光下有的打瞌睡，有的懒洋洋地趴着不动，想给它们合个影都难。

参观完这两个景点，已是中午时分，吃过午饭，继续往好望角赶路。我们坐在车上，浏览着车外异域的风光。沿途有丘陵、有山脉，也有茫茫戈壁，最吸引人们眼球的是路边一丛丛一片片的帝王花，正如在国立植物园看到的一样。但是，这里绝对都是纯天然野生的，金灿灿，黄橙橙，一簇簇，一片片，或稀或密，满山遍野，实在打动人心。

"请大家注意，我们的车前方，左侧是印度洋，右侧是大西洋！"导游告诉我们。大家不约而同兴奋起来，有的说，我们一眼望双洋，有的说，真是太奇妙了！

好望角是一个突出的小山岬，是处于大西洋和印度洋的交汇处。因为这里的天气恶劣，曾被葡萄牙航海探险者称为暴风角，昔日不少航船都在此处遇险。据说，在印度洋航线通航后，当时的葡萄牙国王便把它改名为好望角，意为过了此山角就有好的希望了。好望角为大西洋与印度洋冷暖水流的分界，气象万变，景观奇妙。耸立于大海中的还有高逾2000米的达卡马峰，危崖峭壁，

◎好望角国家公园

卷浪飞溅。好望角再向南就是南极了，中间再也没有陆地了。

我们乘单轨道缆车登上角顶，眺望大西洋和印度洋的壮美景色，令人眼界大开。同时，也让我们领略了风暴角的利害。只听狂风呼啸，大约有15级大风，人是欲站不能，欲走不成，只好扶栏而抖，或蹲下稍避风势。我们同行的徐亮先生刚买的帽子一翅飞入大海。山顶上矗立着一个指示牌，标明此地距世界主要城市的距离，其中一个指示牌箭头指向东北方，上面写着：distence to Beijing 12933km。参观好望角大有猎奇和冒险的味道，虽然不是海上航行，亲历滔天海浪，但是眼见得狂风恶浪已然使人心惊肉跳了，不由得对大自然生发出几分敬畏，对当年的探险英雄生发出几分敬意！

参观完翻身上车，人们兴致未消，纷纷议论着这非凡的经历，我即兴写出几句诗来，记录着这刺激的经历，同时给同行者传看分享：

> 琼花灿灿，碧空蓝蓝，两洋入眼，心似海天宽。风暴冲天，怒涛击岩，云卷苍山，望极地雪原。往事经年，过眼云烟，遗踪茫茫，任来者评点。几束浪花，几艘沉船。一步踏破，数万里江天。

见闻之五："观鸟天堂"印象

肯尼亚有东非旅游之国的美称，被誉为"鸟兽的乐园"。据说其旅游收入占GDP的70％。它的旅游资源非常丰富，这里是各种珍禽异兽的天然动物园。

是日一大早，我们从肯尼亚首都内罗毕出发，去参观我们向往的纳库鲁湖国家公园。虽然乘车要很长时间，但大家仍然兴致很高。一路上尽情领略异域风光，有闻名世界的东非大裂谷和赤道雪山和湖泊，还有多姿多彩的风土人情。东非大裂谷的东支纵贯高原的西部，谷底在高原以下450～1000米，宽几十千米到200千米，屹立着许多火山，有些仍在继续活动。沿途有一种树非常漂亮，名叫凤凰树，成片成行，金色的树干和疏密有致的枝条树叶，在蓝天白云的衬托下分外妖娆。

车行大约6～7个小时，进入肯尼亚裂谷省的纳库鲁镇，不远处就是纳库鲁国家公园。纳库鲁国家公园占地面积188平方千米，海拔1752～2073米，是专为保护禽鸟建立的国家公园。公园虽然不大，但被誉为"观鸟天堂"。园中有约450种禽鸟，其中最著名的是火烈鸟。纳库鲁湖处于火山带，湖水盐碱度较高，适宜作为火烈鸟主食的浮游生物生长。加上周围湖泊，在这一带生活的火烈鸟约有200多万只，占世界火烈鸟总数的1/3。

当日下午，我们乘专车去纳库鲁湖观看火烈鸟。纳库鲁湖的火烈鸟成千上万，它们在浅浅的蓝色湖水和白色泥滩上，有的在水中觅食，有的则引颈长歌，偶尔，也许有几只、十几只、几十只扇起翅膀，从这边飞到那边，又从那边飞到这边，把一个泛着银光的盐湖点缀得分外美丽。

火烈鸟又名大红鹳，分布于地中海沿岸，东达印度西北部，南抵非洲，亦见于西印度群岛。体型大小似鹳，喙短而厚，上喙中部突向下曲，下喙较大呈槽状；颈长而曲；脚极长，向前的3趾间有蹼，后趾短小不着地；翅大小适中；尾短；体羽白而带玫瑰色，飞羽黑，覆羽深红，诸色相衬，非常艳丽。火烈鸟栖息于温带盐湖水滨，涉行浅滩，以小虾、蛤蛎、昆虫、藻类等为食。觅食时头往下浸，嘴倒转，将食物吮入口中，把多余的水和不能吃的渣滓排出，然后徐徐吞下。性怯懦，喜群栖，常万余只结群。红鹳以泥筑成高墩作巢，巢基在水里，高约半米。火烈鸟每窝产卵1～2枚。卵壳厚，色蓝绿，孵化期约一

◎肯尼亚公园野生动物园内火烈鸟栖息地

个月。雏鸟初靠亲鸟饲育，逐渐自行生活。又因羽色鲜丽，被人饲为观赏鸟。

在公园中，疣猴、跳兔、无爪水獭、岩狸、河马、大羚羊、黑斑羚、瞪羚、斑纹鬣狗、猎狗、狐狸、野猫、金猫、长颈鹿、黑犀牛等不时出现在眼前。有的在悠闲地啃吃着野草，有的在成双成对地嬉戏，最有意思的是两只犀牛正奋蹄争斗。真是一幅大自然的美丽图画！唯有会爬树的花豹最难见到。不过，在公园中的游览车上，司机都配有对讲机，只要有一个发现了"猎物"，立刻互相通报，各路人马齐奔一处。那一天，不知是哪一辆车先发现了一只花豹趴在树上睡觉，十几部车望风而去，狼烟滚滚，把一个安静的动物乐园搅得是天昏地暗，日月无光。以诗记之。

金枝玉叶漏云影，湖光千顷点点红。闲步百兽荒原上，怒目双犀欲争雄。忽报远方有奇兽，狼烟滚滚车飞行。长枪短炮齐开火，残阳如雪笑如虹。

见闻之六：住进帐篷旅馆

听去过肯尼亚的朋友说，马赛马拉动物保护区在肯尼亚西部，是世界上最好的野生动物禁猎区之一。每年动物迁徙季节，成千上万只角马、斑马等动物，都会在这里形成非常壮观的场景。只可惜，我们去得不是时候，在这里看到的动物还没有在北京动物园多呢。但是在那里给人的感受确实令人难忘。

11月23日凌晨6点，我们乘车从纳库鲁国家公园出发，在颠簸的道路上吃早点，走了大约7个小时，下午快1点时才到。我们坐在专用的观览吉普车上，走进茫茫的非洲原野和丛林中，真有点人困马乏。突然，我们在车上发现一群长颈鹿，大家立即惊呼起来。这群长颈鹿大约有20多只，正悠闲地进食午餐呢。

给我们当司机的是一位非洲兄弟叫艾禄利，导游兼翻译是一位四川去的小伙儿。通过一路介绍，我们了解了很多东西。知道马赛马拉动物保护区也叫马赛马拉禁猎区，在肯尼亚和坦桑尼亚交界处，建于1961年，保护区面积达1800平方千米，有95种哺乳动物和450种鸟类。马拉河的无数支流穿过保护区的大草原，河边生长着茂密的丛林。

◎肯尼亚野生动物园内犀牛决斗

　　保护区里禁止建立居民点，但有两个豪华的小旅馆和一些帐篷旅馆。连接成网的保护区道路系统非常便于观看各种动物。在这里我们虽然没有乘上热气球俯瞰动物，因为需要住至少两天，也没有看到动物大迁徙的宏大场面，但是，我们见到了大象、野牛、羚羊、斑马、狮子、猎豹、豺狗等大型动物。它们在大草原上或丛林中，各自悠闲地吃着草、嬉戏着、奔跑着……尽情享受着大自然的恩赐。

　　经过一天的奔波，晚上我们住进了帐篷旅馆。这是在茫茫大草原上建起的旅馆，绿树成荫，碧草萋萋，周围用铁丝网围着，出入口处有严密的看守。帐篷小屋大约有17～18平方米，没有门，只有一条拉链将帆布帘拉上。不过，室内设备一应俱全，有淋浴间、有空调，服务也是上乘的。当我们吃晚饭回来，床铺已收拾好，拉上了窗帘，还给被窝里放了一个小暖水带，使人倍感温馨。晚上睡觉，我有点不放心，于是就将行李箱堵在了"门口"。其实这是多此一举，茫茫大草原上除了野兽，哪会有小偷光顾呢！

枯树土道斑马，短草旷原气佳，篷车丛林侦查，夕阳西下，美景尽收磁卡。

见闻之七："不要跟陌生人说话"

去埃及是我长久的一个梦想。

因为埃及是著名的世界四大文明古国之一，金字塔、尼罗河是家喻户晓的常识，今天世界上大多数国家通用的"公历"也是以埃及历法为基础的。亲眼去看一看，感受一下一个地跨亚非大陆古国之文明，吸一吸那里的新鲜空气，当是一件非常向往的事。

11月25日～26日，我们在开罗呆了两天，考察了园林绿化，游览了市容，参观了著名的金字塔和博物馆，凭吊了苏伊士运河及战争遗迹，晚上乘船游览了尼罗河。一路上"飞车观花"，如同看电影一样，思绪随着尼罗河的滚滚洪流翻滚。

金字塔是世界上的建筑奇迹之一，如同中国的万里长城，是埃及的象征和骄傲。由于埃及人信奉来世，所以，从公元前2700～2600年的大约100年间，历代法老用2500万吨巨石建造了150多座金字塔，每一座都埋藏着一部秘密。最大的金字塔是开罗郊区吉萨的胡弗金字塔，塔高146.5米，坡面呈完美的52°角，致使塔高和塔底周长之比等于圆周率，成为古代建筑奇迹。

参观金字塔时，我异常高兴，拿着照相机就下了车，直奔金字塔去，上窜下跳，左照右照，结果忘了埃及当地的导游"雷锋"同志临下车时的再三叮嘱："不要跟陌生人说话"。顺便说一下，埃及为了保护当地人就业，导游都是当地人，说着半生不熟的中国话。围着胡弗金字塔转了不到半圈时间就快到点了。在返回的时候，走到金字塔的西北角处，我正打量着如何照一张仰视的照片，旁边一位当地人"热情地"给我比划，意思是如何举起手来将金字塔托于手上照相。我看他如此热情，就把照相机给了他，你别说，他给我照的那张照片还真有特色。可等照完了，那个人就伸手向我要东西，我企图拿出几粒口香糖搪塞过去，谁知道他不干，继续用手比划着，我一猜，是要钱。这时又上来两个人，我立刻从右裤兜里掏出几张零钱。只见那几个人不干，比比划划，一看不妙，我又从左裤兜里掏出200埃磅，他们几乎是从我手里抢过去的！完了之后我才得以脱身。真是不去不知道，一去吓一跳！

开罗是一个古老而又现代的城市，到处可见清真寺。有点恐怖的是，在城中有一个"鬼城"，一样的街道，一样的房屋，只是没有人居住。经导游介绍知道，那是一片墓地，相当于中国的公墓。在城市边缘，有许多"烂尾楼"，据说是当地人为了逃避纳税而故意为之，虽然已经住上人了，但楼永远盖不完。尼罗河两岸，高楼林立，当夜色降临，灯光水影，也称得上妖娆。乘坐游艇游览尼罗河如同在巴黎游览塞纳河一样，是许多外国人必不可少的项目。在船上轻歌曼舞，边吃边看，通过演出，埃及人展示着自己的历史和文化。特别是有一个小伙子表演的转舞，只见他边转边舞足足转了20分钟，给人们留下了深刻的影响。开罗两日，大开眼界，编出如下两首小诗来以为纪念。

亘古清流越北非，西边故垒有余辉。多少王后多少梦，光华逝去永无回。一部史书千般泪，金棺银椁似土灰。我欲因之梦东国，恰似尼罗北逝水。

星光渔火渡画船，曼舞轻歌八千旋。故国神游梦一场，尼罗清波夜未眠。

探访地球那边的公园

9月5日，是我们赴美、加世界城市公园考察的第5天，我再次考察了美国纽约的中央公园。

说是第5天，实际上是第4天，因为第1天是在飞机上度过的，9月1日，21：00从北京出发，飞了12个小时，在当日18：00到达美国西部城市洛杉矶。世界真奇妙，时间倒流，走了12000千米，绕地球半圈，因为时差是16小时，我们反倒赚了半天时间；第2天上午是考察Maliku城市公园，下午乘飞机飞华盛顿；第3天从华盛顿到纽约，住在纽约Courtyard Marriott酒店。次日，我们考察了纽约中央公园、联合国大厦、第五大道和洛克菲勒中心。

到第5天早晨，我5点多就醒了，总觉得昨天去中央公园没看够，没看好，于是想趁早晨时间再去转一转。下得楼来，到酒店前台，想打听一下到中央公园多少钱？有没有出租车？从中央公园到自由女神景点（全团会合地点）有多远？我说的英语是中国人听不懂，美国人听不明白，只有边说边比划，说的连我自己都乐了。

我说："I think, I want to Center Park. Can you tell me, about money? I need taxi."一位漂亮的女服务员热情地边比划边说：大约120美元，她可以帮助叫出租车。

至于从中央公园到自由女神景点多远？我说："From Center Park to ……由于自由女神景点我不会说，只是用双手掌心向上，放在头两侧比划出自由女神头冠的样子。似乎对方明白了我的意思，一边乐，一边拿了一张纸过来，给我写了"30"的字样。我也明白了。但是由于没有来得及给团长请假，加之去一趟出租车要120美元，实在是代价高了点。思忖良久，第一个到餐厅用早餐去了。

按照行程，全团上午去考察自由女神景点。汽车绕了一下道，把我和张晶晶扔在了中央公园。我们俩又在那里足足转了半天，总算解了渴，几乎把中央公园转了个遍。

头天晚上考察住下后，我余兴未了，写了首记事小诗：

万里朝圣借东风，袅袅白云自多情。
高楼千寻湖底见，如画山水鬐边生。

◎中央公园导览图牌示

要说朝圣，并不过分。中央公园被认为是世界上第一个真正意义上的城市公园，建于1858年，面积340万平方米，相当于北京圆明园的大小。是奥姆斯特德按照保护自然的思想在纽约最核心的地区——曼哈顿岛上建立起来的。公园虽然设有围墙和栅栏，成为独立的空间，同时又有机的融入城市肌理之中，公园内用道路分割景区，设有骑马道、自行车道和适合开展各种活动的场所。它的一些设计原则被后世奉为经典并广为应用。我们借着北京建设世界城市的东风，出访考察公园，这千载难逢的机遇使我们情不自已。看到那么大的中央公园坐落在高楼林立的纽约中心地带，不仅叹服设计者的高明，更叹服城市规划决策者的英明。由于中央公园的建立，不仅环境质量大为改观，而且带动了周边地区的发展，在中央公园的周围，先后建立起大都会博物馆、自然文化博物馆等，形成了一个地域文化中心。

这一次赴美国、加拿大，作世界城市公园的考察，给我最大的收获，在于使我重新认识了公园：公园是什么？公园是人们的第三度生活空间。

国际上有个"世界公园康乐协会"，前些年，我对"世界公园康乐协会"的名字，有些不解：公园后面为什么还加"康乐"两字呢？这不是多余吗？在我国，叫"公园协会"，在北京，这几年又在公园后面加了"绿地"两字，叫做"公园绿地协会"。看起来和"世界公园康乐协会"只是两字之差，经过考察，我们认识到，这实则是在公园的理念上的差异。

　　无论在美国，还是在加拿大，所到的城市公园，都有一个共同的特点，那就是：公园里不仅有美丽的环境，还建有完善的健身康乐活动的场所和设施。为人们在工作之余提供充分享受生活的空间。

　　首先，公园是美丽的空间。美国和加拿大，地广人稀，尤其是加拿大，森林覆盖面积占到国土面积的70%以上，不缺少阳光和空气。那为什么还在城市里建设公园呢？因为要为人们创造一种美的生活境域。比如，在美国纽约的中央公园，在充分保留自然风貌的基础上，结合当地的人文环境，营造了大片的疏林草地，有许多雕塑广场、古建遗迹、喷泉湖泊和水库；有平坦的大道，也有曲径通幽的小径；有宽阔的湖面，也有涓涓流淌的小溪；动中有静，疏密有致，高低错落，每一处都体现出一种韵律和节奏。这样美的环境是城市中的"水泥森林"所不及的，即使是自然的森林也是不能相提并论的。人们在闲暇时间，到公园里，是一种美的享受过程。

　　其次，公园里有丰富的健身活动场所和项目设施。据我观察，美国和加

◎美国纽约中央公园跑步人群

拿大的公园里，有儿童乐园，这在中央公园里还不止一处。第67大街游乐场是一种极其自然的儿童乐园。有各种儿童娱乐健身项目，有沙坑、滑梯等，在家长的陪同和带领下，孩子们可纵情地玩耍；有网球场、棒球场、橄榄球场、还有演出舞台，节假日，这些场地都被充分利用起来。公园里有骑自行车的专用道，跑步的专用道，道路上都标有专用的标志。并且有专门的租借自行车点。我们考察中央公园正值双休日和美国的劳工节（9月4日～6日），公园里骑车和跑步的人很多，很壮观，很有活力，充分展示了美国人民生气勃勃的精神面貌。还有脱了外衣躺在草地上晒太阳的，读书看报的，散步的，人人都在这里享受着自由的生活。

在美国的纽约公园，虽然四面有围墙环绕，但四通八达，四面有门，不仅不收票，而且在西门内部地区还允许马车和人力三轮车载客游览，成为公园一景。同时公园内允许遛狗，不仅有供游人饮水的水台，而且还有为宠物设了饮水器。遛狗成为公园一景，有一位妇女牵着7条狗在公园里散步。不过公园里设有提示牌，狗必须是在被控制的状态下，我们看到公园里还免费提供为小狗装捡粪便的小塑料袋。

在这里，公园不仅是人们生活的第三度空间，也是动植物繁衍生息的天堂，公园在一些地区设有动植物保护区或活动通道，用铁丝网或栅栏围起来，并配有人们不要打扰的牌子，任植物恣意生长，给鸟类和昆虫提供了栖息生存的环境。显示了人对动物的尊重，对自然的尊重。在公园里人们常看到的动物有鸽子、海鸥、大雁和松鼠等小动物。"穿花蛱蝶深深见，点水蜻蜓款款飞"，公园洋溢着一派生机勃勃的景象。

据介绍，纽约是世界城市，有大大小小的公园3万多个，形成了公园系统和网络，并且在不断地充实和完善。比如原世贸

◎中央公园园椅

◎中央公园水瀑雕塑

中心背面的炮台公园、东哈勒姆艺术公园、朗费罗公园、大西洋居住中心公园等，都结合当地的文化和地域特点，创造一个全新的公共空间，以满足这一地区自身的社会需要。蒂法尼广场公园，一个包括33×60平方米的露天场地和蒂法尼大街的人行道，建成了一个露天起居室，有喷泉和树木，成为邻里交流的场所。

美国和加拿大视公园为城市的基础设施，不仅在城市建设发展中占有突出地位，而且设有"公园和娱乐管理局"，人员为公务员编制。我们在圣凯瑟琳市考察期间，市政府负责人告诉我们，他们每年投在公园和绿道建设上的资金占政府投资项目的第二位。通过政府的投入和大力宣传使公众积极参与投资和捐赠活动，使公园事业成为一项社会的阳光事业。

在美加短短的几天考察中，我们还光顾了金士顿城（加拿大原来的首都）渥太华等其他几座城市的公园和园林绿化，都给我们留下了深刻的印象。特别是他们的道路绿化和他们的国家公园。我们走过从华盛顿到纽约，从渥太华到多伦多的两条高速公路，真是太漂亮了，自然的原始森林加之人工的创作，沿途林木高低错落，疏密有致，在时起时伏的地形地貌的作用下，如同五线谱一样，给人以韵律和节奏，整个大地似乎就是一座公园，他们称之为Park Way，真是一条诱人的风景线。我坐在车上，虽然时差的作用，头昏脑胀，但风景迷人，使你闭不上眼睛。只可惜，9月初，这里的红叶还未红，据人介绍，到枫叶红了的时候，这里更是漂亮，特别是加拿大更是红叶的国度。这红叶就是加拿大的国旗，在这里处处都能看到红叶的标志。我似乎察觉到，这里的人们很爱红叶，很爱国。同时也激发了我的诗兴，不禁在车上感慨一番，吟诵道：

千顷绿林待红装，天公为谁忙？为海鸥飞翔？为大雁彷徨？为蓝天白云？为碧波荡漾？我爱这美丽的风景，更爱祖国的阳光。

说到国家公园，那更是让人激动，真是太漂亮太震撼了。有诗为证：

风狂雨暴雷声急，伊利湖畔陷马蹄。天公奈何无良策，万马奔腾何时息？（尼亚加拉瀑布断想）。

浪花飘在天上，白云沉在河中。绿林化为彩衣，红屋①当作嫁妆。是美女，嫁给吴刚；是倩男，娶嫦娥为娘。一对蝴蝶翩翩起舞，一艘游轮推起层层波浪。人生天长地久，幸福地久天长（千岛湖遐想）。

尼亚加拉瀑布位于美加边界，在北美尼亚加拉河上，是伊利湖和安大略两湖间的同名瀑布，于石灰岩——白云岩崖壁上陡落下来形成瀑布，落差49米，宽约1240米，河中有一小岛名山羊岛（GoatI.）分瀑布为两段：左属加拿大，称马蹄瀑布，宽800米，高48米；右属美国，称亚美利加瀑布，宽300米，高51米。在美洲各瀑布中水量最大，平均达6,400秒立方。气势凶猛，状如雷鸣，几千米外就能听到怒吼，飞溅起的水雾达几十米高，在阳光下时常有美丽的彩虹挂在天边。来自世界各地的游客，无一例外地穿上当地人发的雨衣，乘游轮到瀑布附近，感受这大自然的奇观。

千岛湖实际上是美加五大湖流经圣劳伦斯河注入大西洋的一部分。湖中有1400多个小岛。据导游介绍，其中有一个岛称为彼特岛，当年有个叫彼特人，很爱他的妻子，聘请300多工匠在岛上为妻子修建一座宫殿，结果工程未完，妻因肺炎撒手人寰，彼特悲痛欲绝，后以一美元的价格将岛卖给了美国人，自己不久也离开了人世。这有点像咱们的梁祝故事，十分感人。我们乘游轮在如诗似画的湖上游览，除了惊叹就是拍照，一幅幅美景，激起我们无限的遐想。

看了尼亚加拉瀑布和千岛湖，我都有点嫉妒了，老天爷太不公平了，把这么好的地方，赐给了美国、加拿大。五大湖总面积24.5万平方千米。光安大略湖就1.8万平方千米，比整个北京市还大2000多平方千米。总蓄水量约为2.3万立方千米，也是世界上最大的淡水湖泊。湖水流经圣劳伦斯河注入大西洋。假如北京有这样一个湖，现在也不用南水北调了呀！

在从渥太华至多伦多返航的汽车上，我心情激动，即兴吟诵了一首诗：

> 翻身进入七人房，满载风景返故乡，小村借得五湖水②，挥毫泼墨写诗章。

短短几天的考察，我们脑子里打上了一个深深的烙印：建设世界城市必须建成公园城市！随着北京建设世界城市的脚步，一个公园城市时代即将到来。让我们"小村借得五湖水②"，挥毫泼墨写出北京建设世界城市的壮丽诗章。

注：

①红屋：指湖中岛上的一栋栋房子。

②小村，是原住民对加拿大的称号；五湖，指北美五大淡水湖。

巴西一瞥

赴巴西

欲学后羿逐日飞，晨昏三万幕初垂。俯瞰天边不是雪，椰风吹皱大洋水。

2011年12月18日赴巴西。巴西是拉丁美洲最大的国家，濒临大西洋，国境线总长2.3万多千米，除智利和厄瓜多尔外，巴西与南美洲的其他国家和地区均有共同边界。巴西虽然幅员辽阔，却并没有大片沙漠，也没有常年冰雪覆盖的冻土带，大自然赋予巴西的是茂密的原始森林、广袤无垠的天然牧场以及丰富的地下宝藏。巴西南北长4230千米，东西宽4328千米，面积850多万平方千米，是世界第五大国家。亚玛逊河是世界流域最广的河流，占全球淡水量的20%。

里约耶稣山

青山峻奇圣像高，可与美神比妖娆。双臂左右平平展，冷暖不知自逍遥。

耶稣像坐落于里约热内卢一座710米高的山顶上，是世界上最为熟悉和参观者最多的一座纪念碑之一。从克斯姆街区的小路慢慢上去，仿佛一条朝圣之路。当你爬到顶端的时候，下面所有美丽的沙滩和公园竞相呈现在你的眼前：Copacabana、Ipanema、植物园，等等。不论何时，耶稣都站在那里，张开双臂，庇护着并赐福给所有来到这个城市的人们。

◎巴西伊瓜苏大瀑布

观伊瓜苏大瀑布

素练千条万丈坠，疑是天宫管乐队。白浪倾鼎惊舟乐，彩虹薄雾逐笑飞。

2011年12月23日参观伊瓜苏瀑布。伊瓜苏瀑布是由1000多条瀑布组成的瀑布群，堪称世界之最。它坐落在一片茂密的热带雨林中，这里有两个国家的森林公园，你可以乘船沿河感受如雷贯耳的巨瀑天泻，也可以顺着依山建起的木栈道，一路欣赏千姿百态的瀑布，看山中稀有的鸟类、爬行动物、食肉动物、哺乳动物、珍稀的植物、昆虫（包括各种五彩斑斓的蝴蝶）。

飞机一日

三洲飞越无眠航，暑汗未消寻冬装。欲知天上是何年，屈指蹙眉细思量。

12月23日从南美巴西圣保罗乘机到土耳其的伊斯坦布尔，11个小时，飞越南美、非洲、欧洲，出发时单衣短裤，下得飞机已改穿冬装。

土耳其寻古

伊斯坦布尔感怀

残墙旧宫日影长，渔火明灭百事忙。东边日出西边雨，几度梦回唱大唐。

2011年12月25日到达伊斯坦布尔。海峡、宫殿、寺院，构成了伊斯坦布尔的奇异景色，而海峡又居于三者之首，古都伊斯坦布尔之所以闻名世界，

◎土耳其连接欧亚大陆的博斯普鲁斯海峡

◎土耳其以佛所古城遗址

与博斯普鲁斯海峡的得天独厚分不开。博斯普鲁斯海峡长约30千米，将土耳其分隔成欧、亚洲两部分，是蜿蜒穿梭在亚洲与欧洲之间的著名海峡，海峡的沿岸：在木造别墅旁边耸立着现代化饭馆，大理石宫殿毗连着简朴的石头堡垒，而典雅的欧洲式居住区则与小渔村为邻。

到伊斯坦布尔，乘船一游海峡是非常值得的。观赏博斯普鲁斯海峡的最佳方法莫过于乘坐沿著海岸蜿蜒行走的定期客轮。在欸米诺努（Eminonu）上船，然后分别在海峡的欧洲或亚洲海岸下船，时间大约需6小时。只不过我们由于时间关系，只乘船来回走了一趟，走马观花而已。

吊以佛所古城

白石累累卧青山，二万五千坐席寒。帝国王后今安在？晴空万里无云烟。

在赴棉花堡车上2011年12月28日上午咏成此诗。

以佛所古城（埃菲斯）遗址是土耳其古城中保存最完整最大的露天遗址，建于公元7世纪，古城是圣母玛利亚和圣约翰过世之地，也是史诗大家荷马的故乡。古城曾经被4次大地震和3次大火的毁灭性的天灾所毁坏，现在看到的只是城市的极少一部分。古城的建筑遗迹到处可见，露天大剧场经历千百年，依然宏阔壮观，阅尽沧桑。

根据古老的传说，以佛所古城有亚马逊的女勇士所建立，城市的名字源自Apasas（阿帕萨斯），在阿尔扎瓦王国时期是"母亲女神城市"的意思。以佛所古城早在铜器时代末期就建立起来了，在漫长的历史演变过程中，城市几经改变，族群相互争斗，后来几经周折，天翻地覆，最终按照占卜者建议，人们

319

跟随一条鱼或一头野猪的走向确定了城市的位置。

棉花堡（代尼兹利）

似雪似棉亦似冰，瑶池碧波蔚霞升。应笑当年王后洗，自古谁见老还童？

在赴安塔利亚车上，2011年12月29日下午。棉花堡在土耳其的纺织工业镇Denizli，位于西南部山区，距离伊兹密尔约200千米。土文Pamukkale是由Pamuk（棉花）和Kale（城堡）两个字组成的，棉花是指其色白如棉，远看像棉花团，其实是坚硬的石灰岩地形。城堡是说它由整个山坡构成，一层又一层，形状像城堡，故得名棉花堡。当年皇帝为使王后永葆青春，修建了一座温泉浴室。王后安在，温泉照流。

罗马古城

城池崩废玉柱息，春秋三千任磨洗。坑路荒草谁人怜，凝脂波消化香泥。

建于公元2世纪的阿斯潘多斯剧场，是土耳其地中海沿岸最令人难忘的遗址。

土耳其南部的阿斯潘多斯古剧院（Aspendos）以它保存完美如昔而闻名，它不仅是土耳其地中海沿岸最令人难忘的遗址，也是小亚细亚保存最好的古迹，恐怕也是全世界保存最完整的古罗马剧场。

在罗马在城市中保留着一个古代的桑拿浴遗址，遥想当年，王侯贵戚在此消遣娱乐，因此联想到了中国的华清池多洗凝脂的一幕。

跋

  算算，我与景兄长顺相识已经小十年了。印象中的景兄，永远是笑眯眯的，一副和蔼可亲的样子。说话也永远是那么慢条斯理，柔声细语，一身的儒雅之气。

  认识景兄的时候，他已经从园林的岗位上退了下来，在主编《景观》杂志。这是一本内容丰富，编排大气，装帧精美的园林杂志。杂志社只有几个人，景兄执掌帅印。感觉他在用生命的全部余热，办这本杂志，从杂志的效果可以看出来，他投入了多少精力和体力。

  我是记者出身，在报社工作了二十多年。我知道当总编的辛苦和责任。别以为这样一本杂志不起眼，白纸黑字，一句话写错了，也许就会捅大娄子。

  景兄处事谨慎，大概深谙此道。所以他总觉得肩上担子很重，因此，不断地给自己的工作加码儿。在我跟他的接触中，十次有九次是谈杂志稿子的事儿，剩下的那次，是聊园林。总之，他三句话不离本行，脑子里转悠的不是景观，就是园林。我曾经跟他开玩笑：你就是为了园林景观，才来到这个世上的，所以你才姓景。

  景兄在北京园林系统工作了四十多年，称得上老园林了。他在公园当过工人，也当过园长，又在机关工作多年，当过北京市园林局公园处处长。北京园林那些事儿，都在他脑子里装着。我曾对他说，写园林，谁也写不过你，你的肚子宽绰，稍微抖落抖落，就是一篇文章。

  如今看到他结集出书的这些文章，我们不难发现这些年他的足迹。"公园城市梦""为园而歌""公园随想录"等等，哪一辑不是跟园林有关？他对城市园林太有感情了，以至于为之梦，为之歌。而随想，也不是那么随随便便地一想，而是经过深思熟虑的探索与建议。

　　景兄身上发生的事，常常令我感到惊异。原来我以为办一本杂志，跑前跑后地组稿、编稿、审稿，就已经很辛苦了，何况他还在园林界兼着其他组织的职务，对一个"奔七"的老人来说，应该有点压力，哪有空闲再自己动笔写稿呀？

　　想不到我对景兄看走眼了。现在这本洋洋洒洒近30万字的文集告诉我：这些年，他可是一直笔耕不辍。啊，景兄又一次给人以惊喜。

　　为什么我要用"又一次"这个词呢？因为他给人惊喜不是这一次。

　　记得第一次见景兄。他让我猜他多大年龄？景兄长得面嫩，我以为他撑死了也就五十出头。当他告诉我实际年龄时，我惊诧不已。他太少相了。

　　我一直认为写作是对人伤耗比较大的体力活儿。真的。写作最后拼的不是天才，不是勤奋，是体力。我有这样的体会，身体不在状态的时候，别说写长篇小说，写一篇千字文，都费劲。

　　正因为如此，我特羡慕景兄。我什么时候见他，他都精气神实足，身上充满活力，那劲头，像是小伙子。

　　记得两年前，我和景兄参加一个朋友聚会，饭后聊天很尽兴，一直快到午夜一点了，我的两眼一个劲儿打架，最后实在坚持不下去了，真想在朋友家眯一觉。可是抬头看看景兄，他依然兴趣盎然地跟朋友聊着，脸上毫无困意。

　　他太让我惊奇了。我真不知道他哪来的这么大精神头儿？要知道，他白天可是上了一整天班的。更让我难以想象的是，那天夜里，是他开车送我回家的。而第二天他还要开车到郊区去开会。乖乖，他可是奔"七张儿"的人！

现在这本书的问世，再一次印证了他的体力超强。我估计有一多半的文章，是他纯"业余"耕耘出来的果实。我能想象到这位老兄挑灯夜战的情景。

景兄做人做事一向低调。他属于那种不喜声张，埋头苦干的耕耘者，写文章也如是。所以他的文笔在疏朗与流畅之中，显得有些凝重，但叙述比较严谨，论说的逻辑比较致密，因此其文章带有思想缜密，开合有致的特色。许多文章具有知识性、可读性，看了以后，确实让人增长见识。这些，相信您看了此书会有体会的。

最后，借用一句人们常说的话：生命之树常绿，思想之树常青。祝景兄大作问世。同时也愿身子骨那么结实的景兄，接着把肚里的东西往外掏，不断有新作问世。

遵嘱援笔。以上是为跋。

刘一达

2013年12月5日
于北京如一斋

后　记

在《景观天下》即将出版之际，我似乎还有些话不说不行。

我这些杂文和诗歌，是我工作历程的一个记录，是我对园林特别是公园认识的一个总结。由于自身高度、角度和宽度的局限，一孔之见，难免有偏颇之处，一家之言，欢迎读者批评指正。有的文章虽然出自我手，但是，它是园林行业上上下下共同进行理论和实践探索，是大家的经验总结。特别指出的是有几篇文章是在几位同事的合作下完成的。比如：《中国祭天文化宝库——天坛》后半部分是周庆生续写的；《中国历史名园保护与发展北京宣言》是秦雷起草的；《公园城市时代》是樊志斌起草的；《颐和园八景》是李理起草的等等，这些文章只不过有我的思想和观点罢了。

我要感谢北京市公园管理中心领导给了我这个机遇和平台，实现了我的价值；感谢中国公园协会会长郑坤生先生和著名作家刘一达先生分别为我拙作作序言和跋，他们的溢美之言使我心花怒放，同时也感到受之有愧；感谢我协会的姚天新、彭桂凤、方丹、朱杰、崔雅芳、王芳、李秀珍、邱冬冬、王秀宇等同志给予的大力支持和帮助；感谢《景观》杂志特约编辑陶鹰同志给我的不少文章斧正润色；感谢中国林业出版社的邵权熙副总编、纪亮主任和李丝丝编辑的积极支持和帮助；感谢我的夫人张淑琴，让我基本不用操心我家的事情，所以使我有精力去思考和创作；感谢所有关心、支持、合作过的人。

爱美之心人皆有之，美对于人来说如同钙一样，须臾不可缺。对于我，在公园这个岗位上与其说是一个职业，不如说是兴趣是爱美。我干了我爱的事喜欢的事，一个美的事业：逛公园，读公园，写公园。我的这些文字也是兴趣所致的结果。虽然，我没有老骥伏枥志在千里的宏图大志，也没有"路漫漫其修远兮，吾将上下而求索"的远大目标，但是爱美之心和兴趣使然，我还将继续我的"逛公园，读公园，写公园"的三部曲生活。

　　如果说我有什么梦的话，那就是让城市融入在公园中，把城市建设的更美，成为公园化的城市！

景长顺

2013年12月6日24：00

于青岛索菲亚国际大酒店513

图书在版编目（CIP）数据

景观天下 ／ 景长顺著. —— 北京 ：中国林业出版社，
2014.1（园林文化与管理）

ISBN 978-7-5038-7314-0

Ⅰ．①景⋯ Ⅱ．①景⋯ Ⅲ．①园林－绿化－管理
Ⅳ．①S73

中国版本图书馆CIP数据核字(2013)第308040号

中国林业出版社·建筑分社

策　　划: 邵权熙　纪　亮
责任编辑: 李丝丝　樊　菲　王思源
书籍设计: 德浩设计工作室

出　　版: 中国林业出版社
　　　　　（100009 北京西城区德内大街刘海胡同 7 号）
网　　址: http://lycb.forestry.gov.cn/
E —mail: cfphz@public.bta.net.cn
电　　话:（010) 8322 5283
发　　行: 中国林业出版社
印　　刷: 北京宝昌彩色印刷有限公司
版　　次: 2015年1月第1版
印　　次: 2015年1月第1次
开　　本: 1/16
印　　张: 21.5
字　　数: 300千字
定　　价: 48.00元